U0187625

古代纪历文献丛刊①

钦定协纪辨方书

[清] 允 禄 撰

闵兆才 编校

（中册）

华龄出版社

钦定四库全书·子部七
钦定协纪辨方书·术数类六（阴阳五行之属）

中册目录

钦定四库全书·钦定协纪辨方书卷十二

钦定四库全书·钦定协纪辨方书卷十三

钦定四库全书·钦定协纪辨方书卷十四

钦定四库全书·钦定协纪辨方书卷十五

钦定四库全书·钦定协纪辨方书卷十六

钦定四库全书·钦定协纪辨方书卷十七

钦定四库全书·钦定协纪辨方书卷十八

钦定四库全书·钦定协纪辨方书卷十九

钦定四库全书·钦定协纪辨方书卷二十

钦定四库全书·钦定协纪辨方书卷二十一

钦定四库全书·钦定协纪辨方书卷二十二

钦定四库全书·钦定协纪辨方书卷二十三

欽定四庫全書

欽定協紀辨方書卷十二

公規一

司天之職首重氣候推晝夜永短以辨寒暑之進退察

經緯躔舍以識中星之推移皆所以奉天而為協紀之

本至於致祭迎春尤關鉅典載諸掌故昭舊職也作公

欽定四庫全書

欽定協紀辨方書

卷十二

一

钦定四库全书·钦定协纪辨方书卷十二

公规一

司天之职，首重气候。推昼夜永短，以辨寒暑之进退；察经纬躔舍，以识中星之推移。皆所以奉天而为协纪之本。至于致祭迎春，尤关巨典，载诸掌故，昭旧职也。作《公规》。

祀典

正月上辛日祈谷于上帝。

冬至大祀天于圆丘。

夏至大祀地于方泽。

春分卯时祭大明于朝日坛。

秋分酉时祭夜明于夕月坛。

四孟月朔时享太庙。

孟春同日祭太岁月将之神。

岁暮袷祭[①]太庙。

同时祭太岁月将之神。

仲春仲秋上丁日祭先师孔子。

仲春仲秋上戊日祭社稷坛。

校者注 ① 袷(xiá)祭：又称袷祀。古代天子诸侯所举行的集合远近祖先神主于太祖庙的大合祭。《祀记·曾子问》："袷祭于祖，则祝迎四庙之主。主出庙入庙必跸。"孔颖达疏："袷，合祭祖。"

仲春仲秋择日祭关帝庙、黑龙潭龙神、昭忠寺、定南武庄王、恪禧公、勤襄公、文襄公、贤良祠。

仲春仲冬上甲日祭三皇庙。

季春巳日祭先蚕祠。

季春亥日祭先农坛。

清明霜降前祭历代帝王庙。

六月二十三日祭火神庙。

季秋择日祭都城隍庙。

春牛经

造春牛芒神，用冬至后辰日，于岁德方取水土成造，用桑柘木为胎骨。

牛身高四尺，象四时。头至尾桩长八尺，象八节。

牛头色视年干：

甲、乙年青色，丙、丁年红色，戊、己年黄色，庚、辛年白色，壬、癸年黑色。

牛身色视年支：

亥、子年黑色，寅、卯年青色，巳、午年红色，申、酉年白色，辰、戌、丑、未年黄色。

牛腹色视年纳音：

金年白色，木年青色，水年黑色，火年红色，土年黄色。

牛角、耳、尾色视立春日干：

甲、乙日青色，丙、丁日红色，戊、己日黄色，庚、辛日白色，壬、癸日黑色。

牛胫色视立春日支：

亥、子日黑色，寅、卯日青色，巳、午日红色，申、酉日白色，辰、戌、丑、未日黄色。

牛蹄色视立春日纳音：

金日白色，木日青色，水日黑色，火日红色，土日黄色。

牛尾长一尺二寸，象十二月。左右缴视年阴阳：

阳年左缴，阴年右缴。

牛口开合视年阴阳：

阳年口开，阴年口合。

牛笼头拘绳视立春日支干：

寅、申、巳、亥日用麻绳,子、午、卯、酉日用苎绳,辰、戌、丑、未日用丝绳,拘子俱用桑柘木。

甲、乙日白色,丙、丁日黑色,戊、己日青色,庚、辛日红色,壬、癸日黄色。

牛踏板视年阴阳:

阳年用县门左扇,阴年用县门右扇。

芒神身高三尺六寸五分,象三百六十五日。

芒神老少视年支:

寅、申、巳、亥年面如老人像,子、午、卯、酉年面如少壮像,辰、戌、丑、未年面如童子像。

芒神衣带色视立春日支(克支者为衣色,支生者为带色):

亥、子日黄衣青腰带,寅、卯日白衣红腰带,巳、午日黑衣黄腰带,申、酉日红衣黑腰带,辰、戌、丑、未日青衣白腰带。

芒神髻视立春日纳音:

金日平梳两髻在耳前,木日平梳两髻在耳后,水日平梳两髻:右髻在耳后、左髻在耳前,火日平梳两髻:右髻在耳前,左髻在耳后,土日平梳两髻在顶直上。

芒神罨耳视立春时:

子、丑时全戴,寅时全戴揭起左边,亥时全戴揭起右边,卯、巳、未、酉时用右手提,辰、午、申、戌时用左手提。

芒神行缠鞋裤视立春日纳音:

金日行缠鞋裤俱全,左行缠悬于腰。

木日行缠鞋裤俱全,右行缠悬于腰。

水日行缠鞋裤俱全。

火日行缠鞋裤俱无。

土日着裤无行缠鞋子。

芒神鞭杖用柳枝,长二尺四寸,象二十四气。鞭结视立春日支:

寅、申、巳、亥日用麻结,子、午、卯、酉日用苎结,辰、戌、丑、未日用丝结,俱用五色醮染。

芒神忙闲立牛前后,视立春距正旦前后远近:

立春距正旦前后五日内,芒神忙与牛并立。

立春距正旦前五日外,芒神早忙立于牛前边。

立春距正旦后五日外,芒神晚闲立于牛后边。

芒神立牛左、右视年阴阳:

阳年立于牛左,阴年立于牛右。

岁时纪事

迎春

先设春牛勾芒神于东郊,牛头东向。立春先一日,府、州、县官吏彩仗鼓乐迎春于东郊,祭拜勾芒神、迎春牛。勾芒神安置各衙门头门内,至立春本日用彩仗鞭春牛,盖即出土牛送寒气之遗意也。

龙治水

视元旦后第几日得辰,即为几龙治水也。

得辛

视正月上旬第几日值辛,即为几日得辛也。

二社

《历例》曰:二分前后,近戊为社。

附:二十四节气农谚歌①

春社日雨年定丰		秋社日雨年丰谚	
正月	岁朝蒙黑四边天	大雪纷纷是旱年	但得立春晴一日	农夫不用力耕田
二月	惊蛰闻雷米似泥	春分有雨病人稀	月是但得逢三卯	到处棉花豆麦佳
三月	风雨相逢初一头	沿村瘟疫万民忧	清明风若从南起	预报丰年大有收
四月	立夏东风少病遭	时逢初八果生多	雷鸣甲子庚辰日	定主蝗虫损稻禾

校者注 ① 本节内容为校者所加。

（续表）

	春社日雨年定丰		秋社日雨年丰谚	
五月	端阳有雨是丰年	芒种闻雷美亦然	夏至风从西北起	瓜蔬园内受熬煎
六月	三伏之中逢酷热	五谷田禾多不结	此时若不见灾危	定主三冬多雨雪
七月	立秋无雨甚堪忧	万物从来一半收	处暑若逢天下雨	纵然结实也难留
八月	秋分天气白云多	到处欢歌好晚禾	最怕此时雷电闪	冬来米价道如何
九月	初一飞霜侵损民	重阳无雨一天晴	月中火色人多病	若遇雷声菜价高
十月	立冬之日怕逢壬	来岁高田枉费心	此日更逢壬子日	灾殃预报损人民
十一月	初一有风多疾病	更兼大雪有灾魔	冬至天晴无雨色	明年定唱太平歌
十二月	初一东风六畜灾	倘逢大雪旱年来	若然此日天晴好	下岁农夫大发财
甲子雨	春甲子雨 地赤千里	夏甲子雨 撑船入市	秋甲子雨 禾生两耳	冬甲子雨 牛羊冻死
己卯风	春己卯风树大空	夏己卯风禾大空	秋己卯风禾里空	冬己卯风袖里空

三伏

夏至后三庚为初伏，四庚为中伏，立秋后初庚为末伏。如庚日夏至即为初庚，庚日立秋即为末伏。

霉天

《通书》曰：《神枢经》：芒种后逢丙入，小暑后逢未出。《碎金》云：芒种后逢壬入，夏至后逢庚出，谓之霉天。

气候

立春	东风解冻	蛰虫始振	鱼陟负冰
雨水	獭祭鱼	候雁北	草木萌动
惊蛰	桃始华	仓庚鸣	鹰化为鸠
春分	玄鸟至	雷乃发声	始电
清明	桐始华	田鼠化为鴽	虹始见
谷雨	萍始生	鸣鸠拂其羽	戴胜降于桑
立夏	蝼蝈鸣	蚯蚓出	王瓜生
小满	苦菜秀	靡草死	麦秋至
芒种	螳螂生	鵙始鸣	反舌无声
夏至	鹿角解	蜩始鸣	半夏生
小暑	温风至	蟋蟀居壁	鹰始挚
大暑	腐草为萤	土润溽暑	大雨时行
立秋	凉风至	白露降	寒蝉鸣
处暑	鹰乃祭鸟	天地始肃	禾乃登
白露	鸿雁来	玄鸟归	群鸟养羞
秋分	雷始收声	蛰虫坏户	水始涸
寒露	鸿雁来宾	雀入大水为蛤	菊有黄华
霜降	豺乃祭兽	草木黄落	蛰虫咸俯
立冬	水始冰	地始冻	雉入大水为蜃
小雪	虹藏不见	天气上升地气下降	闭塞而成冬
大雪	鹖鴠不鸣	虎始交	荔挺出
冬至	蚯蚓结	麋角解	水泉动
小寒	雁北乡	鹊始巢	雉雊
大寒	鸡乳	征鸟厉疾	水泽腹坚

日躔过宫

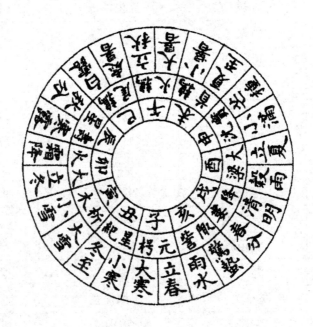

日躔每月中气过宫：

雨水日躔亥宫初度,是为娵訾之次。

春分日躔戌宫初度,是为降娄之次。

谷雨日躔酉宫初度,是为大梁之次。

小满日躔申宫初度,是为实沈之次。

夏至日躔未宫初度,是为鹑首之次。

大暑日躔午宫初度,是为鹑火之次。

处暑日躔巳宫初度,是为鹑尾之次。

秋分日躔辰宫初度,是为寿星之次。

霜降日躔卯宫初度,是为大火之次。

小雪日躔寅宫初度,是为析木之次。

冬至日躔丑宫初度,是为星纪之次。

大寒日躔子宫初度,是为元枵之次。

故月将正月在亥,二月在戌,三月在酉,四月在申,五月在未,六月在午,七月在巳,八月在辰,九月在卯,十月在寅,十一月在丑,十二月在子。月建视节气斗勺也,月将视中气太阳也。

日出入昼夜时刻

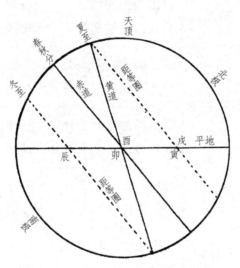

日出入之早晚,昼夜永短所由分也。而早晚之故有二:一由于日行之内外,一由于人居之南北。盖日行黄道与赤道斜交,春、秋分日行正当交点,与地平交于卯、酉,地平上下之度相等,故昼、夜适均,所谓日中宵中也。春分以后日行赤道内,至夏至而极,其距等圈与地平交于寅戌,地平上下之度上多下少,故昼长夜短,所谓日永也。秋分之后日行赤道外,至冬至而极,其距等圈与地平交于辰申,地平上下之度上少下多,故昼短夜长,所谓日短也。二分前后,距交不远,黄道势斜则纬行疾,故数日而差一刻。二至前后,黄道势平则纬行迟,故半月而差一刻。此永、短由日行之内外而生者也。

至于人居有南北,则北极出地有高下,于是见日之出入早晚随地不同。中国在赤道北,北极出地上,南极入地下,故夏昼长、冬昼短。自京而北,北极愈高则永短之差愈多,至于北极之下则赤道当地平,夏则有昼而无夜,冬则有夜而无昼。盖以半年为昼、半年为夜矣。所居之地愈南,北极渐低,则永、短之差渐少。至于赤道之下,则两极当地平而昼、夜常均矣。赤道以南与北相反,此永、短由人居之南、北而生者也。

今按京师北极出地三十九度五十五分,推得各节气日出入昼夜时刻如左。至各省日出入时刻不同,俱以各省北极出地及太阳赤道纬度立算法,见《考成》上编。

春分	戌宫	初度	日出卯正初刻 日入酉正初刻	昼四十八刻 夜四十八刻
		五度	日出卯初三刻八分 日入酉正初刻七分	昼四十八刻十四分 夜四十七刻一分
		十度	日出卯初三刻二分 日入酉正初刻十三分	昼四十九刻十一分 夜四十六刻四分
清明		十五度	日出卯初二刻十分 日入酉正一刻五分	昼五十刻十分 夜四十五刻五分
		二十度	日出卯初二刻四分 日入酉正一刻十一分	昼五十一刻七分 夜四十四刻八分
		二十五度	日出卯初一刻十二分 日入酉正二刻三分	昼五十二刻六分 夜四十三刻九分
谷雨	酉宫	初度	日出卯初一刻六分 日入酉正二刻九分	昼五十三刻三分 夜四十二刻十二分
		五度	日出卯初一刻 日入酉正三刻	昼五十四刻 夜四十二刻
		十度	日出卯初初刻九分 日入酉正三刻六分	昼五十四刻十二分 夜四十一刻三分

（续表）

立夏		十五度	日出卯初初刻三分 日入酉正三刻十二分	昼五十五刻九分 夜四十刻六分
		二十二度	日出寅正三刻十一分 日入戌初初刻四分	昼五十六刻八分 夜三十九刻七分
小满	申宫	初度	日出寅正三刻三分 日入戌初初刻十二分	昼五十七刻九分 夜三十八刻六分
		七度	日出寅正二刻十三分 日入戌初一刻二分	昼五十八刻四分 夜三十七刻十一分
芒种		十五度	日出寅正二刻八分 日入戌初一刻七分	昼五十八刻十四分 夜三十七刻一分
夏至	未宫	初度	日出寅正二刻五分 日入戌初一刻十分	昼五十九刻五分 夜三十六刻十分
小暑		十五度	日出寅正二刻八分 日入戌初一刻七分	昼五十八刻十四分 夜三十七刻一分
		二十三度	日出寅正二刻十三分 日入戌初一刻二分	昼五十八刻四分 夜三十七刻十一分
大暑	午宫	初度	日出寅正三刻三分 日入戌初初刻十二分	昼五十七刻九分 夜三十八刻六分
		八度	日出寅正三刻十一分 日入戌初初刻四分	昼五十六刻八分 夜三十九刻七分
立秋		十五度	日出卯初初刻三分 日入酉正三刻十二分	昼五十五刻九分 夜四十刻六分
		二十度	日出卯初初刻九分 日入酉正三刻六分	昼五十四刻十二分 夜四十一刻三分

（续表）

		二十五度	日出卯初一刻 日入酉正三刻	昼五十四刻 夜四十二刻
处暑	巳宫	初度	日出卯初一刻六分 日入酉正二刻九分	昼五十三刻三分 夜四十二刻十二分
		五度	日出卯初一刻十二分 日入酉正二刻三分	昼五十二刻六分 夜四十三刻九分
		十度	日出卯初二刻四分 日入酉正一刻十一分	昼五十一刻七分 夜四十四刻八分
白露		十五度	日出卯初二刻十分 日入酉正一刻五分	昼五十刻十分 夜四十五刻五分
		二十度	日出卯初三刻二分 日入酉正初刻十三分	昼四十九刻十一分 夜四十六刻四分
		二十五度	日出卯初三刻八分 日入酉正初刻七分	昼四十八刻十四分 夜四十七刻一分
秋分	辰宫	初度	日出卯正初刻 日入酉正初刻	昼四十八刻 夜四十八刻
		五度	日出卯正初刻七分 日入酉初三刻八分	昼四十七刻一分 夜四十八刻十四分
		十度	日出卯正初刻十三分 日入酉初三刻二分	昼四十六刻四分 夜四十九刻十一分

（续表）

寒露		十五度	日出卯正一刻五分 日入酉初二刻十分	昼四十五刻五分 夜五十刻十分
		二十度	日出卯正一刻十一分 日入酉初二刻四分	昼四十四刻八分 夜五十一刻七分
		二十五度	日出卯正二刻三分 日入酉初一刻十二分	昼四十三刻九分 夜五十二刻六分
霜降	卯宫	初度	日出卯正二刻九分 日入酉初一刻六分	昼四十二刻十二分 夜五十三刻三分
		五度	日出卯正三刻 日入酉初一刻	昼四十二刻 夜五十四刻
		十度	日出卯正三刻六分 日入酉初初刻九分	昼四十一刻三分 夜五十四刻十二分
立冬		十五度	日出卯正三刻十二分 日入酉初初刻三分	昼四十刻六分 夜五十五刻九分
		二十二度	日出辰初初刻四分 日入申正三刻十一分	昼三十九刻七分 夜五十六刻八分
小雪	寅宫	初度	日出辰初初刻十二分 日入申正三刻三分	昼三十八刻六分 夜五十七刻九分
		七度	日出辰初一刻二分 日入申正二刻十三分	昼三十七刻十一分 夜五十八刻四分
大雪		十五度	日出辰初一刻七分 日入申正二刻八分	昼三十七刻一分 夜五十八刻十四分

（续表）

冬至	丑宫	初度	日出辰初一刻十分 日入申正二刻五分	昼三十六刻十分 夜五十九刻五分
小寒		十五度	日出辰初一刻七分 日入申正二刻八分	昼三十七刻一分 夜五十八刻十四分
		二十三度	日出辰初一刻二分 日入申正二刻十三分	昼三十七刻十一分 夜五十八刻四分
大寒	子宫	初度	日出辰初初刻十二分 日入申正三刻三分	昼三十八刻六分 夜五十七刻九分
		八度	日入辰初初刻四分 日入申正三刻十一分	昼三十九刻七分 夜五十六刻八分
立春		十五度	日出卯正三刻十二分 日入酉初初刻三分	昼四十刻六分 夜五十五刻九分
		二十度	日出卯正三刻六分 日入酉初初刻九分	昼四十一刻三分 夜五十四刻十二分
		二十五度	日出卯正三刻 日入酉初一刻	昼四十二刻 夜五十四刻
雨水	亥宫	初度	日出卯正二刻九分 日入酉初一刻六分	昼四十二刻十二分 夜五十三刻三分
		五度	日出卯正二刻三分 日入酉初一刻十二分	昼四十三刻九分 夜五十二刻六分
		十度	日出卯正一刻十一分 日入酉初二刻四分	昼四十四刻八分 夜五十一刻七分

（续表）

		十五度	日出卯正一刻五分 日入酉初二刻十分	昼四十五刻五分 夜五十刻十分
惊蛰		二十度	日出卯正初刻十三分 日入酉初三刻二分	昼四十六刻四分 夜四十九刻十一分
		二十五度	日出卯正初刻七分 日入酉初三刻八分	昼四十七刻一分 夜四十八刻十四分

日出入方位

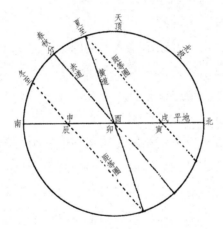

　　日出入方位者,乃各节气日出入地平时距正东西之度也。盖日行黄道与赤道斜交,惟春、秋分正当赤道,故其出入地平也。正当卯、酉为正东、正西。自春分至秋分,日行赤道北,其出入地平也亦在卯、酉北。自秋分至春分,日行赤道南,其出入地平也亦在卯、酉南。而冬、夏至距赤道南、北极远,故其出入地平也距正卯、酉亦极远。冬至出辰入申,夏至出寅入戌。此方位之远近由于天行者也。而人居有南、北,其度亦有不同。盖愈北则北极愈高,其距东、西之度愈多。渐南则北极渐低,其距东、西之度渐少,皆以北极高度为准。今按京师北极高三十九度五十五分,推得各节气日出入方位如下:

冬至：　　　日出辰方正东偏南三十一度十八分
　　　　　　日入申方正西偏南三十一度十八分

小寒、大雪：　日出辰方正东偏南三十度八分
　　　　　　日入申方正西偏南三十度八分

大寒、小雪：　日出辰方正东偏南二十六度四十五分
　　　　　　日入申方正西偏南二十六度四十五分

立春、立冬：　日出乙方正东偏南二十一度三十三分
　　　　　　日入庚方正西偏南二十一度三十三分

雨水、霜降：　日出乙方正东偏南十五度三分
　　　　　　日入庚方正西偏南十五度三分

惊蛰、寒露：　日出乙方正东偏南七度四十四分
　　　　　　日入庚方正西偏南七度四十四分

春分、秋分：　日出正东卯方
　　　　　　日入正西酉方

清明、白露：　日出甲方正东偏北七度四十四分
　　　　　　日入辛方正西偏北七度四十四分

谷雨、处暑：　日出甲方正东偏北十五度三分
　　　　　　日入辛方正西偏北十五度三分

立夏、立秋：　日出甲方正东偏北二十一度三十三分
　　　　　　日入辛方正西偏北二十一度三十三分

小满、大暑：　日出寅方正东偏北二十六度四十五分
　　　　　　日入戌方正西偏北二十六度四十五分

芒种、小暑：　日出寅方正东偏北三十度八分
　　　　　　日入戌方正西偏北三十度八分

夏至：　　　日出寅方正东偏北三十一度十八分
　　　　　　日入戌方正西偏北三十一度十八分

朦影限

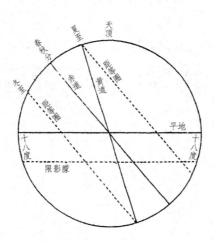

　　朦影者,古所谓晨、昏分也。太阳未出之先,已入之后距地平下一十八度皆有光,故以十八度为朦影限。然十八度同也,而时刻则随时、随地不同。随时不同者,天度使然也。盖十八度者大圈之度也,赤道亦为大圈,其度阔。自赤道而南、北皆距等圈,其度狭。近二分者以阔度当阔度,故刻分少;近二至者,以狭度当阔度,故刻分多也。随地不同者,地南则赤道距天顶近,太阳正升正降,其度径;地北则赤道距天顶远,太阳斜升斜降,其度纤。故愈北则朦影之刻分愈多,愈南则朦影之刻分愈少也。若夫北极出地四十八度半以上,则夏至之夜半犹有光,愈北则愈不夜矣。南至赤道下则二分之刻分极少,而二至之刻分相等。赤道以南反是。详《考成》上编。今按京师北极出地三十九度五十五分,推得各节气朦影刻分如下:

冬至		六刻十二分
小寒	大雪	六刻十二分
大寒	小雪	六刻十分
立春	立冬	六刻七分
雨水	霜降	六刻五分
惊蛰	寒露	六刻四分
春分	秋分	六刻五分

清明	白露	六刻八分
谷雨	处暑	六刻十三分
立夏	立秋	七刻五分
小满	大暑	七刻十三分
芒种	小暑	八刻五分
夏至		八刻九分

（钦定协纪辨方书卷十二）

钦定四库全书·钦定协纪辨方书卷十三

公规二

更漏中星

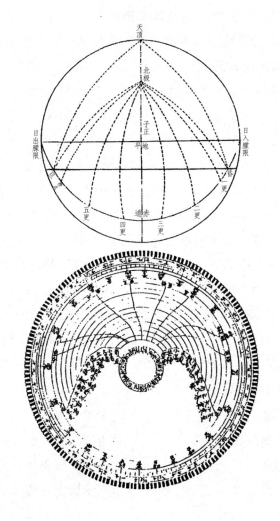

　　星鸟、星火肇于《虞书》，昏中、旦中详于《月令》，中星之来尚矣。《周礼》：司寤氏掌夜时以星分夜。《汉仪》：昼漏尽，夜漏起。省中黄门持五夜，又名五更。此更漏中星所由昉也。然古今更点之制，亦微有不同。元《授时》之法于日入后、日出前减去晨、昏分各二刻半，余为夜时，分为五更，每更又分为五点，于初更三点时起更，五更三点时攒点。今台官相传之法，则于日入后八刻起更，日出前九刻攒点，计起更至攒点共若干时刻，五分之以为五更。日出前减朦影刻分为旦刻，日入后加朦影刻分为昏刻。如第一图举春秋分为例：外大圆地平经圈也。内半圆，地平下赤道也。中直线，子午圈也。二横线，上为地平纬圈，下则朦影限、地平、距等圈也。与赤道交于昏旦，自天顶至昏旦作经圈，其地平下为十八度，与大圈朦影限度等。自北极至昏旦作经圈，其所截昏旦距日出入之度即朦影刻分也。日入至日出计四十八刻，减一更距日入后八刻，攒点距日出前九刻，余三十一刻。以五分之，得六刻三分。自一更递加之，即得各更时刻也。如以度数而论，日入后八刻起更，在赤道为三十度；日出前九刻攒点，在赤道为三十三度四十五分。于地平下赤道半周一百八十度内减之，余一百一十六度一十五分。以五分之，得二十三度一十五分，为每更相距赤道度。每一度当时之四分，亦得六刻三分，为每更相距时刻也。

　　第二图外层三百六十度地平经度也，次内十二时九十六刻地平刻分也。时刻之在赤道，其度常均，而在地平，则阔狭不等。其法为半径与时刻距午赤道度切线之比，同于北极出地之正弦与日影距午地平经度切线之比。故子、午、卯、酉四正之位不移，而子、午前后则狭，卯、酉前后则阔也。次内圆者为节气，线曲者为节气时刻线。盖日出入昏旦更点时刻各节不同，自中心对各时刻于各节圈上作点识之，联之必成曲线也。最内一层为地平二十四方位，以明此图即晷表之理。日在南则影在北，日在东则影在西也。夜无日影，以昼例夜也。今依其法推得京师各节气昏旦更点时刻、中星著于篇。星图、《步天歌》并附于后。

春分戌宫初度

昏刻戌初二刻五分	北河三偏西一度二十分
一更戌正初刻	鬼宿一偏东四度十四分
二更亥初二刻三分	张宿一偏东一度三十分

三更子初初刻六分　　　　翼宿一偏西四度三十八分

四更子正二刻九分　　　　角宿一偏东八度十分

五更丑正初刻十二分　　　大角偏西一度五十七分

攒点寅初三刻　　　　　　房宿一偏西二十一分

旦刻寅正一刻十分　　　　尾宿一偏东一度二十五分

戌宫五度

昏刻戌初二刻十三分　　　鬼宿一偏东三度五十四分

一更戌正初刻七分　　　　柳宿一偏西十九分

二更亥初二刻七分　　　　轩辕十四偏西十分

三更子初初刻七分　　　　五帝座偏东二度三十八分

四更子正二刻八分　　　　角宿一偏东三度五十分

五更丑正初刻八分　　　　氐宿一偏东二度三十七分

攒点寅初二刻八分　　　　心宿一偏东二度十六分

旦刻寅正一刻二分　　　　尾宿一偏西一度十分

戌宫十度

昏刻戌初三刻五分　　　　柳宿一偏西四十分

一更戌正初刻十三分　　　星宿一偏东六度二十分

二更亥初二刻十一分　　　轩辕十四偏五度四十六分

三更子初初刻九分　　　　五帝座偏西二度二十八分

四更子正二刻六分　　　　角宿一偏西十六分

五更丑正初刻四分　　　　氐宿一偏西五十九分

攒点寅初三刻二分　　　　心宿一偏西五十分

旦刻寅正初刻十分　　　　尾宿一偏西四度一分

清明戌宫十五度

昏刻戌初三刻十三分　　　星宿一偏东五度二十八分

一更戌正一刻五分　　　　星宿一偏西二分

二更亥初三刻　　　　　　翼宿一偏东一度四十九分

三更子初初刻十分　　　　轸宿一偏西三十六分

四更子正二刻五分　　　　角宿一偏西四度三十八分

五更丑正初刻　　　　　　氐宿四偏东二度

攒点寅初一刻十分　　　　尾宿一偏东二度三十七分

旦刻寅正初刻二分　　　　帝座偏东二度十二分

戌宫二十度

昏刻戌正初刻六分　　　　星宿一偏西一度十一分

一更戌正一刻十一分　　　张宿一偏西十二分

二更亥初三刻四分　　　　翼宿一偏西三度五十分

三更子初初刻十一分　　　轸宿一偏西五度三十分

四更子正二刻四分　　　　亢宿一偏东二度四十八分

五更丑初三刻十一分　　　氐宿四偏西一度三十九分

攒点寅初一刻四分　　　　尾宿一偏西三十二分

旦刻寅初三刻九分　　　　帝座偏西二十七分

戌宫二十五度

昏刻戌正一刻　　　　　　轩辕十四偏东一度四十六分

一更戌正二刻三分　　　　轩辕十四偏西二度四十四分

二更亥初三刻八分　　　　五帝座偏东二度三十四分

三更子初初刻十三分　　　角宿一偏东六度三十一分

四更子正二刻二分　　　　大角偏西六分

五更丑初三刻七分　　　　贯索一偏西十二分

攒点寅初初刻十二分　　　尾宿一偏西三度二十九分

旦刻寅初三刻　　　　　　帝座偏西二度五十四分

谷雨酉宫初度

昏刻戌正一刻七分　　　　轩辕十四偏西四度四十四分

一更戌正二刻九分　　　　翼宿一偏东四度十三分

二更亥初三刻十一分　　　五帝座偏西二度五十六分

三更子初初刻十四分　　　角宿一偏东一度三十一分

四更子正二刻一分　　　　氐宿一偏东三度三十三分

五更丑初三刻四分　　　　房宿一偏东四十五分

攒点寅初初刻六分　　　　帝座偏东二度六分

旦刻寅初二刻八分　　　　　　　箕宿一偏东四度三十一分

酉宫五度

昏刻戌正二刻　　　　　　　　　翼宿一偏东一度四十分

一更戌正三刻　　　　　　　　　翼宿一偏西二度五分

二更亥正初刻　　　　　　　　　轸宿一偏西二度

三更子初一刻　　　　　　　　　角宿一偏西三度三十二分

四更子正二刻　　　　　　　　　氐宿一偏西一度

五更丑初三刻　　　　　　　　　心宿一偏东二度二十四分

攒点寅初初刻　　　　　　　　　帝座偏西一度十二分

旦刻寅初二刻　　　　　　　　　箕宿一偏东一度四十三分

酉宫十度

昏刻戌正二刻八分　　　　　　　翼宿一偏西五度十二分

一更戌正三刻六分　　　　　　　五帝座偏东三度三十九分

二更亥正初刻四分　　　　　　　轸宿一偏西七度五十二分

三更子初一刻一分　　　　　　　亢宿一偏东三度十一分

四更子正一刻十四分　　　　　　氐宿四偏东五十九分

五更丑初二刻十一分　　　　　　心宿一偏西一度二十八分

攒点丑正三刻九分　　　　　　　帝座偏西四度三十四分

旦刻寅初一刻七分　　　　　　　箕宿一偏西一度九分

立夏酉宫十五度

昏刻戌正三刻二分　　　　　　　五帝座偏西十八分

一更戌正三刻十二分　　　　　　帝座偏西二度四十八分

二更亥正初刻七分　　　　　　　角宿一偏东三度三十九分

三更子初一刻二分　　　　　　　大角偏西四十三分

四更子正一刻十三分　　　　　　贯索一偏东一度二十六分

五更丑初二刻八分　　　　　　　尾宿一偏东三十九分

攒点丑正三刻三分　　　　　　　箕宿一偏东二度二十四分

旦刻寅初初刻十三分　　　　　　箕宿一偏西三度五十一分

酉宫二十二度

昏刻戌正三刻十三分	轸宿一偏西三度二十二分
一更亥初初刻四分	轸宿一偏西四度五十二分
二更亥正初刻十一分	角宿一偏西四度二十四分
三更子初一刻四分	氐宿一偏西七分
四更子正一刻十一分	房宿一偏西十分
五更丑初二刻四分	帝座偏东三度二十六分
攒点丑正二刻十一分	箕宿一偏西二度五十四分
旦刻寅初初刻二分	织女一偏东一度四十三分

小满申宫初度

昏刻亥初初刻十分	角宿一偏东二度三十七分
一更亥初初刻十二分	角宿一偏东二度七分
二更亥正一刻一分	大角偏西四十五分
三更子初一刻五分	氐宿四偏西二度
四更子正一刻十分	心宿一偏西二度四十二分
五更丑初一刻十四分	帝座偏西三度三十三分
攒点丑二刻三分	织女一偏东四十四分
旦刻丑正三刻五分	斗宿一偏西二度五十一分

申宫七度

昏刻亥初一刻四分	亢宿一偏东四度五十一分
一更亥初一刻二分	亢宿一偏东五度二十一分
二更亥正一刻四分	氐宿一偏西四十二分
三更子初一刻六分	房宿一偏东三十分
四更子正一刻九分	尾宿一偏西三度二十九分
五更丑初一刻十一分	箕宿一偏东十六分
攒点丑正一刻十三分	斗宿一偏西四度四十二分
旦刻丑正二刻十一分	斗宿一偏西七度五十七分

芒种申宫十五度

昏刻亥初一刻十二分	氐宿一偏东三度四十四分

一更亥初一刻七分	大角偏西三度十分
二更亥正一刻七分	贯索一偏东一度四十四分
三更子初一刻七分	心宿一偏西二度五十二分
四更子正一刻八分	织女一偏东二度二十九分
五更丑初一刻八分	帝座偏西二度五十八分
攒点丑正一刻八分	河鼓二偏东五度四分
旦刻丑正二刻三分	河鼓二偏东二度三十四分

夏至未宫初度

昏刻亥初二刻四分	房宿一偏东二度二十四分
一更亥初一刻十分	贯宿一偏西十八分
二更亥正一刻九分	尾宿一偏东一度四十分
三更子初一刻八分	帝座偏西四度十五分
四更子正一刻七分	织女一偏东一度十七分
五更丑初一刻六分	河鼓二偏东四度十七分
攒点丑正一刻五分	天津一偏西一度四十三分
旦刻丑正一刻十一分	女宿一偏东一度五十八分

小暑未宫十五度

昏刻亥初一刻十二分	尾宿一偏西二十二分
一更亥初一刻七分	尾宿一偏东五十三分
二更亥正一刻七分	箕宿一偏东五度八分
三更子初一刻七分	斗宿一偏西二十分
四更子正一刻八分	河鼓二偏东二度三十分
五更丑初一刻八分	女宿一偏东一度二十六分
攒点丑正一刻八分	虚宿一偏西二度三十九分
旦刻丑正二刻三分	危宿一偏东三度三十九分

未宫二十三度

昏刻亥初一刻四分	帝座偏东一度五十四分
一更亥初一刻二分	帝座偏东二度二十四分
二更亥正一刻四分	箕宿一偏西二度四十一分

三更子初一刻六分 　　斗宿一偏东四十九分

四更子正一刻九分 　　牛宿一偏东四十九分

五更丑初一刻十一分 　　虚宿一偏东三度二分

攒点丑正一刻十三分 　　危宿一偏西三度四十分

旦刻丑正二刻十一分 　　北落师门偏东五度三十八分

大暑午宫初度

昏刻亥初初刻十分 　　帝座偏西三度十二分

一更亥初初刻十二分 　　帝座偏西三度四十二分

二更亥正一刻一分 　　织女一偏东三十五分

三更子初一刻五分 　　河鼓二偏东二度二十分

四更子正一刻十分 　　女宿一偏东一分

五更丑初一刻十四分 　　危宿一偏东三度四十四分

攒点丑正二刻三分 　　北落师门偏东十七分

旦刻丑正三刻五分 　　室宿一偏西一度四十二分

午宫八度

昏刻戌正三刻十三分 　　箕宿一偏东一度五十九分

一更亥初初刻四分 　　箕宿一偏东二十九分

二更亥正初刻十一分 　　斗宿一偏西五度四十四分

三更子初一刻四分 　　牛宿一偏东一度二十九分

四更子正一刻十一分 　　虚宿一偏东二度二十七分

五更丑初二刻四分 　　危宿一偏西五度四十五分

攒点丑正二刻十一分 　　室宿一偏西七度四十一分

旦刻寅初初刻二分 　　壁宿一偏东四度六分

立秋午宫十五度

昏刻戌正三刻二分 　　箕宿一偏西二度十九分

一更戌正三刻十二分 　　箕宿一偏西四度四十九分

二更亥正初刻七分 　　河鼓二偏东五度十八分

三更子初一刻二分 　　女宿一偏东一度四十四分

四更子正一刻十三分 　　危宿一偏东三度四十二分

五更丑初二刻八分　　　　室宿一偏东一度一分
攒点丑正三刻三分　　　　壁宿一偏东三十三分
旦刻寅初初刻十三分　　　土司空偏东一度五十四分

午宫二十度

昏刻戌正二刻八分　　　　织女一偏东四度五十一分
一更戌正三刻六分　　　　织女一偏东一度三十六分
二更亥正初刻四分　　　　河鼓二偏东一度六分
三更子初一刻一分　　　　女宿一偏西二度五十八分
四更子正一刻十四分　　　危宿一偏西一度三十分
五更丑初二刻十一分　　　室宿一偏西四度四十一分
攒点丑正三刻九分　　　　土司空偏东一度四十二分
旦刻寅初一刻七分　　　　奎宿一偏西二度一分

午宫二十五度

昏刻戌正二刻　　　　　　织女一偏东一度五十九分
一更戌正三刻　　　　　　斗宿一偏西一度六分
二更亥正初刻　　　　　　河鼓一偏西一度三十八分
三更子初一刻　　　　　　虚宿一偏东三度二十分
四更子正二刻　　　　　　北落师门偏东五度五十六分
五更丑初三刻　　　　　　壁宿一偏东六度二十九分
攒点寅初初刻　　　　　　奎宿一偏西一度二十二分
旦刻寅初二刻　　　　　　娄宿一偏东五度十七分

处暑巳宫初度

昏刻戌正一刻七分　　　　斗宿一偏西九分
一更戌正二刻九分　　　　斗宿一偏西四度二十四分
二更亥初三刻十一分　　　牛宿一偏东三十四分
三更子初初刻十四分　　　虚宿一偏西一度十三分
四更子正二刻一分　　　　北落师门偏东五十三分
五更丑初三刻四分　　　　壁宿一偏东四十一分
攒点寅初初刻六分　　　　娄宿一偏西一度三十一分

旦刻寅初二刻八分　　　　　　娄宿一偏东六度二十九分

巳宫五度

昏刻戌正一刻　　　　　　　　斗宿一偏西三度九分

一更戌正二刻三分　　　　　　斗宿一偏西七度三十九分

二更亥初三刻八分　　　　　　天津一偏西一度四十九分

三更子初初刻十三分　　　　　危宿一偏东三度五分

四更子正二刻二分　　　　　　室宿一偏西一度五十一分

五更丑初三刻七分　　　　　　土司空偏东二度四十七分

攒点寅初初刻十二分　　　　　娄宿一偏东十四分

旦刻寅初三刻　　　　　　　　胃宿一偏东四度一分

巳宫十度

昏刻戌正初刻六分　　　　　　斗宿一偏西五度三十六分

一更戌正一刻十一分　　　　　河鼓二偏东六度二十九分

二更亥初三刻四分　　　　　　女宿一偏西二十分

三更子初初刻十一分　　　　　危宿一偏西一度七分

四更子正二刻四分　　　　　　室宿一偏西七度三分

五更丑初三刻十一分　　　　　奎宿一偏东二十三分

攒点寅初一刻四分　　　　　　胃宿一偏东五度四十九分

旦刻寅初三刻九分　　　　　　天囷一偏东二度十二分

白露巳宫十五度

昏刻戌初三刻十三分　　　　　斗宿一偏西八度十五分

一更戌正一刻五分　　　　　　河鼓二偏东三度二十分

二更亥初三刻　　　　　　　　女宿一偏西三度五十九分

三更子初初刻十分　　　　　　危宿一偏西五度三十一分

四更子正二刻五分　　　　　　壁宿一偏东五度五分

五更丑正初刻　　　　　　　　奎宿一偏西五度十六分

攒点寅初一刻十分　　　　　　胃宿一偏西二十分

旦刻寅正初刻二分　　　　　　天囷一偏西四度二十七分

巳宫二十度

昏刻戌初三刻五分　　　　　河鼓二偏东六度十三分

一更戌正初刻十三分　　　　河鼓二偏东二十八分

二更亥初二刻十一分　　　　虚宿一偏东三度十九分

三更子初初刻九分　　　　　北落师门偏东二度四十分

四更子正二刻六分　　　　　壁宿一偏东十三分

五更丑正初刻四分　　　　　娄宿一偏东三度十六分

攒点寅初二刻二分　　　　　天囷一偏西一度三十四分

旦刻寅正初刻十分　　　　　昂宿一偏西一度八分

巳宫二十五度

昏刻戌初二刻十三分　　　　河鼓二偏东三度二十二分

一更戌正初刻七分　　　　　河鼓一偏西一度三十分

二更亥初二刻七分　　　　　虚宿一偏西十七分

三更子初初刻七分　　　　　室宿一偏东五十分

四更子正二刻八分　　　　　土司空偏东二度四十三分

五更丑正初刻八分　　　　　娄宿一偏西二度二十分

攒点寅初二刻八分　　　　　昂宿一偏东二度十六分

旦刻寅正一刻二分　　　　　毕宿一偏东三度四十四分

秋分辰宫初度

昏刻戌初二刻五分　　　　　河鼓二偏东四十七分

一更戌正初刻　　　　　　　牛宿一偏东一度四十分

二更亥初二刻三分　　　　　虚宿一偏西三度五十二分

三更子初初刻六分　　　　　室宿一偏西三度三十分

四更子正二刻九分　　　　　奎宿一偏东一度十一分

五更丑正初刻十二分　　　　胃宿一偏东四度七分

攒点寅初三刻　　　　　　　昂宿一偏西四度四分

旦刻寅正一刻十分　　　　　毕宿一偏西二度五十一分

辰宫五度

昏刻戌初一刻十三分　　　　河鼓一偏西五十五分

一更戌初三刻八分

天津一偏东二十七分

二更亥初一刻十四分

危宿一偏东一度二十一分

三更子初初刻五分

室宿一偏西七度五十分

四更子正二刻十分

奎宿一偏西三度三十九分

五更丑正一刻一分

胃宿一偏西一度二十八分

攒点寅初三刻七分

毕宿一偏东四十九分

旦刻寅正二刻二分

五车二偏东一度四十九分

辰宫十度

昏刻戌初一刻六分

牛宿一偏东二度十四分

一更戌初三刻二分

女宿一偏东二度三十二分

二更亥初一刻十分

危宿一偏西二度十五分

三更子初初刻三分

壁宿一偏东五度六分

四更子正二刻十二分

娄宿一偏东五度二十四分

五更丑正一刻五分

天囷偏西一度五十六分

攒点寅初三刻十三分

毕宿一偏西五度十七分

旦刻寅正二刻九分

参宿一偏东五十分

寒露辰宫十五度

昏刻戌初初刻十四分

牛宿一偏西三十八分

一更戌初二刻十分

女宿一偏西二十分

二更亥初一刻六分

危宿一偏西五度五十二分

三更子初初刻二分

壁宿一偏东四十四分

四更子正二刻十三分

娄宿一偏东三十二分

五更丑正一刻九分

昂宿一偏东二度二十三分

攒点寅正初刻五分

参宿七偏东三十二分

旦刻寅正三刻一分

参宿四偏东二分

辰宫二十度

昏刻戌初初刻八分

天津一偏西二度十分

一更戌初二刻四分

女宿一偏西三度二十九分

二更亥初一刻二分

北落师门偏东三度二分

378

三更子初初刻一分

四更子正二刻十四分

五更丑正一刻十三分

攒点寅正初刻十一分

旦刻寅正三刻七分

壁宿一偏西三度四十分

娄宿一偏西四度二十二分

昴宿一偏西三度十六分

觜宿一偏西五十三分

井宿一偏东二十五分

辰宫二十五度

昏刻戌初初刻二分

一更戌初一刻十二分

二更亥初初刻十三分

三更亥正三刻十四分

四更子正三刻一分

五更丑正二刻二分

攒点寅正一刻三分

旦刻寅正三刻十三分

女宿一偏西十一分

虚宿一偏东四度二十九分

室宿一偏东三十六分

土司空偏西十六分

胃宿一偏西二度二十八分

毕宿一偏东二度十五分

参宿四偏西二度十九分

天狼偏东五十分

霜降卯宫初度

昏刻酉正三刻十一分

一更戌初一刻六分

二更亥初初刻十分

三更亥正三刻十三分

四更子正三刻二分

五更丑正二刻五分

攒点寅正一刻九分

旦刻卯初初刻四分

女宿一偏西三度二十六分

虚宿一偏东一度十四分

室宿一偏西二度二十四分

奎宿一偏西一度二十八分

胃宿一偏西二度三十二分

毕宿一偏西三度十五分

井宿一偏西二度二分

天狼偏西五度二十五分

卯宫五度

昏刻酉正三刻六分

一更戌初一刻

二更亥初初刻六分

三更亥正三刻十二分

四更子正三刻三分

虚宿一偏东三度五十六分

虚宿一偏西二度四分

室宿一偏西六度十二分

奎宿一偏西六度一分

天囷一偏西二度二十七分

五更丑正二刻九分 　　　　　五车二偏东一度五十七分

攒点寅正二刻 　　　　　　　天狼偏西一度四十三分

旦刻卯初初刻九分 　　　　　南河三偏东一度三十三分

卯宫十度

昏刻酉正三刻 　　　　　　　虚宿一偏东三十四分

一更戌初初刻九分 　　　　　危宿一偏东三度二十二分

二更亥初初刻二分 　　　　　壁宿一偏东六度五十八分

三更亥正三刻十一分 　　　　娄宿一偏东三度三十一分

四更子正三刻四分 　　　　　昴宿一偏东二度二十二分

五更丑正二刻十三分 　　　　参宿一偏东一度二十七分

攒点寅正二刻六分 　　　　　南河三偏东四度五十六分

旦刻卯初一刻 　　　　　　　北河三偏西三度五十四分

立冬卯宫十五度

昏刻酉正二刻十分 　　　　　虚宿一偏西三度八分

一更戌初初刻三分 　　　　　危宿一偏西五分

二更戌正三刻十四分 　　　　壁宿一偏东二度四十六分

三更亥正三刻十分 　　　　　娄宿一偏西一度十一分

四更子正三刻五分 　　　　　昴宿一偏西二度五十分

五更丑正三刻一分 　　　　　参宿四偏东一度十九分

攒点寅正二刻十二分 　　　　北河三偏西三十六分

旦刻卯初一刻五分 　　　　　鬼宿一偏东一度四十三分

卯宫二十二度

昏刻酉正二刻五分 　　　　　危宿一偏西八分

一更酉正三刻十一分 　　　　危宿一偏西五度二十三分

二更戌正三刻十分 　　　　　壁宿一偏西三度十七分

三更亥正三刻八分 　　　　　胃宿一偏东四度十八分

四更子正三刻七分 　　　　　毕宿一偏东五十分

五更丑正三刻五分 　　　　　井宿一偏西十二分

攒点寅正三刻四分 　　　　　鬼宿一偏东二度二十五分

旦刻卯初一刻十分　　　　　柳宿一偏西四度四十八分

小雪寅宫初度

昏刻酉正一刻十三分　　　　北落师门偏东五度五十六分
一更酉正三刻三分　　　　　北落师门偏东五十六分
二更戌正三刻五分　　　　　奎宿一偏东三十八分
三更亥正三刻七分　　　　　天囷一偏东一度二十七分
四更子正三刻八分　　　　　五车二偏东三度二十一分
五更丑正三刻十分　　　　　天狼偏西三度四分
攒点寅正三刻十二分　　　　柳宿一偏西六度二分
旦刻卯初二刻二分　　　　　星宿一偏西二度二分

寅宫七度

昏刻酉正一刻九分　　　　　北落师门偏西二十五分
一更酉正二刻十三分　　　　室宿一偏西二度五十四分
二更戌正三刻二分　　　　　奎宿一偏西五度五十八分
三更亥正三刻六分　　　　　昴宿一偏东四度十七分
四更子正三刻九分　　　　　参宿一偏东一度七分
五更丑正三刻十三分　　　　南河三偏东一度五十一分
攒点卯初初刻二分　　　　　星宿一偏西一度五十三分
旦刻卯初二刻六分　　　　　轩辕十四偏西二十九分

大雪寅宫十五度

昏刻酉正一刻五分　　　　　室宿一偏西五度四十三分
一更酉正二刻八分　　　　　壁宿一偏东六度四十九分
二更戌正二刻十四分　　　　娄宿一偏东二十二分
三更亥正三刻五分　　　　　昴宿一偏西四度二分
四更子正三刻十分　　　　　参宿四偏西二度八分
五更寅初初刻一分　　　　　鬼宿一偏东五度十六分
攒点卯初初刻七分　　　　　轩辕十四偏西一度四十八分
旦刻卯初二刻十分　　　　　翼宿一偏东三度九分

冬至丑宫初度

昏刻酉正一刻二分　　　　土司空偏东三度二十三分

一更酉正二刻五分　　　　土司空偏西一度七分

二更戌正二刻十二分　　　天囷一偏东一度四十五分

三更亥正三刻四分　　　　五车二偏东二度九分

四更子正三刻十一分　　　天狼偏西五度三十一分

五更寅初初刻三分　　　　星宿一偏东三度一分

攒点卯初初刻十分　　　　翼宿一偏西五度三十八分

旦刻卯初二刻十三分　　　五帝座偏西一度四十七分

小寒丑宫十五度

昏刻酉正一刻五分　　　　娄宿一偏东三度四十八分

一更酉正二刻八分　　　　娄宿一偏西四十二分

二更戌正二刻十四分　　　昴宿一偏西五度六分

三更亥正三刻五分　　　　井宿一偏东三度五分

四更子正三刻十分　　　　鬼宿一偏东四度十二分

五更寅初初刻一分　　　　轩辕十四偏西二度五十二分

攒点卯初初刻七分　　　　轸宿一偏西二度二十分

旦刻卯初二刻十分　　　　角宿一偏东六度三十八分

丑宫二十三度

昏刻酉正一刻九分　　　　娄宿一偏西五度四十六分

一更酉正二刻十三分　　　胃宿一偏东一度三十一分

二更戌正三刻二分　　　　毕宿一偏西三度十二分

三更亥正三刻六分　　　　天狼偏东五十三分

四更子正三刻九分　　　　柳宿一偏西二度二十分

五更丑正三刻十三分　　　翼宿一偏东二度三十一分

攒点卯初初刻二分　　　　角宿一偏东七度三十四分

旦刻卯初二刻六分　　　　角宿一偏西五十六分

大寒子宫初度

昏刻酉正一刻十三分　　　胃宿一偏西二度五分

一更酉正三刻二分　　　　天囷一偏西一度五十七分

二更戌正三刻五分　　　　五车二偏西十八分

三更亥正三刻七分　　　　南河三偏东六度十八分

四更子正三刻八分　　　　星宿一偏东三度十九分

五更丑正三刻十分　　　　翼宿一偏西四度五分

攒点寅正三刻十二分　　　角宿一偏东一度二十八分

旦刻卯初二刻二分　　　　亢宿一偏东四度三十三分

子宫八度

昏刻酉正二刻五分　　　　昴宿一偏东三度

一更酉正三刻十一分　　　昴宿一偏西二度十五分

二更戌正三刻十分　　　　参宿四偏东一度九分

三更亥正三刻八分　　　　北河三偏西一度十六分

四更子正三刻七分　　　　张宿一偏东一度十九分

五更丑正三刻五分　　　　五帝座偏东一度二分

攒点寅正三刻四分　　　　角宿一偏西四度四十六分

旦刻卯初一刻十分　　　　大角偏西三十八分

立春子宫十五度

昏刻酉正二刻十分　　　　昴宿一偏西五度十八分

一更戌初初刻三分　　　　毕宿一偏东十分

二更戌正三刻十四分　　　井宿一偏西二十二分

三更亥正三刻十分　　　　鬼宿一偏东三度

四更子正三刻五分　　　　轩辕十四偏西一度十九分

五更丑正三刻一分　　　　轸宿四偏东一度四十三分

攒点寅正二刻十二分　　　亢宿一偏东一度四十六分

旦刻卯初一刻五分　　　　氐宿一偏东一度四十三分

子宫二十度

昏刻酉正三刻　　　　　　毕宿一偏西十七分

一更戌初初刻九分　　　　五车二偏东四度四十三分

二更亥初初刻二分　　　　天狼偏东三十三分

三更亥正三刻十一分　　柳宿一偏西二十五分

四更子正三刻四分　　　轩辕十四偏西六度一分

五更丑正二刻十三分　　轸宿一偏西二度二十九分

攒点寅正二刻六分　　　大角偏西二十三分

旦刻卯初一刻　　　　　氐宿一偏西一度五十九分

子宫二十五度

昏刻酉正三刻六分　　　五车二偏东四度二十一分

一更戌初一刻　　　　　参宿七偏西二十八分

二更亥初初刻六分　　　天狼偏西五度十九分

三更亥正三刻十二分　　柳宿一偏西五度三十二分

四更子正三刻三分　　　翼宿一偏东二度三十四分

五更丑正二刻九分　　　轸宿一偏西六度二十一分

攒点寅正二刻　　　　　大角偏西三度四十五分

旦刻卯初初刻九分　　　氐宿四偏东一度十五分

雨水亥宫初度

昏刻酉正三刻十一分　　参宿七偏西三十一分

一更戌初一刻六分　　　觜宿一偏西二度二分

二更亥初初刻十分　　　南河三偏东一度五十四分

三更亥正三刻十三分　　星宿一偏东二度十分

四更子正三刻二分　　　翼宿一偏西一度五十九分

五更丑正二刻五分　　　角宿一偏东七度四分

攒点寅正一刻九分　　　氐宿一偏东一度六分

旦刻卯初初刻四分　　　氐宿四偏西二度十八分

亥宫五度

昏刻戌初初刻二分　　　觜宿一偏西二度二分

一更戌初一刻十二分　　井宿一偏东三度十六分

二更亥初初刻十三分　　北河三偏西二度四十一分

三更亥正三刻十四分　　星宿一偏西二度五十分

四更子正三刻一分　　　五帝座偏东五度三十七分

五更丑正二刻二分 角宿一偏东三度四分

攒点寅正一刻三分 氐宿一偏西二度九分

旦刻寅正三刻十三分 贯索一偏西二十四分

亥宫十度

昏刻戌初初刻八分 参宿四偏西三度十三分

一更戌初二刻四分 井宿一偏西三度十一分

二更亥初一刻二分 鬼宿一偏东三度二十六分

三更子初初刻一分 轩辕十四偏东一度五十二分

四更子正二刻十四分 五帝座偏东一度二十五分

五更丑正一刻十三分 角宿一偏西三十八分

攒点寅正初刻十一分 氐宿四偏东一度三十分

旦刻寅正三刻七分 房宿一偏东一度二十一分

惊蛰亥宫十五度

昏刻戌初初刻十四分 井宿一偏西二度五十分

一更戌初二刻十分 天狼偏四二度四十三分

二更亥初一刻六分 柳宿一偏西二十六分

三更子初初刻二分 轩辕十四偏西三度二分

四更子正二刻十三分 五帝座偏西二度五十九分

五更丑正一刻九分 角宿一偏西四度十七分

攒点寅正初刻五分 氐宿四偏西一度三十九分

旦刻寅正三刻一分 房宿一偏西一度四十八分

亥宫二十度

昏刻戌初一刻六分 天狼偏西二度三十五分

一更戌初三刻二分 南河三偏东三度五十六分

二更亥初一刻十分 柳宿一偏西六度三分

三更子初初刻三分 翼宿一偏东五度十八分

四更子正二刻十二分 轸宿一偏西三十七分

五更丑正一刻五分 亢宿一偏东三度五十六分

攒点寅初三刻十三分 贯索一偏东三十八分

旦刻寅正二刻九分

亥宫二十五度

昏刻戌初一刻十三分

一更戌初三刻八分

二更亥初一刻十四分

三更子初初刻五分

四更子正二刻十分

五更丑正一刻一分

攒点寅初三刻七分

旦刻寅正二刻二分

心宿一偏东四十七分

南河三偏东四度五分

北河三偏西一度十五分

星宿一偏东一度六分

翼宿一偏东十二分

轸宿一偏西四度十三分

亢宿一偏东二十分

贯索一偏西二度二十八分

心宿一偏西二度四分

紫微垣

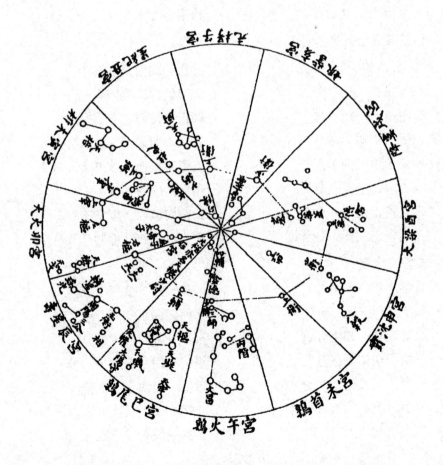

中宫北极紫微宫，北极五星在其中。

大帝之坐第二珠，第三之星庶子居。

第一号曰为太子，四为后宫五天枢。

左右四星是四辅，天一太一当门路。

左枢右枢夹南门，两面营卫一十五。

上宰少尉两相对，少宰上辅次少辅。

上卫少卫次上丞，后门东边大赞府。

门东唤作一少丞，以次却向前门数。

阴德门里两黄聚，尚书以次其位五。

女史柱史各一户，御女四星五天柱。

大理两黄阴德边，勾陈尾指北极颠。

勾陈六星六甲前，天皇独在勾陈里。

五帝内座后门是，华盖并杠十六星。

杠作柄象华盖形，盖上连连九个星。

名曰传舍如连丁，垣外左右各六珠。

右是内阶左天厨，阶前八星名八谷。

厨下五个天棓宿，天床六星左枢在。

内厨两星右枢对，文昌斗上半月形。

稀疏分明六个星，文昌之下曰三师。

太尊只向三公明，天牢六星太尊边。

太阳之守四势前，一个宰相太阳侧。

更有三公相西偏，即是元戈一星圆。

天理四星斗里暗，辅星近着开阳淡。

北斗之宿七星明，第一主帝名枢精。

第二第三璇玑星，第四名权第五衡。

开阳摇光六七名，摇光左三天枪红。

按：《星经》《步天歌》，五帝内座五星、内厨二星、势四星、杠八星、御女四星、天柱五星、大理二星、天床六星，今《仪象志》无。传舍九星，今八星。华盖八星，今四星。天牢六星，今一星。六甲六星，今一星。

太微垣

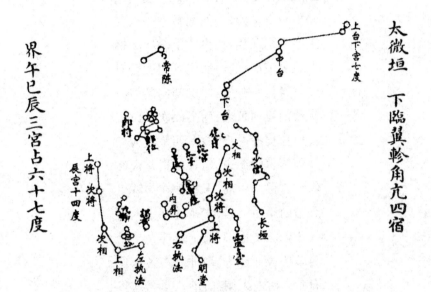

界午巳辰三宫占六十七度

辰宫十四度

太微垣 下临冀轸角亢四宿

太微垣

上元天庭太微宫,昭昭列象布苍穹。
端门只是门之中,左右执法门西东。
门左皂衣一谒者,以次即是乌三公。
三黑九卿公背旁,五黑诸侯卿后行。
四个门西主轩屏,五帝内座于中正。
幸臣太子并从官,乌列帝后从东定。
郎将虎贲居左右,常陈郎位居其后。
常陈七星不相误,郎位陈东一十五。
两面宫垣十星布,左右执法是其数。
宫外明堂布政宫,三个灵台候云雨。

少微四星西南隅，长垣双双微西居。

北门西外接三台，与垣相对无兵灾。

按：《星经》《步天歌》，五诸侯五星，今《仪象志》无。郎位十五星，今十星。常陈七星，今三星。

太微垣的星图如上。

天市垣

天市垣

下元一宫名天市，两扇垣墙二十二。

当门六个黑市楼，门左两星是车肆。

两个宗正四宗人,宗星一双亦依次。

帛度两星屠肆前,侯星还在帝座边。

帝座一星常光明,四个微茫宦者星。

以次两星名列肆,斗斛帝前依其次。

斗是五星斛是四,垣北九个贯索星。

索口横着七公成,天纪恰似七公形。

数着分明多两星,纪北三星名女床。

此座还依织女旁,三元之相无相侵。

二十八宿随其阴,水火木土并与金。

以次别有五行吟。

按:《星经》《步天歌》,市楼之星,今三星。

东方苍龙七宿

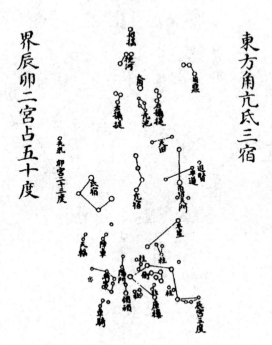

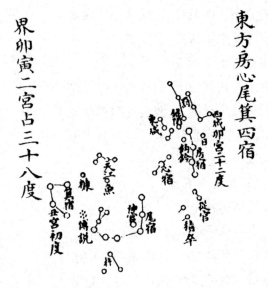

東方房心尾箕四宿

界卯寅二宫占三十八度

角 两星南北正直着。

中有平道上天田,总是黑星两相连。

别有一乌名进贤,平道右畔独渊然。

最上三星周鼎形,角下天门左平星。

双双横于库楼上,库楼十星屈曲明。

楼中五柱十五星,三三相似如鼎形。

其中四星别名衡,南门楼外两星横。

亢 四星恰如弯弓状。

大角一星直上明,折威七子亢下横。

大角左右摄提星,三三相似如鼎形。

折威下左顿顽星,两个斜安黄色精。

顽下二星号阳门,色若顿顽直下存。

氐 四星似斗侧量米。

天乳氐上黑一星,世人不识称无名。

一个招摇梗河上,梗河横列三星状。

帝席三黑河之西,亢池六星近摄提。

氐下众星骑官出,骑官之众二十七。

三三相连十欠一,阵车氐下骑官次。

骑官下三车骑位,天辐两星立阵旁。

将军阵里镇威霜。

房 四星直下主明堂。

键闭一黄斜向上,钩钤两个近其旁。

罚有三星直键上,两咸夹罚似房状。

房西一星号为日,从官两个日下出。

心 三星中央色最深。

下头积卒共十二,三三相聚心下是。

尾 九星如钩苍龙尾。

下头五点号龟星,尾上天江四横是。

尾东一个名傅说,傅说东畔一鱼子。

尾西一室是神宫,所以列在后妃中。

箕 四星形状如簸箕。

箕下三星名木杵,其前一黑是糠皮。

按:《星经》《步天歌》,折威七星,帝席三星,今《仪象志》无。库楼十星,今九星。柱十五星,今十四星。亢池六星,今四星。骑官二十七星,今七星。积卒十二星,今二星。南门二星,骑阵将军一星,龟五星,在京师地平下,故不入图。

北方元武七宿

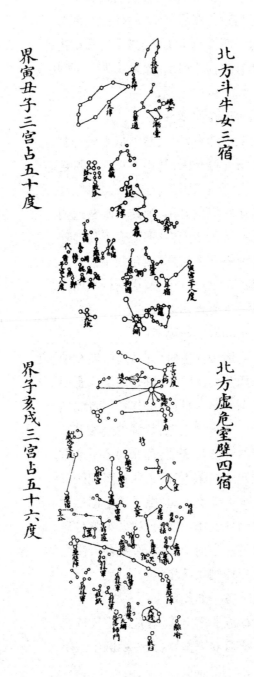

北方斗牛女三宿

界寅丑子三宫占五十度

北方虚危室壁四宿

界子亥戌三宫占五十六度

斗　六星其状似北斗。

　　魁上建星三相对,天弁建上三三九。

　　斗下圆安十四星,虽然名鳖贯索形。

　　天鸡建背双黑星,天籥柄前八黄精。

　　狗国四方鸡下生,天渊十星鳖东边。

　　更有两狗斗魁前,农家丈人斗下眠。

　　天渊十黄狗色元。

牛　六星近在河岸头。

　　头上虽然有两角,腹下从来欠一脚。

　　牛下九黑是天田,田下三三九坎连。

　　牛上直建三河鼓,鼓上三星号织女。

　　左旗右旗各九星,河鼓两畔右边明。

　　更有四黄名天桴,河鼓直下如连珠。

　　罗堰三乌牛东居,渐台四星似口形。

　　辇道东足连五丁,辇道渐台在何许?

　　欲得见时近织女。

女　四星如箕主嫁娶。

　　十二诸国在下陈,先从越国向东论。

　　东西两周次二秦,雍州南下双雁门。

　　代国向西一晋伸,韩魏各一晋北轮。

　　楚之一国魏西屯,楚城南畔独燕军。

　　燕西一郡是齐邻,齐北两邑平原君。

　　欲知郑在越下存,十六黄星细区分。

　　五个离珠女上星,败瓜珠上瓠瓜生。

　　两个各五瓠瓜明,天津九个弹弓形。

　　两星入牛河中横,四个奚仲天津上。

　　七个仲侧扶筐星。

虚　上下各一如连珠。

　　命禄危非虚上呈,虚危之下哭泣星。

　　哭泣双双下垒城,天垒团圆十三星。

败臼四星城下横，臼西三个离瑜明。

危　三星不直旧先知。

危上五黑号人星，人畔三四杵臼形。

人上七乌号车府，府上天钩九黄晶。

钩上五鸦字造父，危下四星号坟墓。

墓下四星斜虚梁，十个天钱梁下黄。

墓旁两星能盖屋，身着黑衣危下宿。

室　两星上有离宫出。

绕室三双有六星，下头六个雷电形。

垒壁阵次十二星，十二两头大似井。

阵下分布羽林军，四十五卒三为群。

军西西下多难论，仔细历历看区分。

三粒黄金名铁钺，一颗真珠北落门。

门东八魁九个子，门西一宿天纲是。

电旁两星土公吏，螣蛇室上二十二。

壁　两星下头是霹雳。

霹雳五星横着行，云雨之次曰四方。

壁上天厩十圆黄，铁锧五星羽林旁。

土公两黑壁下藏。

按：《星经》《步天歌》，天龠八星，农丈人一星，天田九星，离珠五星，八魁九星，今《仪象志》无。鳖十四星，今十三星。右旗九星，今八星。九坎九星，今四星。天桴四星，今二星。罗堰三星，今二星。十二诸国十六星，今十二星。司危二星，今一星。天垒城十三星，今五星。离瑜三星，今二星。败臼四星，今二星。人星五星，今四星。杵三星，今一星。臼四星，今三星。天钩九星，今六星。扶筐七星，今四星。天钱十星，今九星。盖屋二星，今一星。羽林军四十五星，今二十三星。土公吏二星，今一星。螣蛇二十二星，今十八星。天厩十星，今三星。

395

西方白虎七宿

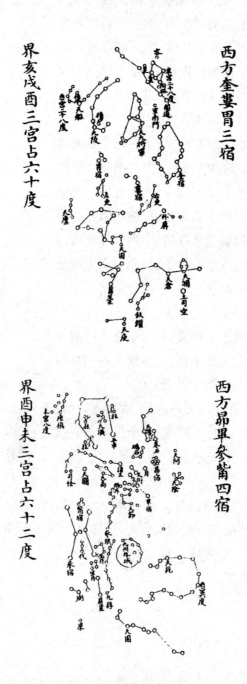

西方奎娄胃三宿

界亥戌酉三宫占六十度

西方昴毕参觜四宿

界酉申未三宫占六十二度

奎　腰细头尖似破鞋，一十六星绕鞋生。

外屏七乌奎下横，屏下七星天溷明。

司空左畔土之精，奎上一宿军南门。

河中六个阁道形，附路一星道旁明。

五个吐花王良星，良星近土一策明。

娄　三星不匀近一头。

左更右更乌夹娄，天仓六个娄下头。

天庾三星仓东脚，娄上十一将军侯。

胃　三星鼎足河之次。

天廪胃下斜四星，天囷十三如乙形。

河中八星名大陵，陵北九个天船名。

陵中积尸一个星，积水船中一黑精。

昴　七星一聚实不少。

阿西月东各一星，阿下五黄天阴名。

阴下六乌刍藁营，营南十六天苑形。

河里六星名卷舌，舌中黑点天谗星。

砺石舌旁斜四丁。

毕　恰似爪义八星出。

附耳毕股一星光，天街两星毕背旁。

天节耳下八乌幢，毕上横列六诸王。

王下四皂天高星，节下团圆九州城。

毕口斜对五车口，车有三柱任纵横。

车中五个天潢精，潢畔咸池三黑星。

天关一星车脚边，参旗九个参车间。

旗下直建九斿①连，斿下十三乌天园。

九斿天园参脚边。

参　总有七星觜相侵。

两肩双足双为心，伐有三星足里深。

校者注　①　斿(yóu)：古同"游"，遨游，从容行走。常用组词：九斿，旌斿，龙斿，赘斿。

玉井四星右足阴,屏星两扇井南襟。

军井四星屏上吟,左足下四天厕临。

厕下一物天屎沉。

觜　三星相近作参蕊。

觜上座旗直指天,尊卑之位九相连。

司怪曲立座旗边,四鸦大近井钺前。

按:《星经》《步天歌》,咸池三星,今《仪象志》无。天溷七星,今四星。九斿九星,今八星。天园十三星,京师地平上只见九星。

南方朱雀七宿

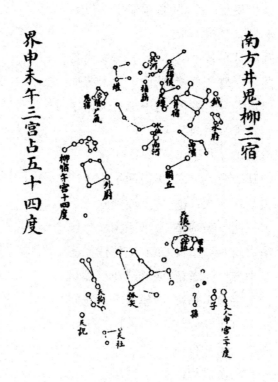

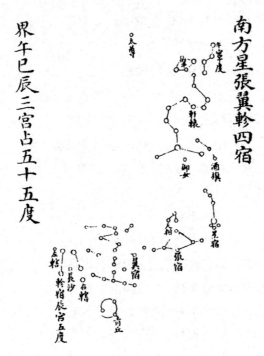

井　八星横列河中静。

　　一星名钺井边安,两河各三南北正。

　　天镈三星井上头,镈上横列五诸侯。

　　侯上北河西积水,欲觅积薪东畔是。

　　越下四星名水府,水位东边四星序。

　　四渎横列南河里,南河下头是军市。

　　军市团圆十三星,中有一个野鸡精。

　　孙子丈人市下列,各立两星从东说。

　　阙邱两星南河东,邱下一狼光蓬茸。

　　左畔九个弯弧弓,一矢拟射顽狼胸。

　　有个老人南极中,春秋出入寿无穷。

鬼　四星册方似木柜。

　　中央白者积尸气,鬼上四星是爟位。

　　天狗七星鬼下是,外厨六间柳星次。

　　天社六星弧东倚,社东一星名天记。

柳　八星曲头垂似柳。

近上三星号为酒，享宴大酺五星守。

星　七星如钩柳下生。

星上十七轩辕形，轩辕东头四内平。

平下三个名天相，相下稷星横五灵。

张　六星似轸在星旁。

张下只是有天庙，十四之星册四方。

长垣少微虽向上，星数款在太微旁。

太尊一星直上黄。

翼　二十二星太难识。

上五下五横着行，中心六个恰似张。

更有六星在何处，三三相连张畔附。

必若不能分处所，更请向前看野取。

五个黑星翼下头，欲知名字是东瓯。

轸　四星似张翼相近。

中央一个长沙子，左辖右辖附两星。

军门两黄近翼是，门西四个土司空。

门东七乌青邱子，青邱之下名器府。

器府之星三十二，已上便是太微宫。

黄道向上看取是。

按：《星经》《步天歌》，积水一星、天稷五星、天庙十四星、东瓯五星、土司空四星、军门二星、器府三十二星，今《仪象志》无。军市十三星，今十星。青邱七星，今三星。天社六星，京师地平上只见三星。老人星在京师地平下，故不入图。

（钦定协纪辨方书卷十三）

钦定四库全书·钦定协纪辨方书卷十四

年表一

六十花甲,周而复始,神煞随年转换。今逐年推排,分而列之,按年展视,了如指掌。作《年表》。

甲子至癸酉

太岁甲子干木支水纳音属金

开山立向修方吉

岁德甲	岁德合己	岁支德己
阳贵人未	阴贵人丑	岁禄寅
岁马寅	奏书乾	博士巽

三元紫白

上元	一白中	六白坎	八白震	九紫巽
中元	一白坤	六白兑	八白离	九紫坎
下元	一白艮	六白巽	八白乾	九紫兑

盖山黄道

贪狼震庚亥未	巨门兑丁巳丑	武曲巽辛	文曲坤乙

401

通天窍

三合前方艮寅　甲卯　乙辰　　三合后方坤申　庚酉　辛戌
十二吉山宜申子辰寅午戌年月日时。

走马六壬

神后壬子　　功曹艮寅　　天罡乙辰
胜光丙午　　传送坤申　　河魁辛戌
十二吉山宜申子辰寅午戌年月日时。

四利三元

太阳丑　　　太阴卯　　　龙德未　　　福德酉

开山立向修方凶

太岁子　　　岁破午　　　三煞巳午未
坐煞向煞丙丁　壬癸　　浮天空亡离壬

开山凶

年克山家甲寅辰巽戌坎辛申丑癸坤庚未山
阴府太岁艮巽　　　六害未　　　死符巳　　　　灸退卯

立向凶

巡山罗睺癸　　　病符亥

修方凶

天官符亥	地官符辰	大煞子	大将军酉
力士艮	蚕室坤	蚕官未	蚕命申
岁刑卯	黄幡辰	豹尾戌	飞廉申
丧门寅	吊客戌	白虎申	金神午未申酉
独火艮	五鬼辰	破败五鬼巽	

开山立向修方吉

月	正	二	三	四	五	六	七	八	九	十	十一	十二
天道	南	西南	北	西	西北	东	北	东北	南	东	东南	西
天德	丁	坤	壬	辛	乾	甲	癸	艮	丙	乙	巽	庚
天德合	壬		丁	丙		己	戊		辛	庚		乙
月德	丙	甲	壬	庚	丙	甲	壬	庚	丙	甲	壬	庚
月德合	辛	己	丁	乙	辛	己	丁	乙	辛	己	丁	乙
月空	壬	庚	丙	甲	壬	庚	丙	甲	壬	庚	丙	甲
阳贵人	坎	离	艮	兑	乾	中	坎	离	艮	兑	乾	
阴贵人	兑	乾	中	巽	震	坤	坎	离	艮	兑	乾	
飞天禄	中	坎	离	艮	兑	乾	中	巽	震	坤	坎	离
飞天马	中	坎	离	艮	兑	乾	中	巽	震	坤	坎	离
月紫白 一白	兑	艮	离	坎	坤	震	巽	中	乾	兑	艮	离
月紫白 六白	震	巽	中	乾	兑	艮	离	坎	坤	震	巽	中
月紫白 八白	中	乾	兑	艮	离	坎	坤	震	巽	中	乾	兑
月紫白 九紫	乾	兑	艮	离	坎	坤	震	巽	中	乾	兑	艮

		立春	春分	立夏	夏至	立秋	秋分	立冬	冬至
三奇	乙	艮	震	巽	离	坤	兑	乾	坎
	丙	艮	震	巽	离	坤	兑	乾	坎
	丁	离	巽	中	艮	坎	乾	中	坤

开山凶

月	正	二	三	四	五	六	七	八	九	十	十一	十二
月建	寅	卯	辰	巳	午	未	申	酉	戌	亥	子	丑
月破	申	酉	戌	亥	子	丑	寅	卯	辰	巳	午	未
月克山家	乾兑	亥丁	震巳	艮			水山	土山	乾兑	亥丁	离丙	壬丁
阴府太岁	坎坤	乾离	坤震	巽艮	乾兑	坤坎	离乾	震坤	艮巽	兑乾	坎坤	乾离

修方凶

月	正	二	三	四	五	六	七	八	九	十	十一	十二
天官符	中	辰 巽 巳	甲 震 乙	未 坤 申	壬 坎 癸	丙 离 丁	丑 艮 寅	庚 兑 辛	戊 乾 亥	中	庚 兑 辛	戊 乾 亥
地官符	庚 兑 辛	戊 乾 亥	中	庚 兑 辛	戊 乾 亥	中	辰 巽 巳	甲 震 乙	未 坤 申	壬 坎 癸	丙 离 丁	丑 艮 寅
小月建	中	戊 乾 亥	庚 兑 辛	丑 艮 寅	丙 离 丁	壬 坎 癸	未 坤 申	甲 震 乙	辰 巽 巳	中	戊 乾 亥	庚 兑 辛
大月建	丑 艮 寅	庚 兑 辛	戊 乾 亥	中	辰 巽 巳	甲 震 乙	未 坤 申	壬 坎 癸	丙 离 丁	丑 艮 寅	庚 兑 辛	戊 乾 亥
飞大煞	戊 乾 辛	中	辰 巽 巳	甲 震 乙	未 坤 申	壬 坎 癸	丙 离 丁	丑 艮 寅	庚 兑 辛	戊 乾 亥	中	庚 兑 辛
丙丁独火	中 乾	中	巽 中	震 巽	坤 震	坎 坤	离 坎	艮 离	兑 艮	乾 兑	中 乾	中
月游火	艮	离	坎	坤	震	巽	中	乾	兑	艮	离	坎
劫煞	亥	申	巳	寅	亥	申	巳	寅	亥	申	巳	寅
灾煞	子	酉	午	卯	子	酉	午	卯	子	酉	午	卯
月煞	丑	戌	未	辰	丑	戌	未	辰	丑	戌	未	辰
月刑	巳	子	辰	申	午	丑	寅	酉	未	亥	卯	戌
月害	巳	辰	卯	寅	丑	子	亥	戌	酉	申	未	午
月厌	戌	酉	申	未	午	巳	辰	卯	寅	丑	子	亥

太岁乙丑干木支土纳音属金

开山立向修方吉

岁德庚　　　岁德合乙　　　岁支德午
阳贵人申　　阴贵人子　　　岁禄卯
岁马亥　　　奏书乾　　　　博士巽

三元紫白

上元	一白乾	六白坤	八白巽	九紫中
中元	一白震	六白艮	八白坎	九紫坤
下元	一白离	六白中	八白兑	九紫艮

盖山黄道

贪狼艮丙　　巨门巽辛　　武曲兑丁巳丑　　文曲离壬寅戌

通天窍

三合前方乾亥　壬子　癸丑　三合后方巽巳　丙午　丁未
十二吉山宜巳酉丑亥卯未年月日时。

走马六壬

神后乾亥　　功曹癸丑　　天罡甲卯
胜光巽巳　　传送丁未　　河魁庚酉
十二吉山宜巳酉丑亥卯未年月日时。

四利三元

太阳寅　　　太阴辰　　　龙德申　　　福德戌

开山立向修方凶

太岁丑　　岁破未　　三煞寅卯辰

坐煞向煞甲乙　庚辛　浮天空亡坎癸

开山凶

年克山家震艮巳山

阴府太岁兑乾　　六害午　　死符午　　灸退子

立向凶

巡山罗睺艮　　病符子

修方凶

天官符申　　　地官符巳　　大煞酉　　　大将军酉

力士艮　　　　蚕室坤　　　蚕官未　　　蚕命中

岁刑戌　　　　黄幡丑　　　豹尾未　　　飞廉酉

丧门卯　　　　吊客亥　　　白虎酉　　　金神辰巳

独火震　　　　五鬼卯　　　破败五鬼艮

开山立向修方吉

月	正	二	三	四	五	六	七	八	九	十	十一	十二
天道	南	西南	北	西	西北	东	北	东北	南	东	东南	西
天德	丁	坤	壬	辛	乾	甲	癸	艮	丙	乙	巽	庚
天德合	壬		丁	丙		己	戊		辛	庚		乙
月德	丙	甲	壬	庚	丙	甲	壬	庚	丙	甲	壬	庚
月德合	辛	己	丁	乙	辛	己	丁	乙	辛	己	丁	乙
月空	壬	庚	丙	甲	壬	庚	丙	甲	壬	庚	丙	甲
阳贵人	坤	坎	离	艮	兑	乾	中	坎	离	艮	兑	乾
阴贵人	乾	中	巽	震	坤	坎	离	艮	兑	乾	中	坎

（续表）

月		正	二	三	四	五	六	七	八	九	十	十一	十二
飞天禄		乾	中	坎	离	艮	兑	乾	中	巽	震	坤	坎
飞天马		中	巽	震	坤	坎	离	艮	兑	乾	中	坎	离
月紫白	一白	坎	坤	震	巽	中	乾	兑	艮	离	坎	坤	震
	六白	乾	兑	艮	离	坎	坤	震	巽	中	乾	兑	艮
	八白	艮	离	坎	坤	震	巽	中	乾	兑	艮	离	坎
	九紫	离	坎	坤	震	巽	中	乾	兑	艮	离	坎	坤

三奇		立春	春分	立夏	夏至	立秋	秋分	立冬	冬至
	乙	兑	坤	震	坎	震	艮	兑	离
	丙	艮	震	巽	离	坤	兑	乾	坎
	丁	离	巽	中	艮	坎	乾	中	坤

开山凶

月	正	二	三	四	五	六	七	八	九	十	十一	十二
月建	寅	卯	辰	巳	午	未	申	酉	戌	亥	子	丑
月破	申	酉	戌	亥	子	丑	寅	卯	辰	巳	午	未
月克山家	乾	亥	震	艮	离	壬			乾	亥	水	土
	兑	丁	巳		丙	乙			兑	丁	山	
阴府太岁	坤	巽	乾	坤	离	震	艮	兑	坎	乾	坤	巽
	震	艮	兑	坎	乾	坤	巽	乾	坤	离	震	艮

修方凶

月	正	二	三	四	五	六	七	八	九	十	十一	十二
天官符	未	壬	丙	丑	庚	戌		庚	戌		辰	甲
	坤	坎	离	艮	兑	乾	中	兑	乾	中	巽	震
	申	癸	丁	寅	辛	亥		辛	亥		巳	乙
地官符	丑	庚	戌		庚	戌		辰	甲	未	壬	丙
	艮	兑	乾	中	兑	乾	中	巽	震	坤	坎	离
	寅	辛	亥		辛	亥		巳	乙	申	癸	丁

（续表）

月	正	二	三	四	五	六	七	八	九	十	十一	十二
小月建	丙 离 丁	壬 坎 癸	未 坤 申	甲 震 乙	辰 巽 巳	中	戊 乾 亥	庚 兑 辛	丑 艮 寅	丙 离 丁	壬 坎 癸	未 坤 申
大月建	中 巳	辰 巽 乙	甲 震 申	未 坤 癸	壬 坎 丁	丙 离 寅	丑 艮 辛	庚 兑 亥	戌 乾	中	辰 巽 巳	甲 震 乙
飞大煞	甲 震 乙	未 坤 申	壬 坎 癸	丙 离 丁	丑 艮 寅	庚 兑 辛	戌 乾 亥	中	庚 兑 辛	戌 乾 亥	中	辰 巽 巳
丙丁独火	巽 中	震 巽	坤 震	坎 坤	离 坎	艮 离	兑 艮	乾 兑	中 乾	中	巽 中	震 巽
月游火	艮	离	坎	坤	震	巽	中	乾	兑	艮	离	坎
劫煞	亥	申	巳	寅	亥	申	巳	寅	亥	申	巳	寅
灾煞	子	酉	午	卯	子	酉	午	卯	子	酉	午	卯
月煞	丑	戌	未	辰	丑	戌	未	辰	丑	戌	未	辰
月刑	巳	子	辰	申	午	丑	寅	酉	未	亥	卯	戌
月害	巳	辰	卯	寅	丑	子	亥	戌	酉	申	未	午
月厌	戌	酉	申	未	午	巳	辰	卯	寅	丑	子	亥

太岁丙寅干火支木纳音属火

开山立向修方吉

岁德丙　　　　岁德合辛　　　　岁支德未
阳贵人酉　　　阴贵人亥　　　　岁禄巳
岁马申　　　　奏书艮　　　　　博士坤

三元紫白

上元	一白兑	六白震	八白中	九紫乾
中元	一白巽	六白离	八白坤	九紫震
下元	一白坎	六白乾	八白艮	九紫离

盖山黄道

贪狼艮丙　　巨门兑丁巽辛　　武曲兑丁巳丑　　文曲离壬寅戌

通天窍

三合前方坤申　庚酉　辛戌　　三合后方艮寅　甲卯　乙辰
十二吉山宜寅午戌申子辰年月日时。

走马六壬

神后辛戌　　功曹壬子　　天罡艮寅
胜光乙辰　　传送丙午　　河魁坤申
十二吉山宜寅午戌申子辰年月日时。

四利三元

太阳卯　　　太阴巳　　　龙德酉　　　福德亥

开山立向修方凶

太岁寅　　　岁破申　　　三煞亥子丑
坐煞向煞壬癸　丙丁　　浮天空亡巽辛

开山凶

年克山家震艮巳山
阴府太岁坎坤　　六害巳　　死符未　　灸退酉

立向凶

巡山罗睺甲　　病符丑

修方凶

天官符巳　　地官符午　　大煞午　　大将军子

力士巽　　蚕室乾　　蚕官戌　　蚕命亥

岁刑巳　　黄幡戌　　豹尾辰　　飞廉戌

丧门辰　　吊客子　　白虎戌　　金神寅卯午未子丑

独火震　　五鬼寅　　破败五鬼坤

开山立向修方吉

月		正	二	三	四	五	六	七	八	九	十	十一	十二
天道		南	西南	北	西	西北	东	北	东北	南	东	东南	西
天德		丁	坤	壬	辛	乾	甲	癸	艮	丙	乙	巽	庚
天德合		壬		丁	丙		己	戊		辛	庚		乙
月德		丙	甲	壬	庚	丙	甲	壬	庚	丙	甲	壬	庚
月德合		辛	己	丁	乙	辛	己	丁	乙	辛	己	丁	乙
月空		壬	庚	丙	甲	壬	庚	丙	甲	壬	庚	丙	甲
阳贵人		震	坤	坎	离	艮	兑	乾	中	坎	离	艮	兑
阴贵人		中	巽	震	坤	坎	离	艮	兑	乾	中	坎	离
飞天禄		艮	兑	乾	中	坎	离	艮	兑	乾	中	巽	震
飞天马		坤	坎	离	艮	兑	乾	中	坎	离	艮	兑	乾
月紫白	一白	巽	中	乾	兑	艮	离	坎	坤	震	巽	中	乾
	六白	离	坎	坤	震	巽	中	乾	兑	艮	离	坎	坤
	八白	坤	震	巽	中	乾	兑	艮	离	坎	坤	震	巽
	九紫	震	巽	中	乾	兑	艮	离	坎	坤	震	巽	中

		立春	春分	立夏	夏至	立秋	秋分	立冬	冬至
三奇	乙	乾	坎	坤	坤	巽	离	艮	艮
	丙	兑	坤	震	坎	震	艮	兑	离
	丁	艮	震	巽	离	坤	兑	乾	坎

开山凶

月	正	二	三	四	五	六	七	八	九	十	十一	十二
月建	寅	卯	辰	巳	午	未	申	酉	戌	亥	子	丑
月破	申	酉	戌	亥	子	丑	寅	卯	辰	巳	午	未
月克山家			乾兑	亥丁	离壬	壬乙	震巳	艮			水山	土
阴府太岁	乾兑	坤坎	离乾	震坤	艮巽	兑乾	坎坤	乾离	坤震	巽艮	乾兑	坤坎

修方凶

月	正	二	三	四	五	六	七	八	九	十	十一	十二
天官符	丑	庚	戌		庚	戌		辰	甲	未	壬	丙
	艮	兑	乾	中	兑	乾	中	巽	震	坤	坎	离
	寅	辛	亥		辛	亥		巳	乙	申	癸	丁
地官符	丙	丑	庚	戌		庚	戌		辰	甲	未	壬
	离	艮	兑	乾	中	兑	乾	中	巽	震	坤	坎
	丁	寅	辛	亥		辛	亥		巳	乙	中	癸
小月建		戊	庚	丑	丙	壬	未	甲	辰		戊	庚
	中	乾	兑	艮	离	坎	坤	震	巽	中	乾	兑
		亥	辛	寅	丁	癸	申	乙	巳		亥	辛
大月建	未	壬	丙	丑	庚	戌		辰	甲	未	壬	丙
	坤	坎	离	艮	兑	乾	中	巽	震	坤	坎	离
	申	癸	丁	寅	辛	亥		巳	乙	申	癸	丁
飞大煞	丙	丑	庚	戌		庚	戌		辰	甲	未	壬
	离	艮	兑	乾	中	兑	乾	中	巽	震	坤	坎
	丁	寅	辛	亥		辛	亥		巳	乙	申	癸
丙丁独火	坤震	坎坤	离坎	艮离	兑艮	乾兑	中乾	中	巽中	震巽	坤震	坎坤
月游火	震	巽	中	乾	兑	艮	离	坎	坤	震	巽	中
劫煞	亥	申	巳	寅	亥	申	巳	寅	亥	申	巳	寅

（续表）

月	正	二	三	四	五	六	七	八	九	十	十一	十二
灾煞	子	酉	午	卯	子	酉	午	卯	子	酉	午	卯
月煞	丑	戌	未	辰	丑	戌	未	辰	丑	戌	未	辰
月刑	巳	子	辰	申	午	丑	寅	酉	未	亥	卯	戌
月害	巳	辰	卯	寅	丑	子	亥	戌	酉	申	未	午
月厌	戌	酉	申	未	午	巳	辰	卯	寅	丑	子	亥

太岁丁卯干火支木纳音属火

开山立向修方吉

岁德壬　　　　岁德合丁　　　　岁支德申
阳贵人亥　　　阴贵人酉　　　　岁禄午
岁马巳　　　　奏书艮　　　　　博士坤

三元紫白

上元	一白艮	六白巽	八白乾	九紫兑
中元	一白中	六白坎	八白震	九紫巽
下元	一白坤	六白兑	八白离	九紫坎

盖山黄道

贪狼乾甲　　巨门离壬寅戌　　武曲坤乙　　文曲巽辛

通天窍

三合前方巽巳　丙午　丁未　　三合后方乾亥　壬子　癸丑
十二吉山宜亥卯未巳酉丑年月日时。

走马六壬

神后庚酉　　功曹乾亥　　天罡癸丑

胜光甲卯　　传送巽巳　　河魁丁未

十二吉山宜寅亥卯未巳酉丑年月日时。

四利三元

太阳辰　　　太阴午　　　龙德戌　　　福德子

开山立向修方凶

太岁卯　　　岁破酉　　　三煞申酉戌

坐煞向煞庚辛　甲乙　　浮天空亡震庚

开山凶

年克山家离壬丙乙山

阴府太岁乾离　　　六害辰　　　死符申　　　灸退午

立向凶

巡山罗睺乙　　　病符寅

修方凶

天官符寅　　　地官符未　　　大煞卯　　　大将军子

力士巽　　　　蚕室乾　　　蚕官戌　　　蚕命亥

岁刑子　　　　黄幡未　　　豹尾丑　　　飞廉巳

丧门巳　　　　吊客丑　　　白虎亥　　　金神寅卯戌亥

独火坎　　　　五鬼丑　　　破败五鬼震

开山立向修方吉

月	正	二	三	四	五	六	七	八	九	十	十一	十二
天道	南	西南	北	西	西北	东	北	东北	南	东	东南	西
天德	丁	坤	壬	辛	乾	甲	癸	艮	丙	乙	巽	庚
天德合	壬		丁	丙		己	戊		辛	庚		乙
月德	丙	甲	壬	庚	丙	甲	壬	庚	丙	甲	壬	庚
月德合	辛	己	丁	乙	辛	己	丁	乙	辛	己	丁	乙
月空	壬	庚	丙	甲	壬	庚	丙	甲	壬	庚	丙	甲
阳贵人	中	巽	震	坤	坎	离	艮	兑	乾	中	坎	离
阴贵人	震	坤	坎	离	艮	兑	乾	中	坎	离	艮	兑
飞天禄	离	艮	兑	乾	中	坎	离	艮	兑	乾	中	巽
飞天马	艮	兑	乾	中	坎	离	艮	兑	乾	中	巽	震
月紫白 一白	兑	艮	离	坎	坤	震	巽	中	乾	兑	艮	离
月紫白 六白	震	巽	中	乾	兑	艮	离	坎	坤	震	巽	中
月紫白 八白	中	乾	兑	艮	离	坎	坤	震	巽	中	乾	兑
月紫白 九紫	乾	兑	艮	离	坎	坤	震	巽	中	乾	兑	艮

	立春	春分	立夏	夏至	立秋	秋分	立冬	冬至
三奇 乙	中	离	坎	震	中	坎	离	兑
三奇 丙	乾	坎	坤	坤	巽	离	艮	艮
三奇 丁	兑	坤	震	坎	震	艮	兑	离

开山凶

月	正	二	三	四	五	六	七	八	九	十	十一	十二
月建	寅	卯	辰	巳	午	未	申	酉	戌	亥	子	丑
月破	申	酉	戌	亥	子	丑	寅	卯	辰	巳	午	未
月克山家			离丙	壬乙	水山	土	震巳	艮				
阴府太岁	离乾	震坤	艮巽	兑乾	坎坤	乾离	坤震	巽艮	乾兑	坤坎	离乾	震坤

修方凶

月	正	二	三	四	五	六	七	八	九	十	十一	十二
		庚	戊		辰	甲	未	壬	丙	丑	庚	戊
天官符	中	兑	乾	中	巽	震	坤	坎	离	艮	兑	乾
		辛	亥		巳	乙	申	癸	丁	寅	辛	亥
	壬	丙	丑	庚	戊		庚	戊		辰	甲	未
地官符	坎	离	艮	兑	乾	中	兑	乾	中	巽	震	坤
	癸	丁	寅	辛	亥		辛	亥		巳	乙	申
	丙	壬	未	甲	辰		戊	庚	丑	丙	壬	未
小月建	离	坎	坤	震	巽	申	乾	兑	艮	离	坎	坤
	丁	癸	申	乙	巳		亥	辛	寅	丁	癸	申
	丑	庚	戊		辰	甲	未	壬	丙	丑	庚	戊
大月建	艮	兑	乾	中	巽	震	坤	坎	离	艮	兑	乾
	寅	辛	亥		巳	乙	申	癸	丁	寅	辛	亥
	戊		庚	戊		辰	甲	未	壬	丙	丑	庚
飞大煞	乾	中	兑	乾	中	巽	震	坤	坎	离	艮	兑
	亥		辛	亥		巳	乙	申	癸	丁	寅	辛
丙丁独火	离坎	艮离	兑艮	乾兑	中乾	中	巽中	震巽	坎震	坎坤	离坎	艮离
月游火	巽	中	乾	兑	艮	离	坎	坤	震	巽	中	乾
劫煞	亥	申	巳	寅	亥	申	巳	寅	亥	申	巳	寅
灾煞	子	酉	午	卯	子	酉	午	卯	子	酉	午	卯
月煞	丑	戌	未	辰	丑	戌	未	辰	丑	戌	未	辰
月刑	巳	子	辰	申	午	丑	寅	酉	未	亥	卯	戌
月害	巳	辰	卯	寅	丑	子	亥	戌	酉	申	未	午
月厌	戌	酉	申	未	午	巳	辰	卯	寅	丑	子	亥

太岁戊辰干土支土纳音属水

开山立向修方吉

岁德戊　　　岁德合癸　　　岁支德酉

阳贵人丑　　阴贵人未　　　岁禄巳

岁马寅　　　奏书艮　　　　博士坤

三元紫白

上元	一白离	六白中	八白兑	九紫艮
中元	一白乾	六白坤	八白巽	九紫中
下元	一白震	六白艮	八白坎	九紫坤

盖山黄道

贪狼兑丁巳丑　　巨门震艮亥未　　武曲艮丙　　文曲坎癸申辰

通天窍

三合前方艮寅　甲卯　乙辰　　三合后方坤申　庚酉　辛戌

十二吉山宜申子辰寅午戌年月日时。

走马六壬

神后坤申　　功曹辛戌　　天罡壬子

胜光艮寅　　传送乙辰　　河魁丙午

十二吉山宜申子辰寅午戌年月日时。

四利三元

太阳巳　　　太阴未　　　龙德亥　　　福德丑

开山立向修方凶

太岁辰　　　岁破戌　　　三煞巳午未

坐煞向煞丙丁　壬癸　　　浮天空亡坤乙

开山凶

年克山家甲寅辰巽戌坎辛申丑癸坤庚未山

阴府太岁坤震　　　六害卯　　　死符酉　　　灸退卯

立向凶

巡山罗睺巽　　　病符卯

修方凶

天官符亥　　地官符申　　大煞子　　大将军子

力士巽　　　蚕室乾　　　蚕官戌　　蚕命亥

岁刑辰　　　黄幡辰　　　豹尾戌　　飞廉午

丧门午　　　吊客寅　　　白虎子　　金神申酉子丑

独火巽　　　五鬼子　　　破败五鬼离

开山立向修方吉

月	正	二	三	四	五	六	七	八	九	十	十一	十二
天道	南	西南	北	西	西北	东	北	东北	南	东	东南	西
天德	丁	坤	壬	辛	乾	甲	癸	艮	丙	乙	巽	庚
天德合	壬		丁	丙		己	戊		辛	庚		乙
月德	丙	甲	壬	庚	丙	甲	壬	庚	丙	甲	壬	庚
月德合	辛	己	丁	乙	辛	己	丁	乙	辛	己	丁	乙
月空	壬	庚	丙	甲	壬	庚	丙	甲	壬	庚	丙	甲
阳贵人	兑	乾	中	巽	震	坤	坎	离	艮	兑	乾	中
阴贵人	坎	离	艮	兑	乾	中	坎	离	艮	兑	乾	中

（续表）

月	正	二	三	四	五	六	七	八	九	十	十一	十二
飞天禄	艮	兑	乾	中	坎	离	艮	兑	乾	中	巽	震
飞天马	中	坎	离	艮	兑	乾	中	巽	震	坤	坎	离
月紫白 一白	坎	坤	震	巽	中	乾	兑	艮	离	坎	坤	震
月紫白 六白	乾	兑	艮	离	坎	坤	震	巽	中	乾	兑	艮
月紫白 八白	艮	离	坎	坤	震	巽	中	乾	兑	艮	离	坎
月紫白 九紫	离	坎	坤	震	巽	中	乾	兑	艮	离	坎	坤

		立春	春分	立夏	夏至	立秋	秋分	立冬	冬至
三奇	乙	巽	艮	离	巽	乾	坤	坎	乾
三奇	丙	中	离	坎	震	中	坎	离	兑
三奇	丁	乾	坎	坤	坤	巽	离	艮	艮

开山凶

月	正	二	三	四	五	六	七	八	九	十	十一	十二
月建	寅	卯	辰	巳	午	未	申	酉	戌	亥	子	丑
月破	申	酉	戌	亥	子	丑	寅	卯	辰	巳	午	未
月克山家	震巳	艮	离乙	壬丙乙			水山	土	震巳	艮		
阴府太岁	艮巽	兑乾	坎坤	乾离	坤震	巽艮	乾兑	坤坎	离乾	震坤	艮巽	兑乾

修方凶

月	正	二	三	四	五	六	七	八	九	十	十一	十二
天官符		辰	甲	未	壬	丙	丑	庚	戌		庚	戌
天官符	中	巽	震	坤	坎	离	艮	兑	乾	中	兑	乾
天官符		巳	乙	申	癸	丁	寅	辛	亥		辛	亥
地官符	未	壬	丙	丑	庚	戌		庚	戌		辰	甲
地官符	坤	坎	离	艮	兑	乾	中	兑	乾	中	巽	震
地官符	申	癸	丁	寅	辛	亥		辛	亥		巳	乙

（续表）

月	正	二	三	四	五	六	七	八	九	十	十一	十二
小月建		戊	庚	丑	丙	壬	未	甲	辰		戊	庚
	中	乾	兑	艮	离	坎	坤	震	巽	中	乾	兑
		亥	辛	寅	丁	癸	申	乙	巳		亥	辛
大月建		辰	甲	未	壬	丙	丑	庚	戌		辰	甲
	中	巽	震	坤	坎	离	艮	兑	乾	中	巽	震
		巳	乙	申	癸	丁	寅	辛	亥		巳	乙
飞大煞	戊		辰	甲	未	壬	丙	丑	庚	戌		庚
	乾	中	巽	震	坤	坎	离	艮	兑	乾	中	兑
	亥		巳	乙	申	癸	丁	寅	辛	亥		辛
丙丁独火	兑艮	乾兑	中乾	中	巽中	震巽	坤震	坎坤	离坎	艮离	兑艮	乾兑
月游火	巽	中	乾	兑	艮	离	坎	坤	震	巽	中	乾
劫煞	亥	申	巳	寅	亥	申	巳	寅	亥	申	巳	寅
灾煞	子	酉	午	卯	子	酉	午	卯	子	酉	午	卯
月煞	丑	戌	未	辰	丑	戌	未	辰	丑	戌	未	辰
月刑	巳	子	辰	申	午	丑	寅	酉	未	亥	卯	戌
月害	巳	辰	卯	寅	丑	子	亥	戌	酉	申	未	午
月厌	戌	酉	申	未	午	巳	辰	卯	寅	丑	子	亥

太岁己巳干土支火纳音属木

开山立向修方吉

岁德甲　　　岁德合己　　　岁支德戌

阳贵人子　　阴贵人申　　　岁禄午

岁马亥　　　奏书巽　　　　博士乾

419

三元紫白

上元	一白坎	六白乾	八白艮	九紫离
中元	一白兑	六白震	八白中	九紫乾
下元	一白巽	六白离	八白坤	九紫震

盖山黄道

贪狼兑丁巳丑　　巨门震艮亥未　　武曲艮丙　　文曲坎癸申辰

通天窍

三合前方乾亥　壬子　癸丑　　三合后方巽巳　丙午　丁未
十二吉山宜巳酉丑亥卯未年月日时。

走马六壬

神后丁未　　功曹庚酉　　天罡乾亥
胜光癸丑　　传送甲卯　　河魁巽巳
十二吉山宜巳酉丑亥卯未年月日时。

四利三元

太阳午　　　太阴申　　　龙德子　　　福德寅

开山立向修方凶

太岁巳　　　岁破亥　　　三煞寅卯辰
坐煞向煞甲乙　庚辛　　浮天空亡乾甲

开山凶

年克山家震艮巳山
阴府太岁巽艮　　　六害寅　　　死符戌　　　灸退子

立向凶

巡山罗睺丙　　　病符辰

修方凶

天官符申　　　地官符酉　　　大煞酉　　　　大将军卯

力士坤　　　　蚕室艮　　　　蚕官丑　　　　蚕命寅

岁刑申　　　　黄幡丑　　　　豹尾未　　　　飞廉未

丧门未　　　　吊客卯　　　　白虎丑　　　　金神午未申酉

独火巽　　　　五鬼亥　　　　破败五鬼坎

开山立向修方吉

月		正	二	三	四	五	六	七	八	九	十	十一	十二
天道		南	西南	北	西	西北	东	北	东北	南	东	东南	西
天德		丁	坤	壬	辛	乾	甲	癸	艮	丙	乙	巽	庚
天德合		壬		丁	丙		己	戊		辛	庚		乙
月德		丙	甲	壬	庚	丙	甲	壬	庚	丙	甲	壬	庚
月德合		辛	巳	丁	乙	辛	巳	丁	乙	辛	巳	丁	乙
月空		壬	庚	丙	甲	壬	庚	丙	甲	壬	庚	丙	甲
阳贵人		乾	中	巽	震	坤	坎	离	艮	兑	乾	中	坎
阴贵人		坤	坎	离	艮	兑	乾	中	坎	离	艮	兑	乾
飞天禄		离	艮	兑	乾	中	坎	离	艮	兑	乾	中	巽
飞天马		中	巽	震	坤	坎	离	艮	兑	乾	中	坎	离
月紫白	一白	巽	中	乾	兑	艮	离	坎	坤	震	巽	申	乾
	六白	离	坎	坤	震	巽	中	乾	兑	艮	离	坎	坤
	八白	坤	震	巽	中	乾	兑	艮	离	坎	坤	震	巽
	九紫	震	巽	中	乾	兑	艮	离	坎	坤	震	巽	中
		立春		春分		立夏		夏至		立秋		秋分		立冬		冬至
三奇	乙	巽		艮		离		巽		乾		坤		坎		乾
	丙	巽		艮		离		巽		乾		坤		坎		乾
	丁	中		离		坎		震		中		坎		离		兑

开山凶

月	正	二	三	四	五	六	七	八	九	十	十一	十二
月建	寅	卯	辰	巳	午	未	申	酉	戌	亥	子	丑
月破	申	酉	戌	亥	子	丑	寅	卯	辰	巳	午	未
月克山家	乾兑	亥丁	震巳	艮			水山	土山	乾兑	亥丁	离丙	壬乙
阴府太岁	坎坤	乾离	坤震	巽艮	乾兑	坤坎	离乾	震坤	艮巽	兑乾	坎坤	乾离

修方凶

月	正	二	三	四	五	六	七	八	九	十	十一	十二
天官符	未	壬	丙	丑	庚	戊		庚	戊		辰	甲
	坤	坎	离	艮	兑	乾	中	兑	乾	中	巽	震
	申	癸	丁	寅	辛	亥		辛	亥		巳	乙
地官符	甲	未	壬	丙	丑	庚	戊		庚	戊		辰
	震	坤	坎	离	艮	兑	乾	中	兑	乾	中	巽
	乙	申	癸	丁	寅	辛	亥		辛	亥		巳
小月建	丙	壬	未	甲	辰		戊	庚	丑	丙	壬	未
	离	坎	坤	震	巽	中	乾	兑	艮	离	坎	坤
	丁	癸		乙	巳		亥	辛	寅	丁	癸	申
大月建	未	壬	丙	丑	庚	戊		辰	甲	未	壬	丙
	坤	坎	离	艮	兑	乾	中	巽	震	坤	坎	离
	申	癸	丁	寅	辛	亥		巳	乙	申	癸	丁
飞大煞	甲	未	壬	丙	丑	庚	戊		庚	戊		辰
	震	坤	坎	离	艮	兑	乾	中	兑	乾	中	巽
	乙	申	癸	丁	寅	亥	亥		辛	亥		巳
丙丁独火	中乾	中	巽中	震巽	坤震	坎坤	离坎	艮离	兑艮	乾兑	中乾	中
月游火	离	坎	坤	震	巽	中	乾	兑	艮	离	坎	坤
劫煞	亥	申	巳	寅	亥	申	巳	寅	亥	申	巳	寅

(续表)

月	正	二	三	四	五	六	七	八	九	十	十一	十二
灾煞	子	酉	午	卯	子	酉	午	卯	子	酉	午	卯
月煞	丑	戌	未	辰	丑	戌	未	辰	丑	戌	未	辰
月刑	巳	子	辰	申	午	丑	寅	酉	未	亥	卯	戌
月害	巳	辰	卯	寅	丑	子	亥	戌	酉	申	未	午
月厌	戌	酉	申	未	午	巳	辰	卯	寅	丑	子	亥

太岁庚午干金支火纳音属土

开山立向修方吉

岁德庚　　　岁德合乙　　　岁支德亥
阳贵人丑　　　阴贵人未　　　岁禄申
岁马申　　　奏书巽　　　博士乾

三元紫白

上元	一白坤	六白兑	八白离	九紫坎
中元	一白艮	六白巽	八白乾	九紫兑
下元	一白中	六白坎	八白震	九紫巽

盖山黄道

贪狼巽辛　　巨门艮丙　　武曲震艮亥未　　文曲乾甲

通天窍

三合前方坤申　庚酉　辛戌　　三合后方艮寅　甲卯　乙辰
十二吉山宜寅午戌申子辰年月日时。

423

走马六壬

神后丙午　　功曹坤申　　天罡辛戌

胜光壬子　　传送艮寅　　河魁乙辰

十二吉山宜寅午戌申子辰年月日时。

四利三元

太阳未　　　太阴酉　　　龙德丑　　　福德卯

开山立向修方凶

太岁午　　　岁破子　　　三煞亥子丑

坐煞向煞壬癸　丙丁　　浮天空亡兑丁

开山凶

年克山家乾亥兑丁山

阴府太岁乾兑　　　六害丑　　　死符亥　　　灸退酉

立向凶

巡山罗睺丁　　　病符巳

修方凶

天官符巳　　　地官符戌　　　大煞午　　　大将军卯

力士坤　　　　蚕室艮　　　　蚕官丑　　　蚕命寅

岁刑午　　　　黄幡戌　　　　豹尾辰　　　飞廉寅

丧门申　　　　吊客辰　　　　白虎寅　　　金神辰巳

独火兑　　　　五鬼戌　　　　破败五鬼兑

开山立向修方吉

月	正	二	三	四	五	六	七	八	九	十	十一	十二
天道	南	西南	北	西	西北	东	北	东北	南	东	东南	西
天德	丁	坤	壬	辛	乾	甲	癸	艮	丙	乙	巽	庚
天德合	壬		丁	丙		己	戊		辛	庚		乙
月德	丙	甲	壬	庚	丙	甲	壬	庚	丙	甲	壬	庚
月德合	辛	己	丁	乙	辛	己	丁	乙	辛	己	丁	乙
月空	壬	庚	丙	甲	壬	庚	丙	甲	壬	庚	丙	甲
阳贵人	兑	乾	中	巽	震	坤	坎	离	艮	兑	乾	中
阴贵人	坎	离	艮	兑	乾	中	坎	离	艮	兑	乾	中
飞天禄	坤	坎	离	艮	兑	乾	中	坎	离	艮	兑	乾
飞天马	坤	坎	离	艮	兑	乾	中	坎	离	艮	兑	乾
月紫白 一白	兑	艮	离	坎	坤	震	巽	中	乾	兑	艮	离
月紫白 六白	震	巽	中	乾	兑	艮	离	坎	坤	震	巽	申
月紫白 八白	中	乾	兑	艮	离	坎	坤	震	巽	中	乾	兑
月紫白 九紫	乾	兑	艮	离	坎	坤	震	巽	中	乾	兑	艮

三奇	立春	春分	立夏	夏至	立秋	秋分	立冬	冬至
乙	震	兑	艮	中	兑	震	坤	中
丙	巽	艮	离	巽	乾	坤	坎	乾
丁	中	离	坎	震	中	坎	离	兑

开山凶

月	正	二	三	四	五	六	七	八	九	十	十一	十二
月建	寅	卯	辰	巳	午	未	申	酉	戌	亥	子	丑
月破	申	酉	戌	亥	子	丑	寅	卯	辰	巳	午	未
月克山家	乾兑	亥丁	震巳	艮	离丙	壬乙			乾兑	亥丁	水山	土山
阴府太岁	坤震	巽艮	乾兑	坤坎	离乾	震坤	艮巽	兑乾	坎坤	乾离	坤震	巽艮

修方凶

月	正	二	三	四	五	六	七	八	九	十	十一	十二
天官符	丑艮寅	庚兑辛	戌乾亥	中	庚兑辛	戌乾亥	中	辰巽巳	甲震乙	未坤申	壬坎癸	丙离丁
地官符	辰巽巳	甲震乙	未坤申	壬坎癸	丙离丁	丑艮寅	庚兑辛	戌乾亥	中	庚兑辛	戌乾亥	中
小月建	中	戊乾亥	庚兑辛	丑艮寅	丙离丁	壬坎癸	未坤申	甲震乙	辰巽巳	中	戊乾亥	庚兑辛
大月建	丑艮寅	庚兑辛	戌乾亥	中	辰巽巳	甲震乙	未坤申	壬坎癸	丙离丁	丑艮寅	庚兑辛	戌乾亥
飞大煞	丙离丁	丑艮寅	庚兑辛	戌乾亥	中	庚兑辛	戌乾亥	中	辰巽巳	甲震乙	未坤申	壬坎癸
丙丁独火	巽中	震巽	坤震	坎坤	离坎	艮离	兑艮	乾兑	中乾	中	巽中	震巽
月游火	坤	震	巽	中	乾	兑	艮	离	坎	坤	震	巽
劫煞	亥	申	巳	寅	亥	申	巳	寅	亥	申	巳	寅
灾煞	子	酉	午	卯	子	酉	午	卯	子	酉	午	卯
月煞	丑	戌	未	辰	丑	戌	未	辰	丑	戌	未	辰
月刑	巳	子	辰	申	午	丑	寅	酉	未	亥	卯	戌
月害	巳	辰	卯	寅	丑	子	亥	戌	酉	申	未	午
月厌	戌	酉	申	未	午	巳	辰	卯	寅	丑	子	亥

太岁辛未干金支土纳音属土

开山立向修方吉

岁德丙　　　岁德合辛　　　岁支德子

阳贵人寅　　阴贵人午　　　岁禄酉

岁马巳　　　奏书巽　　　　博士乾

三元紫白

上元	一白震	六白艮	八白坎	九紫坤
中元	一白离	六白中	八白兑	九紫艮
下元	一白乾	六白坤	八白巽	九紫中

盖山黄道

贪狼坤乙　　巨门坎癸申辰　　武曲乾甲　　文曲震庚亥未

通天窍

三合前方巽巳　丙午　丁未　　三合后方乾亥　壬子　癸丑

十二吉山宜亥卯未巳酉丑年月日时。

走马六壬

神后巽巳　　功曹丁未　　天罡庚酉

胜光乾亥　　传送癸丑　　河魁甲卯

十二吉山宜亥卯未巳酉丑年月日时。

四利三元

太阳申　　　太阴戌　　　龙德寅　　　福德辰

开山立向修方凶

太岁未　　岁破丑　　　三煞申酉戌

坐煞向煞庚辛　　甲乙　　浮天空亡艮丙

开山凶

年克山家甲寅辰巽戌坎辛申丑癸坤庚未山

阴府太岁坤坎　　　六害子　　死符子　　　灸退午

立向凶

巡山罗睺坤　　　病符午

修方凶

天官符寅	地官符亥	大煞卯	大将军卯
力士坤	蚕室艮	蚕官丑	蚕命寅
岁刑丑	黄幡未	豹尾丑	飞廉卯
丧门酉	吊客巳	白虎卯	金神寅卯午未子丑
独火离	五鬼酉	破败五鬼乾	

开山立向修方吉

月	正	二	三	四	五	六	七	八	九	十	十一	十二
天道	南	西南	北	西	西北	东	北	东北	南	东	东南	西
天德	丁	坤	壬	辛	乾	甲	癸	艮	丙	乙	巽	庚
天德合	壬		丁	丙		己	戊		辛	庚		乙
月德	丙	甲	壬	庚	丙	甲	壬	庚	丙	甲	壬	庚
月德合	辛	己	丁	乙	辛	己	丁	乙	辛	己	丁	乙
月空	壬	庚	丙	甲	壬	庚	丙	甲	壬	庚	丙	甲
阳贵人	中	坎	离	艮	兑	乾	中	巽	震	坤	坎	离
阴贵人	离	艮	兑	乾	中	坎	离	艮	兑	乾	中	巽

（续表）

月	正	二	三	四	五	六	七	八	九	十	十一	十二
飞天禄	震	坤	坎	离	艮	兑	乾	中	坎	离	艮	兑
飞天马	艮	兑	乾	中	坎	离	艮	兑	乾	中	巽	震
月紫白 一白	坎	坤	震	巽	中	乾	兑	艮	离	坎	坤	震
月紫白 六白	乾	兑	艮	离	坎	坤	震	巽	中	乾	兑	艮
月紫白 八白	艮	离	坎	坤	震	巽	中	乾	兑	艮	离	坎
月紫白 九紫	离	坎	坤	震	巽	中	乾	兑	艮	离	坎	坤

		立春	春分	立夏	夏至	立秋	秋分	立冬	冬至
三奇	乙	坤	乾	兑	乾	艮	巽	震	巽
三奇	丙	震	兑	艮	中	兑	震	坤	中
三奇	丁	巽	艮	离	巽	乾	坤	坎	乾

开山凶

月	正	二	三	四	五	六	七	八	九	十	十一	十二
月建	寅	卯	辰	巳	午	未	申	酉	戌	亥	子	丑
月破	申	酉	戌	亥	子	丑	寅	卯	辰	巳	午	未
月克山家			乾兑	亥丁	离丙	壬乙	震巳	艮			水山	土
阴府太岁	乾兑	坤坎	离乾	震坤	艮巽	兑乾	坎坤	乾离	坤震	巽艮	乾兑	坤坎

修方凶

月	正	二	三	四	五	六	七	八	九	十	十一	十二
天官符		庚	戌		辰	甲	未	壬	丙	丑	庚	戌
天官符	中	兑	乾	中	巽	震	坤	坎	离	艮	兑	乾
天官符		辛	亥		巳	乙	申	癸	丁	寅	辛	亥
地官符		辰	甲	未	壬	丙	丑	庚	戌		庚	戌
地官符	中	巽	震	坤	坎	离	艮	兑	乾	中	兑	乾
地官符		巳	乙	申	癸	丁	寅	辛	亥		辛	亥

（续表）

月	正	二	三	四	五	六	七	八	九	十	十一	十二
小月建	丙	壬	未	甲	辰		戊	庚	丑	丙	壬	未
	离	坎	坤	震	巽	中	乾	兑	艮	离	坎	坤
	丁	癸	申	乙	巳		亥	辛	寅	丁	癸	申
大月建		辰	甲	未	壬	丙	丑	庚	戌		辰	甲
	中	巽	震	坤	坎	离	艮	兑	乾	中	巽	震
		巳	乙	申	癸	丁	寅	辛	亥		巳	乙
飞大煞	戊		庚	戌		辰	甲	未	壬	丙	丑	庚
	乾	中	兑	乾	中	巽	震	坤	坎	离	艮	兑
	亥		辛	亥		巳	乙	申	癸	丁	寅	辛
丙丁独火	坤震	坎坤	离坎	艮离	兑艮	乾兑	中乾	中	巽中	震巽	坤震	坎坤
月游火	坤	震	巽	中	乾	兑	艮	离	坎	坤	震	巽
劫煞	亥	申	巳	寅	亥	申	巳	寅	亥	申	巳	寅
灾煞	子	酉	午	卯	子	酉	午	卯	子	酉	午	卯
月煞	丑	戌	未	辰	丑	戌	未	辰	丑	戌	未	辰
月刑	巳	子	辰	申	午	丑	寅	酉	未	亥	卯	戌
月害	巳	辰	卯	寅	丑	子	亥	戌	酉	申	未	午
月厌	戌	酉	申	未	午	巳	辰	卯	寅	丑	子	亥

太岁壬申干水支金纳音属金

开山立向修方吉

岁德壬　　　　岁德合丁　　　　岁支德丑

阳贵人卯　　　阴贵人巳　　　　岁禄亥

岁马寅　　　　奏书坤　　　　　博士艮

三元紫白

上元	一白巽	六白离	八白坤	九紫震
中元	一白坎	六白乾	八白艮	九紫离
下元	一白兑	六白震	八白中	九紫乾

盖山黄道

贪狼坤乙　　巨门坎癸申辰　　武曲乾甲　　文曲震庚亥未

通天窍

三合前方艮寅　甲卯　乙辰　　三合后方坤申　庚酉　辛戌
十二吉山宜申子辰寅午戌年月日时。

走马六壬

神后乙辰　　功曹丙午　　天罡坤申
胜光辛卯　　传送壬子　　河魁艮寅
十二吉山宜申子辰寅午戌年月日时。

四利三元

太阳酉　　　太阴亥　　　龙德卯　　　福德巳

开山立向修方凶

太岁申　　　岁破寅　　　三煞巳午未
坐煞向煞丙丁　壬癸　　　浮天空亡乾甲

开山凶

年克山家二十四山并无克　冬至后克乾亥兑丁山
阴府太岁离乾　　　六害亥　　　死符丑　　　灸退卯

立向凶

巡山罗睺庚　　病符未

修方凶

天官符亥	地官符子	大煞子	大将军午
力士乾	蚕室巽	蚕官辰	蚕命巳
岁刑寅	黄幡辰	豹尾戌	飞廉辰
丧门戌	吊客午	白虎辰	金神寅卯戌亥
独火离	五鬼申	破败五鬼巽	

开山立向修方吉

月	正	二	三	四	五	六	七	八	九	十	十一	十二
天道	南	西南	北	西	西北	东	北	东北	南	东	东南	西
天德	丁	坤	壬	辛	乾	甲	癸	艮	丙	乙	巽	庚
天德合	壬		丁	丙		己	戊		辛	庚		乙
月德	丙	甲	壬	庚	丙	甲	壬	庚	丙	甲	壬	庚
月德合	辛	己	丁	乙	辛	己	丁	乙	辛	己	丁	乙
月空	壬	庚	丙	甲	壬	庚	丙	甲	壬	庚	丙	甲
阳贵人	乾	中	坎	离	艮	兑	乾	中	巽	震	坤	坎
阴贵人	艮	兑	乾	中	坎	离	艮	兑	乾	中	巽	震
飞天禄	中	巽	震	坤	坎	离	艮	兑	乾	中	坎	离
飞天马	中	坎	离	艮	兑	乾	中	巽	震	坤	坎	离
月紫白 一白	巽	中	乾	兑	艮	离	坎	坤	震	巽	中	乾
月紫白 六白	离	坎	坤	震	巽	中	乾	兑	艮	离	坎	坤
月紫白 八白	坤	震	巽	中	乾	兑	艮	离	坎	坤	震	巽
月紫白 九紫	震	巽	中	乾	兑	艮	离	坎	坤	震	巽	中

		立春	春分	立夏	夏至	立秋	秋分	立冬	冬至
三奇	乙	坎	中	乾	兑	离	中	巽	震
	丙	坤	乾	兑	乾	艮	巽	震	巽
	丁	震	兑	艮	中	兑	震	坤	中

开山凶

月	正	二	三	四	五	六	七	八	九	十	十一	十二
月建	寅	卯	辰	巳	午	未	申	酉	戌	亥	子	丑
月破	申	酉	戌	亥	子	丑	寅	卯	辰	巳	午	未
月克山家			离丙	壬乙	水山	土	震巳	艮				
阴府太岁	离乾	震坤	艮巽	兑乾	坎坤	乾离	坤震	巽艮	乾兑	坤坎	离乾	震坤

修方凶

月	正	二	三	四	五	六	七	八	九	十	十一	十二
天官符	中	辰巽巳	甲震乙	未坤申	壬坎癸	丙离丁	丑艮寅	庚兑辛	戌乾亥	中	庚兑辛	戌乾亥
地官符	戌乾亥	中	辰巽巳	甲震乙	未坤申	壬坎癸	丙离丁	丑艮寅	庚兑辛	戌乾亥	中	庚兑辛
小月建	中	戌乾亥	庚兑辛	丑艮寅	丙离丁	壬坎癸	未坤申	甲震乙	辰巽巳	中	戌乾亥	庚兑辛
大月建	未坤申	壬坎癸	丙离丁	丑艮寅	庚兑辛	戌乾亥	中	辰巽巳	甲震乙	未坤申	壬坎癸	丙离丁
飞大煞	戌乾亥	中	辰巽巳	甲震乙	未坤癸	壬坎癸	丙离丁	丑艮寅	庚兑辛	戌乾亥	中	庚兑辛
丙丁独火	离坎	艮离	兑艮	乾兑	中乾	中	巽中	震巽	坤震	坎坤	离坎	艮离
月游火	兑	艮	离	坎	坤	震	巽	中	乾	兑	艮	离
劫煞	亥	申	巳	寅	亥	申	巳	寅	亥	申	巳	寅

（续表）

月	正	二	三	四	五	六	七	八	九	十	十一	十二
灾煞	子	酉	午	卯	子	酉	午	卯	子	酉	午	卯
月煞	丑	戌	未	辰	丑	戌	未	辰	丑	戌	未	辰
月刑	巳	子	辰	申	午	丑	寅	酉	未	亥	卯	戌
月害	巳	辰	卯	寅	丑	子	亥	戌	酉	申	未	午
月厌	戌	酉	申	未	午	巳	辰	卯	寅	丑	子	亥

太岁癸酉干水支金纳音属金

开山立向修方吉

岁德戊 　　岁德合癸 　　岁支德寅

阳贵人巳 　　阴贵人卯 　　岁禄子

岁马亥 　　奏书坤 　　博士艮

三元紫白

上元	一白中	六白坎	八白震	九紫巽
中元	一白坤	六白兑	八白离	九紫坎
下元	一白艮	六白巽	八白乾	九紫兑

盖山黄道

贪狼离壬寅戌 　　巨门乾甲 　　武曲坎癸申辰 　　文曲艮丙

通天窍

三合前方乾亥　壬子　癸丑　三合后方巽巳　丙午　丁未

十二吉山宜巳酉丑亥卯未年月日时。

434

走马六壬

神后甲卯　　功曹巽巳　　天罡丁未
胜光庚酉　　传送乾亥　　河魁癸丑
十二吉山宜巳酉丑亥卯未年月日时。

四利三元

太阳戌　　太阴子　　龙德辰　　福德午

开山立向修方凶

太岁酉　　岁破卯　　三煞寅卯辰
坐煞向煞甲乙　庚辛　　浮天空亡坤乙

开山凶

年克山家乾亥兑丁山
阴府太岁震坤　　六害戌　　死符寅　　灸退子

立向凶

巡山罗睺辛　　病符申

修方凶

天官符申　　地官符丑　　大煞酉　　大将军午
力士乾　　蚕室巽　　蚕官辰　　蚕命巳
岁刑酉　　黄幡丑　　豹尾未　　飞廉亥
丧门亥　　吊客未　　白虎巳　　金神申酉子丑
独火坤　　五鬼未　　破败五鬼艮

开山立向修方吉

月	正	二	三	四	五	六	七	八	九	十	十一	十二
天道	南	西南	北	西	西北	东	北	东北	南	东	东南	西
天德	丁	坤	壬	辛	乾	甲	癸	艮	丙	乙	巽	庚
天德合	壬		丁	丙		己	戊		辛	庚		乙
月德	丙	甲	壬	庚	丙	甲	壬	庚	丙	甲	壬	庚
月德合	辛	己	丁	乙	辛	己	丁	乙	辛	己	丁	乙
月空	壬	庚	丙	甲	壬	庚	丙	甲	壬	庚	丙	甲
阳贵人	艮	兑	乾	中	坎	离	艮	兑	乾	中	巽	震
阴贵人	乾	中	坎	离	艮	兑	乾	中	巽	震	坤	坎
飞天禄	乾	中	巽	震	坤	坎	离	艮	兑	乾	中	坎
飞天马	中	巽	震	坤	坎	离	艮	兑	乾	中	坎	离

		正	二	三	四	五	六	七	八	九	十	十一	十二
月紫白	一白	兑	艮	离	坎	坤	震	巽	中	乾	兑	艮	离
	六白	震	巽	中	乾	兑	艮	离	坎	坤	震	巽	中
	八白	中	乾	兑	艮	离	坎	坤	震	巽	中	乾	兑
	九紫	乾	兑	艮	离	坎	坤	震	巽	中	乾	兑	艮

		立春	春分	立夏	夏至	立秋	秋分	立冬	冬至
三奇	乙	离	巽	中	艮	坎	乾	中	坤
	丙	坎	中	乾	兑	离	中	巽	震
	丁	坤	乾	兑	乾	艮	巽	震	巽

开山凶

月	正	二	三	四	五	六	七	八	九	十	十一	十二
月建	寅	卯	辰	巳	午	未	申	酉	戌	亥	子	丑
月破	申	酉	戌	亥	子	丑	寅	卯	辰	巳	午	未
月克山家	震巳	艮	离丙	壬乙			水山	土	震巳	艮		
阴府太岁	艮巽	兑乾	坎坤	乾离	坤震	巽艮	乾兑	坤坎	离乾	震坤	艮巽	兑乾

修方凶

月	正	二	三	四	五	六	七	八	九	十	十一	十二
天官符	未	壬	丙	丑	庚	戌		庚	戌		辰	甲
	坤	坎	离	艮	兑	乾	中	兑	乾	中	巽	震
	申	癸	丁	寅	辛	亥		辛	亥		巳	乙
地官符	庚	戌		辰	甲	未	壬	丙	丑	庚	戌	
	兑	乾	中	巽	震	坤	坎	离	艮	兑	乾	中
	辛	亥		巳	乙	申	癸	丁	寅	辛	亥	
小月建	丙	壬	未	甲	辰		戌	庚	丑	丙	壬	未
	离	坎	坤	震	巽	中	乾	兑	艮	离	坎	坤
	丁	癸	申	乙	巳		亥	辛	寅	丁	癸	申
大月建	丑	庚	戌		辰	甲	未	壬	丙	丑	庚	戌
	艮	兑	乾	中	巽	震	坤	坎	离	艮	兑	乾
	寅	辛	亥		巳	乙	申	癸	丁	寅	辛	亥
飞大煞	甲	未	壬	丙	丑	庚	戌		庚	戌		辰
	震	坤	坎	离	艮	兑	乾	中	兑	乾	中	巽
	乙	申	癸	丁	寅	辛	亥		辛	亥		巳
丙丁独火	兑艮	乾兑	中乾	中	巽中	震巽	坤震	坎坤	离坎	艮离	兑艮	乾兑
月游火	乾	兑	艮	离	坎	坤	震	巽	中	乾	兑	艮
劫煞	亥	申	巳	寅	亥	申	巳	寅	亥	申	巳	寅
灾煞	子	酉	午	卯	子	酉	午	卯	子	酉	午	卯
月煞	丑	戌	未	辰	丑	戌	未	辰	丑	戌	未	辰
月刑	巳	子	辰	申	午	丑	寅	酉	未	亥	卯	戌
月害	巳	辰	卯	寅	丑	子	亥	戌	酉	申	未	午
月厌	戌	酉	申	未	午	巳	辰	卯	寅	丑	子	亥

（钦定协纪辨方书卷十四）

钦定四库全书·钦定协纪辨方书卷十五

年表二

甲戌至癸未

太岁甲戌干木支土纳音属火

开山立向修方吉

岁德甲　　　　岁德合己　　　　岁支德卯
阳贵人未　　　阴贵人丑　　　　岁禄寅
岁马申　　　　奏书坤　　　　　博士艮

三元紫白

上元	一白乾	六白坤	八白巽	九紫中
中元	一白震	六白艮	八白坎	九紫坤
下元	一白离	六白中	八白兑	九紫艮

盖山黄道

贪狼坎癸申辰　　巨门坤乙　　武曲离壬寅戌　　文曲兑丁巳丑

通天窍

三合前方坤申　庚酉　辛戌　　三合后方艮寅　甲卯　乙辰

十二吉山宜寅午戌申子辰年月日时。

走马六壬

神后艮寅　　功曹乙辰　　天罡丙午
胜光坤申　　传送辛戌　　河魁壬子
十二吉山宜寅午戌申子辰年月日时。

四利三元

太阳亥　　　太阴丑　　　龙德巳　　　福德未

开山立向修方凶

太岁戌　　　岁破辰　　　三煞亥子丑
坐煞向煞壬癸　丙丁　　　浮天空亡离壬

开山凶

年克山家乾亥兑丁山
阴府太岁艮巽　　六害酉　　死符卯　　灸退酉

立向凶

巡山罗睺乾　　病符酉

修方凶

天官符巳　　地官符寅　　大煞午　　　大将军午
力士乾　　　蚕室巽　　　蚕官辰　　　蚕命巳
岁刑未　　　黄幡戌　　　豹尾辰　　　飞廉子
丧门子　　　吊客申　　　白虎午　　　金神午未申酉
独火乾　　　五鬼午　　　破败五鬼巽

开山立向修方吉

月	正	二	三	四	五	六	七	八	九	十	十一	十二
天道	南	西南	北	西	西北	东	北	东北	南	东	东南	西
天德	丁	坤	壬	辛	乾	甲	癸	艮	丙	寅	巽	庚
天德合	壬		丁	丙		己	戊		辛	庚		乙
月德	丙	甲	壬	庚	丙	甲	壬	庚	丙	甲	壬	庚
月德合	辛	己	丁	乙	辛	己	丁	乙	辛	己	丁	乙
月空	壬	庚	丙	甲	壬	庚	丙	甲	壬	庚	丙	甲
阳贵人	坎	离	艮	兑	乾	中	坎	离	艮	兑	乾	中
阴贵人	兑	乾	中	巽	震	坤	坎	离	艮	兑	乾	中
飞天禄	中	坎	离	艮	兑	乾	中	巽	震	坤	坎	离
飞天马	坤	坎	离	艮	兑	乾	中	坎	离	艮	兑	乾
月紫白 一白	坎	坤	震	巽	中	乾	兑	艮	离	坎	坤	震
月紫白 六白	乾	兑	艮	离	坎	坤	震	巽	中	乾	兑	艮
月紫白 八白	艮	离	坎	坤	震	巽	中	乾	兑	艮	离	坎
月紫白 九紫	离	坎	坤	震	巽	中	乾	兑	艮	离	坎	坤

	立春	春分	立夏	夏至	立秋	秋分	立冬	冬至
三奇 乙	离	巽	中	艮	坎	乾	中	坤
三奇 丙	离	巽	中	艮	坎	乾	中	坤
三奇 丁	坎	中	乾	兑	离	中	巽	震

开山凶

月	正	二	三	四	五	六	七	八	九	十	十一	十二
月建	寅	卯	辰	巳	午	未	申	酉	戌	亥	子	丑
月破	申	酉	戌	亥	子	丑	寅	卯	辰	巳	午	未
月克山家	乾兑	亥丁	震巳	艮			水山	土	乾兑	亥丁	离丙	壬乙
阴府太岁	坎坤	乾离	坤离	巽艮	乾兑	坤兑	离坎	震乾	艮巽	兑乾	坎坤	乾离

修方凶

月	正	二	三	四	五	六	七	八	九	十	十一	十二
天官符	丑	庚	戊		庚	戊		辰	甲	未	壬	丙
	艮	兑	乾	中	兑	乾	中	巽	震	坤	坎	离
	寅	辛	亥		辛	亥		巳	乙	申	癸	丁
地官符		庚	戊		辰	甲	未	壬	丙	丑	庚	戊
	中	兑	乾	中	巽	震	坤	坎	离	艮	兑	乾
		辛	亥		巳	乙	申	癸	丁	寅	辛	亥
小月建		戊	庚	丑	丙	壬	未	甲	辰		戊	庚
	中	乾	兑	艮	离	坎	坤	震	巽	中	乾	兑
		亥	辛	寅	丁	癸	申	乙	巳		亥	辛
大月建		辰	甲	未	壬	丙	丑	庚	戊		辰	甲
	中	巽	震	坤	坎	离	艮	兑	乾	中	巽	震
		巳	乙	申	癸	丁	寅	辛	亥		巳	乙
飞大煞	丙	丑	庚	戊		庚	戊		辰	甲	未	壬
	离	艮	兑	乾	中	兑	乾	中	巽	震	坤	坎
	丁	寅	辛	亥		辛	亥		巳	乙	申	癸
丙丁独火	中乾	中	巽中	震巽	坤震	坎坤	离坎	艮离	兑艮	乾兑	中乾	中
月游火	乾	兑	艮	离	坎	坤	震	巽	中	乾	兑	艮
劫煞	亥	申	巳	寅	亥	申	巳	寅	亥	申	巳	寅
灾煞	子	酉	午	卯	子	酉	午	卯	子	酉	午	卯
月煞	丑	戌	未	辰	丑	戌	未	辰	丑	戌	未	辰
月刑	巳	子	辰	申	午	丑	寅	酉	未	亥	卯	戌
月害	巳	辰	卯	寅	丑	子	亥	戌	酉	申	未	午
月厌	戌	酉	申	未	午	巳	辰	卯	寅	丑	子	亥

太岁乙亥干木支水纳音属火

开山立向修方吉

岁德庚　　　　岁德合乙　　　　岁支德辰
阳贵人申　　　阴贵人子　　　　岁禄卯
岁马巳　　　　奏书乾　　　　　博士巽

三元紫白

上元	一白兑	六白震	八白中	九紫乾
中元	一白巽	六白离	八白坤	九紫震
下元	一白坎	六白乾	八白艮	九紫离

盖山黄道

贪狼坎癸申辰　　巨门坤乙　　武曲离壬寅戌　　文曲兑丁巳丑

通天窍

三合前方巽巳　丙午　丁未　　三合后方乾亥　壬子　癸丑
十二吉山宜亥卯未巳酉丑年月日时。

走马六壬

神后癸丑　　功曹甲卯　　天罡巽巳
胜光丁未　　传送庚酉　　河魁乾亥
十二吉山宜亥卯未巳酉丑年月日时。

四利三元

太阳子　　　太阴寅　　　龙德午　　　　福德申

开山立向修方凶

太岁亥　　　岁破巳　　　三煞申酉戌

坐煞向煞庚辛　甲乙　　浮天空亡坎癸

开山凶

年克山家甲寅辰巽戌坎辛申丑癸坤庚未山

阴府太岁兑乾　　六害申　　死符辰　　灸退午

立向凶

巡山罗睺壬　　病符戌

修方凶

天官符寅　　　地官符卯　　　大煞卯　　　大将军酉

力士艮　　　　蚕室坤　　　　蚕官未　　　蚕命申

岁刑亥　　　　黄幡未　　　　豹尾丑　　　飞廉丑

丧门丑　　　　吊客酉　　　　白虎未　　　金神辰巳

独火乾　　　　五鬼巳　　　　破败五鬼艮

开山立向修方吉

月	正	二	三	四	五	六	七	八	九	十	十一	十二
天道	南	西南	北	西	西北	东	北	东北	南	东	东南	西
天德	丁	坤	壬	辛	乾	甲	癸	艮	丙	乙	巽	庚
天德合	壬		丁	丙		己	戊		辛	庚		乙
月德	丙	甲	壬	庚	丙	甲	壬	庚	丙	甲	壬	庚
月德合	辛	己	丁	乙	辛	己	丁	乙	辛	己	丁	乙
月空	壬	庚	丙	甲	壬	庚	丙	甲	壬	庚	丙	甲
阳贵人	坤	坎	离	艮	兑	乾	中	坎	离	艮	兑	乾
阴贵人	乾	中	巽	震	坤	坎	离	艮	兑	乾	中	坎

（续表）

月	正	二	三	四	五	六	七	八	九	十	十一	十二
飞天禄	乾	中	坎	离	艮	兑	乾	中	巽	震	坤	坎
飞天马	艮	兑	乾	中	坎	离	艮	兑	乾	中	巽	震
月紫白 一白	巽	中	乾	兑	艮	离	坎	坤	震	巽	中	乾
月紫白 六白	离	坎	坤	震	巽	中	乾	兑	艮	离	坎	坤
月紫白 八白	坤	震	巽	中	乾	兑	艮	离	坎	坤	震	巽
月紫白 九紫	震	巽	中	乾	兑	艮	离	坎	坤	震	巽	中

		立春	春分	立夏	夏至	立秋	秋分	立冬	冬至
三奇	乙	艮	震	巽	离	坤	兑	乾	坎
三奇	丙	离	巽	中	艮	坎	乾	中	坤
三奇	丁	坎	中	乾	兑	离	中	巽	震

开山凶

月	正	二	三	四	五	六	七	八	九	十	十一	十二
月建	寅	卯	辰	巳	午	未	申	酉	戌	亥	子	丑
月破	申	酉	戌	亥	子	丑	寅	卯	辰	巳	午	未
月克山家	乾兑	亥丁	震巳	艮	离丙	壬乙			乾兑	亥丁	水山	土
阴府太岁	坤震	巽艮	乾兑	坤坎	离乾	震坤	艮巽	兑乾	坎坤	乾离	坤震	巽艮

修方凶

月	正	二	三	四	五	六	七	八	九	十	十一	十二
天官符		庚	戌		辰	甲	未	壬	丙	丑	庚	戌
天官符	中	兑	乾	中	巽	震	坤	坎	离	艮	兑	乾
天官符		辛	亥		巳	乙	申	癸	丁	寅	辛	亥
地官符	戊		庚	戌		辰	甲	未	壬	丙	丑	庚
地官符	乾	中	兑	乾	中	巽	震	坤	坎	离	艮	兑
地官符	亥		辛	亥		巳	乙	申	癸	丁	寅	辛

（续表）

月	正	二	三	四	五	六	七	八	九	十	十一	十二
小月建	丙	壬	未	甲	辰		戊	庚	丑	丙	壬	未
	离	坎	坤	震	巽	中	乾	兑	艮	离	坎	坤
	丁	癸	申	乙	巳		亥	辛	寅	丁	癸	申
大月建	未	壬	丙	丑	庚	戊		辰	甲	未	壬	丙
	坤	坎	离	艮	兑	乾	中	巽	震	坤	坎	离
	申	癸	丁	寅	辛	亥		巳	乙	申	癸	丁
飞大煞	戊		庚	戊		辰	甲	未	壬	丙	丑	庚
	乾	中	兑	乾	中	巽	震	坤	坎	离	艮	兑
	亥		辛	亥		巳	乙	申	癸	丁	寅	辛
丙丁独火	巽中	震巽	坤震	坎坤	离坎	艮离	兑艮	乾兑	中乾	中	巽中	震巽
月游火	坎	坤	震	巽	中	乾	兑	艮	离	坎	坤	震
劫煞	亥	申	巳	寅	亥	申	巳	寅	亥	申	巳	寅
灾煞	子	酉	午	卯	子	酉	午	卯	子	酉	午	卯
月煞	丑	戌	未	辰	丑	戌	未	辰	丑	戌	未	辰
月刑	巳	子	辰	申	午	丑	寅	酉	未	亥	卯	戌
月害	巳	辰	卯	寅	丑	子	亥	戌	酉	申	未	午
月厌	戌	酉	申	未	午	巳	辰	卯	寅	丑	子	亥

太岁丙子干火支水纳音属木

开山立向修方吉

岁德丙　　　　岁德合辛　　　　岁支德巳

阳贵人酉　　　阴贵人亥　　　　岁禄巳

岁马寅　　　　奏书乾　　　　　博士巽

445

三元紫白

上元	一白艮	六白巽	八白乾	九紫兑
中元	一白中	六白坎	八白震	九紫巽
下元	一白坤	六白兑	八白离	九紫坎

盖山黄道

贪狼震庚亥未　　巨门兑丁巳丑　　武曲巽辛　　文曲坤乙

通天窍

三合前方艮寅　甲卯　乙辰　　三合后方坤申　庚酉　辛戌
十二吉山宜申子辰寅午戌年月日时。

走马六壬

神后壬子　　功曹艮寅　　天罡乙辰
胜光丙午　　传送坤申　　河魁辛戌
十二吉山宜申子辰寅午戌年月日时。

四利三元

太阳丑　　　太阴卯　　　龙德未　　　福德酉

开山立向修方凶

太岁子　　岁破午　　三煞巳午未
坐煞向煞丙丁　壬癸　浮天空亡巽辛

开山凶

年克山家乾亥兑丁山
阴府太岁坎坤　　　六害未　　死符巳　　　灸退卯

立向凶

巡山罗睺癸　　病符亥

修方凶

天官符亥	地官符辰	大煞子	大将军酉
力士艮	蚕室坤	蚕官未	蚕命申
岁刑卯	黄幡辰	豹尾戌	飞廉申
丧门寅	吊客戌	白虎申	金神寅卯午未子丑
独火艮	五鬼辰	破败五鬼坤	

开山立向修方吉

月		正	二	三	四	五	六	七	八	九	十	十一	十二
天道		南	西南	北	西	西北	东	北	东北	南	东	东南	西
天德		丁	坤	壬	辛	乾	甲	癸	艮	丙	乙	巽	庚
天德合		壬		丁	丙		己	戊		辛	庚		乙
月德		丙	甲	壬	庚	丙	甲	壬	庚	丙	甲	壬	庚
月德合		辛	己	丁	乙	辛	己	丁	乙	辛	己	丁	乙
月空		壬	庚	丙	甲	壬	庚	丙	甲	壬	庚	丙	甲
阳贵人		震	坤	坎	离	艮	兑	乾	中	坎	离	艮	兑
阴贵人		中	巽	震	坤	坎	离	艮	兑	乾	中	坎	离
飞天禄		艮	兑	乾	中	坎	离	艮	兑	乾	中	巽	震
飞天马		中	坎	离	艮	兑	乾	中	巽	震	坤	坎	离
月紫白	一白	兑	艮	离	坎	坤	震	巽	中	乾	兑	艮	离
	六白	震	巽	中	乾	兑	艮	离	坎	坤	震	巽	中
	八白	中	乾	兑	艮	离	坎	坤	震	巽	中	乾	兑
	九紫	乾	兑	艮	离	坎	坤	震	巽	中	乾	兑	艮

		立春	春分	立夏	夏至	立秋	秋分	立冬	冬至
三奇	乙	兑	坤	震	坎	震	艮	兑	离
	丙	艮	震	巽	离	坤	兑	乾	坎
	丁	离	巽	中	艮	坎	乾	中	坤

开山凶

月	正	二	三	四	五	六	七	八	九	十	十一	十二
月建	寅	卯	辰	巳	午	未	申	酉	戌	亥	子	丑
月破	申	酉	戌	亥	子	丑	寅	卯	辰	巳	午	未
月克山家			乾兑	亥丁	离丙	壬乙	震巳	艮			水山	土
阴府太岁	乾兑	坤坎	离乾	震坤	艮巽	兑乾	坎坤	乾离	坤震	巽艮	乾兑	坤坎

修方凶

月	正	二	三	四	五	六	七	八	九	十	十一	十二
		辰	甲	未	壬	丙	丑	庚	戌		庚	戌
天官符	中	巽	震	坤	坎	离	艮	兑	乾	中	兑	乾
		巳	乙	申	癸	丁	寅	辛	亥		辛	亥
		庚	戌		庚	戌		辰	甲	未	壬	丙
地官符	兑	乾	中	兑	乾	中	巽	震	坤	坎	离	艮
	辛	亥		辛	亥		巳	乙	申	癸	丁	寅
		戌	庚	丑	丙	壬	未	甲	辰		戌	庚
小月建	中	乾	兑	艮	离	坎	坤	震	巽	中	乾	兑
		亥	辛	寅	丁	癸	申	乙	巳		亥	辛
	丑	庚	戌		辰	甲	未	壬	丙	丑	庚	戌
大月建	艮	兑	乾	中	巽	震	坤	坎	离	艮	兑	乾
	寅	辛	亥		巳	乙	申	癸	丁	寅	辛	亥
	戌		辰	甲	未	壬	丙	丑	庚	戌	庚	
飞大煞	乾	中	巽	震	坤	坎	离	艮	兑	乾	中	兑
	亥		巳	乙	申	癸	丁	寅	辛	亥		辛
丙丁独火	坤震	坎坤	离坎	艮离	兑艮	乾兑	乾兑	中	巽中	震巽	坤震	坎坤
月游火	艮	离	坎	坤	震	巽	中	乾	兑	艮	离	坎

（续表）

月	正	二	三	四	五	六	七	八	九	十	十一	十二
劫煞	亥	申	巳	寅	亥	申	巳	寅	亥	申	巳	寅
灾煞	子	酉	午	卯	子	酉	午	卯	子	酉	午	卯
月煞	丑	戌	未	辰	丑	戌	未	辰	丑	戌	未	辰
月刑	巳	子	辰	申	午	丑	寅	酉	未	亥	卯	戌
月害	巳	辰	卯	寅	丑	子	亥	戌	酉	申	未	午
月厌	戌	酉	申	未	午	巳	辰	卯	寅	丑	子	亥

太岁丁丑干火支土纳音属水

开山立向修方吉

岁德壬 　　岁德合丁 　　岁支德午

阳贵人亥 　阴贵人酉 　　岁禄午

岁马亥 　　奏书乾 　　　博士巽

三元紫白

上元	一白离	六白中	八白兑	九紫艮
中元	一白乾	六白坤	八白巽	九紫中
下元	一白震	六白艮	八白坎	九紫坤

盖山黄道

贪狼艮丙 　巨门巽辛 　　武曲兑丁巳丑 　　文曲离壬寅戌

449

通天窍

三合前方乾亥　壬子　癸丑　　三合后方巽巳　丙午　丁未

十二吉山宜巳酉丑亥卯未年月日时。

走马六壬

神后乾亥　　功曹癸丑　　天罡甲卯

胜光巽巳　　传送丁未　　河魁庚酉

十二吉山宜巳酉丑亥卯未年月日时。

四利三元

太阳寅　　太阴辰　　龙德申　　福德戌

开山立向修方凶

太岁丑　　岁破未　　三煞寅卯辰

坐煞向煞甲乙　庚辛　　浮天空亡震庚

开山凶

年克山家甲寅辰巽戌坎辛申丑癸坤庚未山

阴府太岁乾离　　六害午　　死符午　　灸退子

立向凶

巡山罗睺艮　　病符子

修方凶

天官符申	地官符巳	大煞酉	大将军酉
力士艮	蚕室坤	蚕官未	蚕命申
岁刑戌	黄幡丑	豹尾未	飞廉酉
丧门卯	吊客亥	白虎酉	金神寅卯戌亥
独火震	五鬼卯	破败五鬼震	

开山立向修方吉

月	正	二	三	四	五	六	七	八	九	十	十一	十二
天道	南	西南	北	西	西北	东	北	东北	南	东	东南	西
天德	丁	坤	壬	辛	乾	甲	癸	艮	丙	乙	巽	庚
天德合	壬		丁	丙		己	戊		辛	庚		乙
月德	丙	甲	壬	庚	丙	甲	壬	庚	丙	甲	壬	庚
月德合	辛	己	丁	乙	辛	己	丁	乙	辛	己	丁	乙
月空	壬	庚	丙	甲	壬	庚	丙	甲	壬	庚	丙	甲
阳贵人	中	巽	震	坤	坎	离	艮	兑	乾	中	坎	离
阴贵人	震	坤	坎	离	艮	兑	乾	中	坎	离	艮	兑
飞天禄	离	艮	兑	乾	中	坎	离	艮	兑	乾	中	巽
飞天马	中	巽	震	坤	坎	离	艮	兑	乾	中	坎	离
月紫白 一白	坎	坤	震	巽	中	乾	兑	艮	离	坎	坤	震
月紫白 六白	乾	兑	艮	离	坎	坤	震	巽	中	乾	兑	艮
月紫白 八白	艮	离	坎	坤	震	巽	中	乾	兑	艮	离	坎
月紫白 九紫	离	坎	坤	震	巽	中	乾	兑	艮	离	坎	坤

	立春	春分	立夏	夏至	立秋	秋分	立冬	冬至
三奇 乙	乾	坎	坤	坤	巽	离	艮	艮
三奇 丙	兑	坤	震	坎	震	艮	兑	离
三奇 丁	艮	震	巽	离	坤	兑	乾	坎

开山凶

月	正	二	三	四	五	六	七	八	九	十	十一	十二
月建	寅	卯	辰	巳	午	未	申	酉	戌	亥	子	丑
月破	申	酉	戌	亥	子	丑	寅	卯	辰	巳	午	未
月克山家			离丙	壬乙	水山	土	震巳	艮				
阴府太岁	离乾	震坤	艮巽	兑乾	坎坤	乾离	坤震	巽艮	乾兑	坤坎	离乾	震坤

修方凶

月	正	二	三	四	五	六	七	八	九	十	十一	十二
天官符	未	壬	丙	丑	庚	戌		庚	戌		辰	甲
	坤	坎	离	艮	兑	乾	中	兑	乾	中	巽	震
	申	癸	丁	寅	辛	亥		辛	亥		巳	乙
地官符	丑	庚	戌		庚	戌		辰	甲	未	壬	丙
	艮	兑	乾	中	兑	乾	中	巽	震	坤	坎	离
	寅	辛	亥		辛	亥		巳	乙	申	癸	丁
小月建	丙	壬	未	甲	辰		戌	庚	丑	丙	壬	未
	离	坎	坤	震	巽	中	乾	兑	艮	离	坎	坤
	丁	癸	申	乙	巳		亥	辛	寅	丁	癸	申
大月建		辰	甲	未	壬	丙	丑	庚	戌		辰	甲
	中	巽	震	坤	坎	离	艮	兑	乾	中	巽	震
		巳	乙	申	癸	丁	寅	辛	亥		巳	乙
飞大煞	甲	未	壬	丙	丑	庚	戌		庚	戌		辰
	震	坤	坎	离	艮	兑	乾	中	兑	乾	中	巽
	乙	申	癸	丁	寅	辛	亥		辛	亥		巳
丙丁独火	离	艮	兑	乾	中	中	巽	震	坤	坎	离	艮
	坎	离	艮	兑	乾		中	巽	震	坤	坎	离
月游火	艮	离	坎	坤	震	巽	中	乾	兑	艮	离	坎
劫煞	亥	申	巳	寅	亥	申	巳	寅	亥	申	巳	寅
灾煞	子	酉	午	卯	子	酉	午	卯	子	酉	午	卯
月煞	丑	戌	未	辰	丑	戌	未	辰	丑	戌	未	辰
月刑	巳	子	辰	申	午	丑	寅	酉	未	亥	卯	戌
月害	巳	辰	卯	寅	丑	子	亥	戌	酉	申	未	午
月厌	戌	酉	申	未	午	巳	辰	卯	寅	丑	子	亥

太岁戊寅干土支木纳音属土

开山立向修方吉

岁德戊　　　岁德合癸　　　岁德未

阳贵人丑　　阴贵人未　　　岁禄巳

岁马申　　　奏书艮　　　　博士坤

三元紫白

上元	一白坎	六白乾	八白艮	九紫离
中元	一白兑	六白震	八白中	九紫乾
下元	一白巽	六白离	八白坤	九紫震

盖山黄道

贪狼艮丙　　巨门巽辛　　武曲兑丁巳丑　　文曲离壬寅戌

通天窍

三合前方坤申　庚酉　辛戌　　三合后方艮寅　甲卯　乙辰

十二吉山宜寅午戌申子辰年月日时。

走马六壬

神后辛戌　　功曹壬子　　天罡艮寅

胜光乙辰　　传送丙午　　河魁坤申

十二吉山宜寅午戌申子辰年月日时。

四利三元

太阳卯　　　太阴巳　　　龙德酉　　　福德亥

453

开山立向修方凶

太岁_寅　　　岁破_申　　　三煞_{亥子丑}

坐煞向煞_{壬癸　丙丁}　　浮天空亡_{坤乙}

开山凶

年克山家_{离壬丙乙山}

阴府太岁_{坤震}　　　六害_巳　　　死符_未　　　灸退_酉

立向凶

巡山罗睺_甲　　　病符_丑

修方凶

天官符_巳　　　地官符_午　　　大煞_午　　　大将军_子

力士_巽　　　蚕室_乾　　　蚕官_戌　　　蚕命_亥

岁刑_巳　　　黄幡_戌　　　豹尾_辰　　　飞廉_戌

丧门_辰　　　吊客_子　　　白虎_戌　　　金神_{申酉子丑}

独火_震　　　五鬼_寅　　　破败五鬼_离

开山立向修方吉

月	正	二	三	四	五	六	七	八	九	十	十一	十二
天道	南	西南	北	西	西北	东	北	东北	南	东	东南	西
天德	丁	坤	壬	辛	乾	甲	癸	艮	丙	乙	巽	庚
天德合	壬		丁	丙		己	戊		辛	庚		乙
月德	丙	甲	壬	庚	丙	甲	壬	庚	丙	甲	壬	庚
月德合	辛	己	丁	乙	辛	己	丁	乙	辛	己	丁	乙
月空	壬	庚	丙	甲	壬	庚	丙	甲	壬	庚	丙	甲
阳贵人	兑	乾	中	巽	震	坤	坎	离	艮	兑	乾	中
阴贵人	坎	离	艮	兑	乾	中	坎	离	艮	兑	乾	中

（续表）

月	正	二	三	四	五	六	七	八	九	十	十一	十二
飞天禄	艮	兑	乾	中	坎	离	艮	兑	乾	中	巽	震
飞天马	坤	坎	离	艮	兑	乾	中	坎	离	艮	兑	乾
月紫白 一白	巽	中	乾	兑	艮	离	坎	坤	震	巽	中	乾
月紫白 六白	离	坎	坤	震	巽	中	乾	兑	艮	离	坎	坤
月紫白 八白	坤	震	巽	中	乾	兑	艮	离	坎	坤	震	巽
月紫白 九紫	震	巽	中	乾	兑	艮	离	坎	坤	震	巽	中

三奇	立春	春分	立夏	夏至	立秋	秋分	立冬	冬至
乙	中	离	坎	震	中	坎	离	兑
丙	乾	坎	坤	坤	巽	离	艮	艮
丁	兑	坤	震	坎	震	艮	兑	离

开山凶

月	正	二	三	四	五	六	七	八	九	十	十一	十二
月建	寅	卯	辰	巳	午	未	申	酉	戌	亥	子	丑
月破	申	酉	戌	亥	子	丑	寅	卯	辰	巳	午	未
月克山家	震巳	艮	离丙	壬乙			水山	土	震巳	艮		
阴府太岁	艮巽	兑乾	坎坤	乾离	坤震	巽艮	乾兑	坤坎	离乾	震坤	艮巽	兑乾

修方凶

月		正	二	三	四	五	六	七	八	九	十	十一	十二
天官符	上		丑	庚	戌		庚	戌		辰	甲	未	壬
天官符	中	艮	兑	乾	中	兑	乾	中	巽	震	坤	坎	离
天官符	下	寅	辛	亥		辛	亥		巳	乙	申	癸	丁
地官符	上	丙	丑	庚	戌		庚	戌		辰	甲	未	壬
地官符	中	离	艮	兑	乾	中	兑	乾	中	巽	震	坤	坎
地官符	下	丁	寅	辛	亥		辛	亥		巳	乙	申	癸

（续表）

月	正	二	三	四	五	六	七	八	九	十	十一	十二
小月建	中	戊乾亥	庚兑辛	丑艮寅	丙离丁	壬坎癸	未坤申	甲震乙	辰巽巳	中	戊乾亥	庚兑辛
大月建	未坤申	壬坎癸	丙离丁	丑艮寅	庚兑辛	戊乾亥	中	辰巽巳	甲震乙	未坤申	壬坎癸	丙离丁
飞大煞	丙离丁	丑艮寅	庚兑辛	戌乾亥	中	庚兑辛	戌乾亥	中	辰巽巳	甲震乙	未坤申	壬坎癸
丙丁独火	兑艮	乾兑	中乾	中	巽中	震巽	坤震	坎坤	离坎	艮离	兑艮	乾兑
月游火	震	巽	中	乾	兑	艮	离	坎	坤	震	巽	中
劫煞	亥	申	巳	寅	亥	申	巳	寅	亥	申	巳	寅
灾煞	子	酉	午	卯	子	酉	午	卯	子	酉	午	卯
月煞	丑	戌	未	辰	丑	戌	未	辰	丑	戌	未	辰
月刑	巳	子	辰	申	午	丑	寅	酉	未	亥	卯	戌
月害	巳	辰	卯	寅	丑	子	亥	戌	酉	申	未	午
月厌	戌	酉	申	未	午	巳	辰	卯	寅	丑	子	亥

太岁己卯干土支木纳音属土

开山立向修方吉

岁德甲 　　岁德合己 　　岁支德申

阳贵人子 　　阴贵人申 　　岁禄午

岁马巳 　　奏书艮 　　博士坤

三元紫白

上元	一白坤	六白兑	八白离	九紫坎
中元	一白艮	六白巽	八白乾	九紫兑
下元	一白中	六白坎	八白震	九紫巽

盖山黄道

贪狼乾甲　　巨门离壬寅戌　　武曲坤乙　　文曲巽辛

通天窍

三合前方巽巳　丙午　丁未　　三合后方乾亥　壬子　癸丑
十二吉山宜亥卯未巳酉丑年月日时。

走马六壬

神后庚酉　　功曹乾亥　　天罡癸丑
胜光甲卯　　传送巽巳　　河魁丁未
十二吉山宜亥卯未巳酉丑年月日时。

四利三元

太阳辰　　　太阴午　　　龙德戌　　　福德子

开山立向修方凶

太岁卯　　　岁破酉　　　三煞申酉戌
坐煞向煞庚辛　甲乙　　　浮天空亡乾甲

开山凶

年克山家二十四山并无克　冬至后克乾亥兑丁山
阴府太岁巽艮　　六害辰　　死符申　　　灸退午

立向凶

巡山罗睺乙　　病符寅

457

修方凶

天官符寅　　　地官符未　　　大煞卯　　　　大将军子

力士巽　　　　蚕室乾　　　　蚕官戌　　　　蚕命亥

岁刑子　　　　黄幡未　　　　豹尾丑　　　　飞廉巳

丧门巳　　　　吊客子　　　　白虎亥　　　　金神午未申酉

独火坎　　　　五鬼丑　　　　破败五鬼坎

开山立向修方吉

月		正	二	三	四	五	六	七	八	九	十	十一	十二
天道		南	西南	北	西	西北	东	北	东北	南	东	东南	西
天德		丁	坤	壬	辛	乾	甲	癸	艮	丙	乙	巽	庚
天德合		壬		丁	丙		己	戊		辛	庚		乙
月德		丙	甲	壬	庚	丙	甲	壬	庚	丙	甲	壬	庚
月德合		辛	己	丁	乙	辛	己	丁	乙	辛	己	丁	乙
月空		壬	庚	丙	甲	壬	庚	丙	甲	壬	庚	丙	甲
阳贵人		乾	中	巽	震	坤	坎	离	艮	兑	乾	中	坎
阴贵人		坤	坎	离	艮	兑	乾	中	坎	离	艮	兑	乾
飞天禄		离	艮	兑	乾	中	坎	离	艮	兑	乾	中	巽
飞天马		艮	兑	乾	中	坎	离	艮	兑	乾	中	巽	震
月紫白	一白	兑	艮	离	坎	坤	震	巽	中	乾	兑	艮	离
	六白	震	巽	中	乾	兑	艮	离	坎	坤	震	巽	中
	八白	中	乾	兑	艮	离	坎	坤	震	巽	中	乾	兑
	九紫	乾	兑	艮	离	坎	坤	震	巽	中	乾	兑	艮

		立春	春分	立夏	夏至	立秋	秋分	立冬	冬至
三奇	乙	中	离	坎	震	中	坎	离	兑
	丙	中	离	坎	震	中	坎	离	兑
	丁	乾	坎	坤	坤	巽	离	艮	艮

开山凶

月	正	二	三	四	五	六	七	八	九	十	十一	十二
月建	寅	卯	辰	巳	午	未	申	酉	戌	亥	子	丑
月破	申	酉	戌	亥	子	丑	寅	卯	辰	巳	午	未
月克山家	乾兑	亥丁	震巳	艮			水山	土	乾兑	亥丁	离丙	壬乙
阴府太岁	坎坤	乾离	坤震	巽艮	乾兑	坤坎	离乾	震坤	艮巽	兑乾	坎坤	乾离

修方凶

月	正	二	三	四	五	六	七	八	九	十	十一	十二
天官符		庚	戌		辰	甲	未	壬	丙	丑	庚	戌
	中	兑	乾	中	巽	震	坤	坎	离	艮	兑	乾
		辛	亥		巳	乙	申	癸	丁	寅	辛	亥
地官符	壬	丙	丑	庚	戌		庚	戌		辰	甲	未
	坎	离	艮	兑	乾	中	兑	乾	中	巽	震	坤
	癸	丁	寅	辛	亥		辛	亥		巳	乙	甲
小月建	丙	壬	未	甲	辰		戌	庚	丑	丙	壬	未
	离	坎	坤	震	巽	中	乾	兑	艮	离	坎	坤
	丁	癸	申	乙	巳		亥	辛	寅	丁	癸	申
大月建	丑	庚	戌		辰	甲	未	壬	丙	丑	庚	戌
	艮	兑	乾	中	巽	震	坤	坎	离	艮	兑	乾
	寅	辛	亥		巳	乙	申	癸	丁	寅	辛	亥
飞大煞	戌		庚	戌		辰	甲	未	壬	丙	丑	庚
	乾	中	兑	乾	中	巽	震	坤	坎	离	艮	兑
	亥		辛	亥		巳	乙	申	癸	丁	寅	辛
丙丁独火	中乾	中	巽中	震巽	坤震	坎坤	离坎	艮离	兑艮	乾兑	中乾	中
月游火	巽	中	乾	兑	艮	离	坎	坤	震	巽	中	乾

（续表）

月	正	二	三	四	五	六	七	八	九	十	十一	十二
劫煞	亥	申	巳	寅	亥	申	巳	寅	亥	申	巳	寅
灾煞	子	酉	午	卯	子	酉	午	卯	子	酉	午	卯
月煞	丑	戌	未	辰	丑	戌	未	辰	丑	戌	未	辰
月刑	巳	子	辰	申	午	丑	寅	酉	未	亥	卯	戌
月害	巳	辰	卯	寅	丑	子	亥	戌	酉	申	未	午
月厌	戌	酉	申	未	午	巳	辰	卯	寅	丑	子	亥

太岁庚辰干金支土纳音属金

开山立向修方吉

岁德庚　　　　岁德合乙　　　　岁支德酉
阳贵人丑　　　阴贵人未　　　　岁禄申
岁马寅　　　　奏书艮　　　　　博士坤

三元紫白

上元	一白震	六白艮	八白坎	九紫坤
中元	一白离	六白中	八白兑	九紫艮
下元	一白乾	六白坤	八白巽	九紫中

盖山黄道

贪狼兑丁巳丑　　巨门震庚亥未　　武曲艮丙　　文曲坎癸申辰

通天窍

三合前方艮寅　甲卯　乙辰　　三合后方坤申　庚酉　辛戌
十二吉山宜申子辰寅午戌年月日时。

走马六壬

神后坤申　　功曹辛戌　　天罡壬子
胜光艮寅　　传送乙辰　　河魁丙午
十二吉山宜申子辰寅午戌年月日时。

四利三元

太阳巳　　　太阴未　　　龙德亥　　　福德丑

开山立向修方凶

太岁辰　　　岁破戌　　　三煞巳午未
坐煞向煞丙丁　壬癸　　　浮天空亡兑丁

开山凶

年克山家震艮巳山
阴府太岁乾兑　　　六害卯　　　死符酉　　　灸退卯

立向凶

巡山罗睺巽　　　病符卯

修方凶

天官符亥	地官符申	大煞子	大将军子
力士巽	蚕室乾	蚕官戌	蚕命亥
岁刑辰	黄幡辰	豹尾戌	飞廉午
丧门午	吊客寅	白虎子	金神辰巳
独火巽	五鬼子	破败五鬼兑	

开山立向修方吉

月	正	二	三	四	五	六	七	八	九	十	十一	十二
天道	南	西南	北	西	西北	东	北	东北	南	东	东南	西
天德	丁	坤	壬	辛	乾	甲	癸	艮	丙	乙	巽	庚
天德合	壬		丁	丙		己	戊		辛	庚		乙
月德	丙	甲	壬	庚	丙	甲	壬	庚	丙	甲	壬	庚
月德合	辛	己	丁	乙	辛	己	丁	乙	辛	己	丁	乙
月空	壬	庚	丙	甲	壬	庚	丙	甲	壬	庚	丙	甲
阳贵人	兑	乾	中	巽	震	坤	坎	离	艮	兑	乾	中
阴贵人	坎	离	艮	兑	乾	中	坎	离	艮	兑	乾	中
飞天禄	坤	坎	离	艮	兑	乾	中	坎	离	艮	兑	乾
飞天马	中	坎	离	艮	兑	乾	中	巽	震	坤	坎	离
月紫白 一白	坎	坤	震	巽	中	乾	兑	艮	离	坎	坤	震
月紫白 六白	乾	兑	艮	离	坎	坤	震	巽	中	乾	兑	艮
月紫白 八白	艮	离	坎	坤	震	巽	中	乾	兑	艮	离	坎
月紫白 九紫	离	坎	坤	震	巽	中	乾	兑	艮	离	坎	艮

	立春	春分	立夏	夏至	立秋	秋分	立冬	冬至
三奇 乙	巽	艮	离	巽	乾	坤	坎	乾
三奇 丙	中	离	坎	震	中	坎	离	兑
三奇 丁	乾	坎	坤	坤	巽	离	艮	艮

开山凶

月	正	二	三	四	五	六	七	八	九	十	十一	十二
月建	寅	卯	辰	巳	午	未	申	酉	戌	亥	子	丑
月破	申	酉	戌	亥	子	丑	寅	卯	辰	巳	午	未
月克山家	乾兑	亥丁	震巳	艮	离丙	壬乙			乾兑	亥丁	水山	土
阴府太岁	坤震	巽艮	乾兑	坤坎	离乾	震坤	艮巽	兑乾	坎坤	乾离	坤震	巽艮

修方凶

月	正	二	三	四	五	六	七	八	九	十	十一	十二
天官符		辰	甲	未	壬	丙	丑	庚	戌		庚	戊
	中	巽	震	坤	坎	离	艮	兑	乾	中	兑	乾
		巳	乙	申	癸	丁	寅	辛	亥		辛	亥
地官符	未	壬	丙	丑	庚	戊		庚	戊		辰	甲
	坎	坤	离	艮	兑	乾	中	兑	乾	中	巽	震
	申	癸	丁	寅	辛	亥		辛	亥		巳	乙
小月建		戊	庚	丑	丙	壬	未	甲	辰		戊	庚
	中	乾	兑	艮	离	坎	坤	震	巽	中	乾	兑
		亥	辛	寅	丁	癸	申	乙	巳		亥	辛
大月建		辰	甲	未	壬	丙	丑	庚	戌		辰	甲
	中	巽	震	坤	坎	离	艮	兑	乾	中	巽	震
		巳	乙	申	癸	丁	寅	辛	亥		巳	乙
飞大煞	戊		辰	甲	未	壬	丙	丑	庚	戊		庚
	乾	中	巽	震	坤	坎	离	艮	兑	乾	中	兑
	亥		巳	乙	申	癸	丁	寅	辛	亥		辛
丙丁独火	巽中	震巽	坤震	坎坤	离坎	艮离	兑艮	乾兑	中乾	中	巽中	震巽
月游火	巽	中	乾	兑	艮	离	坎	坤	震	巽	中	乾
劫煞	亥	申	巳	寅	亥	申	巳	寅	亥	申	巳	寅
灾煞	子	酉	午	卯	子	酉	午	卯	子	酉	午	卯
月煞	丑	戌	未	辰	丑	戌	未	辰	丑	戌	未	辰
月刑	巳	子	辰	申	午	丑	寅	酉	未	亥	卯	戌
月害	巳	辰	卯	寅	丑	子	亥	戌	酉	申	未	午
月厌	戌	酉	申	未	午	巳	辰	卯	寅	丑	子	亥

太岁辛巳干金支火纳音属金

开山立向修方吉

岁德丙　　　　岁德合辛　　　　岁支德戌
阳贵人寅　　　阴贵人午　　　　岁禄酉
岁马亥　　　　奏书巽　　　　　博士乾

三元紫白

上元	一白巽	六白离	八白坤	九紫震
中元	一白坎	六白乾	八白艮	九紫离
下元	一白兑	六白震	八白中	九紫乾

盖山黄道

贪狼兑丁巳丑　　巨门震庚亥未　　武曲艮丙　　文曲坎癸申辰

通天窍

三合前方乾亥　壬子　癸丑　三合后方巽巳　丙午　丁未
十二吉山宜巳酉丑亥卯未年月日时。

走马六壬

神后丁未　　功曹庚酉　　天罡乾亥
胜光癸丑　　传送甲卯　　河魁巽巳
十二吉山宜巳酉丑亥卯未年月日时。

四利三元

太阳午　　　太阴申　　　龙德子　　　福德寅

开山立向修方凶

太岁巳　　　岁破亥　　　三煞寅卯辰

坐煞向煞甲乙　庚辛　　　浮天空亡艮丙

开山凶

年克山家离壬丙乙山

阴府太岁坤坎　　　六害寅　　　死符戌　　　灸退子

立向凶

巡山罗睺丙　　　病符辰

修方凶

天官符申	地官符酉	大煞酉	大将军卯
力士坤	蚕室艮	蚕官丑	蚕命寅
岁刑申	黄幡丑	豹尾未	飞廉未
丧门未	吊客卯	白虎丑	金神寅卯午未子丑
独火巽	五鬼亥	破败五鬼乾	

开山立向修方吉

月	正	二	三	四	五	六	七	八	九	十	十一	十二
天道	南	西南	北	西	西北	东	北	东北	南	东	东南	西
天德	丁	坤	壬	辛	乾	甲	癸	艮	丙	乙	巽	庚
天德合	壬		丁	丙		己	戊		辛	庚		乙
月德	丙	甲	壬	庚	丙	甲	壬	庚	丙	甲	壬	庚
月德合	辛	己	丁	乙	辛	己	丁	乙	辛	己	丁	乙
月空	壬	庚	丙	甲	壬	庚	丙	甲	壬	庚	丙	甲
阳贵人	中	坎	离	艮	兑	乾	中	巽	震	坤	坎	离
阴贵人	离	艮	兑	乾	中	坎	离	艮	兑	乾	中	巽

（续表）

月	正	二	三	四	五	六	七	八	九	十	十一	十二
飞天禄	震	坤	坎	离	艮	兑	乾	中	坎	离	艮	兑
飞天马	中	巽	震	坤	坎	离	艮	兑	乾	中	坎	离
月紫白 一白	巽	中	乾	兑	艮	离	坎	坤	震	巽	中	乾
月紫白 六白	离	坎	坤	震	巽	中	乾	兑	艮	离	坎	坤
月紫白 八白	坤	震	巽	中	乾	兑	艮	离	坎	坤	震	巽
月紫白 九紫	震	巽	中	乾	兑	艮	离	坎	坤	震	巽	中

		立春	春分	立夏	夏至	立秋	秋分	立冬	冬至
三奇	乙	震	兑	艮	中	兑	震	坤	中
三奇	丙	巽	艮	离	巽	乾	坤	坎	乾
三奇	丁	中	离	坎	震	中	坎	离	兑

开山凶

月	正	二	三	四	五	六	七	八	九	十	十一	十二
月建	寅	卯	辰	巳	午	未	申	酉	戌	亥	子	丑
月破	申	酉	戌	亥	子	丑	寅	卯	辰	巳	午	未
月克山家			乾兑	亥丁	离丙	壬乙	震巳	艮			水山	土
阴府太岁	乾兑	坤坎	离乾	震坤	艮巽	兑乾	坎坤	乾离	坤震	巽艮	乾兑	坤坎

修方凶

月	正	二	三	四	五	六	七	八	九	十	十一	十二
天官符	未	壬	丙	丑	庚	戌		庚	戌		辰	甲
天官符	坤	坎	离	艮	兑	乾	中	兑	乾	中	巽	震
天官符	申	癸	丁	寅	辛	亥		辛	亥		巳	乙
地官符	甲	未	壬	丙	丑	庚	戌		庚	戌		辰
地官符	震	坤	坎	离	艮	兑	乾	中	兑	乾	中	巽
地官符	乙	申	癸	丁	寅	辛	亥		辛	亥		巳

（续表）

月	正	二	三	四	五	六	七	八	九	十	十一	十二
小月建	丙	壬	未	甲	辰		戊	庚	丑	丙	壬	未
	离	坎	坤	震	巽	中	乾	兑	艮	离	坎	坤
	丁	癸	申	乙	巳		亥	辛	寅	丁	癸	申
大月建	未	壬	丙	丑	庚	戊		辰	甲	未	壬	丙
	坤	坎	离	艮	兑	乾	中	巽	震	坤	坎	离
	申	癸	丁	寅	辛	亥		巳	乙	申	癸	丁
飞大煞	甲	未	壬	丙	丑	庚	戊		庚	戊		辰
	震	坤	坎	离	艮	兑	乾	中	兑	乾	中	巽
	乙	申	癸	丁	寅	辛	亥		辛	亥		巳
丙丁独火	坤震	坎坤	离坎	艮离	兑艮	乾兑	中乾	中	巽中	震巽	坤震	坎坤
月游火	离	坎	坤	震	巽	中	乾	兑	艮	离	坎	坤
劫煞	亥	申	巳	寅	亥	申	巳	寅	亥	申	巳	寅
灾煞	子	酉	午	卯	子	酉	午	卯	子	酉	午	卯
月煞	丑	戌	未	辰	丑	戌	未	辰	丑	戌	未	辰
月刑	巳	子	辰	申	午	丑	寅	酉	未	亥	卯	戌
月害	巳	辰	卯	寅	丑	子	亥	戌	酉	申	未	午
月厌	戌	酉	申	未	午	巳	辰	卯	寅	丑	子	亥

太岁壬午干水支火纳音属木

开山立向修方吉

岁德壬	岁德合丁	岁支德亥
阳贵人卯	阴贵人巳	岁禄亥
岁马申	奏书巽	博士乾

三元紫白

上元	一白中	六白坎	八白震	九紫巽
中元	一白坤	六白兑	八白离	九紫坎
下元	一白艮	六白巽	八白乾	九紫兑

盖山黄道

贪狼巽辛　　巨门艮丙　　武曲震庚亥未　　文曲乾甲

通天窍

三合前方坤申　庚酉　辛戌　　三合后方艮寅　甲卯　乙辰
十二吉山宜寅午戌申子辰年月日时。

走马六壬

神后丙午　　功曹坤申　　天罡辛戌
胜光壬子　　传送艮寅　　河魁乙辰
十二吉山宜寅午戌申子辰年月日时。

四利三元

太阳未　　　太阴酉　　　龙德丑　　　福德卯

开山立向修方凶

太岁午　　　岁破子　　　三煞亥子丑
坐煞向煞壬癸　丙丁　　　浮天空亡乾甲

开山凶

年克山家乾亥兑丁山
阴府太岁离乾　　　六害丑　　　死符亥　　　灸退酉

立向凶

巡山罗睺丁　　　病符巳

修方凶

天官符巳　　地官符戌　　大煞午　　大将军卯

力士坤　　蚕室艮　　蚕官丑　　蚕命寅

岁刑午　　黄幡戌　　豹尾辰　　飞廉寅

丧门申　　吊客辰　　白虎寅　　金神寅卯戌亥

独火兑　　五鬼戌　　破败五鬼巽

开山立向修方吉

月	正	二	三	四	五	六	七	八	九	十	十一	十二
天道	南	西南	北	西	西北	东	北	东北	南	东	东南	西
天德	丁	坤	壬	辛	乾	甲	癸	艮	丙	乙	巽	庚
天德合	壬		丁	丙		己	戊		辛	庚		乙
月德	丙	甲	壬	庚	丙	甲	壬	庚	丙	甲	壬	庚
月德合	辛	己	丁	乙	辛	己	丁	乙	辛	己	丁	乙
月空	壬	庚	丙	甲	壬	庚	丙	甲	壬	庚	丙	甲
阳贵人	乾	中	坎	离	艮	兑	乾	中	巽	震	坤	坎
阴贵人	艮	兑	乾	中	坎	离	艮	兑	乾	中	巽	震
飞天禄	中	巽	震	坤	坎	离	艮	兑	乾	中	坎	离
飞天马	坤	坎	离	艮	兑	乾	中	坎	离	艮	兑	乾
月紫白 一白	兑	艮	离	坎	坤	震	巽	中	乾	兑	艮	离
月紫白 六白	震	巽	中	乾	兑	艮	离	坎	坤	震	巽	中
月紫白 八白	中	乾	兑	艮	离	坎	坤	震	巽	中	乾	兑
月紫白 九紫	乾	兑	艮	离	坎	坤	震	巽	中	乾	兑	艮

	立春	春分	立夏	夏至	立秋	秋分	立冬	冬至
三奇 乙	坤	乾	兑	乾	艮	巽	震	巽
三奇 丙	震	兑	艮	中	兑	震	坤	中
三奇 丁	巽	艮	离	巽	乾	坤	坎	乾

开山凶

月	正	二	三	四	五	六	七	八	九	十	十一	十二
月建	寅	卯	辰	巳	午	未	申	酉	戌	亥	子	丑
月破	申	酉	戌	亥	子	丑	寅	卯	辰	巳	午	未
月克山家			离丙	壬乙	水山	土	震巳	艮				
阴府太岁	离乾	震坤	艮巽	兑乾	坎坤	乾离	坤震	巽艮	乾兑	坎坤	离乾	震坤

修方凶

月	正	二	三	四	五	六	七	八	九	十	十一	十二
天官符	丑	庚	戌		庚	戌		辰	甲	未	壬	丙
	艮	兑	乾	中	兑	乾	中	巽	震	坤	坎	离
	寅	辛	亥		辛	亥		巳	乙	申	癸	丁
地官符	辰	甲	未	壬	丙	丑	庚	戌		庚	戌	
	巽	震	坤	坎	离	艮	兑	乾	中	兑	乾	中
	巳	乙	申	癸	丁	寅	辛	亥		辛	亥	
小月建		戌	庚	丑	丙	壬	未	甲	辰		戌	庚
	中	乾	兑	艮	离	坎	坤	震	巽	中	乾	兑
		亥	辛	寅	丁	癸	申	乙	巳		亥	辛
大月建	丑	庚	戌	中	辰	甲	未	壬	丙	丑	庚	戌
	艮	兑	乾	中	巽	震	坤	坎	离	艮	兑	乾
	寅	辛	亥	中	巳	乙	申	癸	丁	寅	辛	亥
飞大煞	丙	丑	庚	戌		庚	戌		辰	甲	未	壬
	离	艮	兑	乾	中	兑	乾	中	巽	震	坤	坎
	丁	寅	辛	亥		辛	亥		巳	乙	申	癸
丙丁独火	离坎	艮离	兑艮	乾兑	中乾	中	巽中	震巽	坤震	坎坤	离坎	艮离
月游火	坤	震	巽	中	乾	兑	艮	离	坎	坤	震	巽
劫煞	亥	申	巳	寅	亥	申	巳	寅	亥	申	巳	寅
灾煞	子	酉	午	卯	子	酉	午	卯	子	酉	午	卯
月煞	丑	戌	未	辰	丑	戌	未	辰	丑	戌	未	辰

(续表)

月	正	二	三	四	五	六	七	八	九	十	十一	十二
月刑	巳	子	辰	申	午	丑	寅	酉	未	亥	卯	戌
月害	巳	辰	卯	寅	丑	子	亥	戌	酉	申	未	午
月厌	戌	酉	申	未	午	巳	辰	卯	寅	丑	子	亥

太岁癸未干水支土纳音属木

开山立向修方吉

岁德戊　　　　岁德合癸　　　　岁支德子
阳贵人巳　　　阴贵人卯　　　　岁禄子
岁马巳　　　　奏书巽　　　　　博士乾

三元紫白

上元	一白乾	六白坤	八白巽	九紫中
中元	一白震	六白艮	八白坎	九紫坤
下元	一白离	六白中	八白兑	九紫艮

盖山黄道

贪狼坤乙　　巨门坎癸申辰　　武曲乾甲　　文曲震庚亥未

通天窍

三合前方巽巳 丙午 丁未　　三合后方乾亥 壬子 癸丑
十二吉山宜亥卯未巳酉丑年月日时。

走马六壬

神后巽巳　　功曹丁未　　天罡庚酉

胜光乾亥　　传送癸丑　　河魁甲卯

十二吉山宜亥卯未巳酉丑年月日时。

四利三元

太阳申　　太阴戌　　龙德寅　　福德辰

开山立向修方凶

太岁未　　岁破丑　　三煞申酉戌

坐煞向煞庚辛 甲乙　　浮天空亡坤乙

开山凶

年克山家甲寅辰巽戌坎辛申丑癸坤庚未山

阴府太岁震坤　　六害子　　死符子　　灸退午

立向凶

巡山罗睺坤　病符午

修方凶

天官符寅　　地官符亥　　大煞卯　　　大将军卯

力士坤　　蚕室艮　　蚕官丑　　　蚕命寅

岁刑丑　　黄幡未　　豹尾丑　　　飞廉卯

丧门酉　　吊客巳　　白虎卯　　　金神申酉子丑

独火离　　五鬼酉　　破败五鬼艮

开山立向修方吉

月	正	二	三	四	五	六	七	八	九	十	十一	十二
天道	南	西南	北	西	西北	东	北	东北	南	东	东南	西
天德	丁	坤	壬	辛	乾	甲	癸	艮	丙	乙	巽	庚
天德合	壬		丁	丙		己	戊		辛	庚		乙
月德	丙	甲	壬	庚	丙	甲	壬	庚	丙	甲	壬	庚

（续表）

月	正	二	三	四	五	六	七	八	九	十	十一	十二
月德合	辛	己	丁	乙	辛	己	丁	乙	辛	己	丁	乙
月空	壬	庚	丙	甲	壬	庚	丙	甲	壬	庚	丙	甲
阳贵人	艮	兑	乾	中	坎	离	艮	兑	乾	中	巽	震
阴贵人	乾	中	坎	离	艮	兑	乾	中	巽	震	坤	坎
飞天禄	乾	中	巽	震	坤	坎	离	艮	兑	乾	中	坎
飞天马	艮	兑	乾	中	坎	离	艮	兑	乾	中	巽	震
月紫白 一白	坎	坤	震	巽	中	乾	兑	艮	离	坎	坤	震
月紫白 六白	乾	兑	艮	离	坎	坤	震	巽	中	乾	兑	艮
月紫白 八白	艮	离	坎	坤	震	巽	中	乾	兑	艮	离	坎
月紫白 九紫	离	坎	坤	震	巽	中	乾	兑	艮	离	坎	坤

		立春	春分	立夏	夏至	立秋	秋分	立冬	冬至
三奇	乙	坎	中	乾	兑	离	中	巽	震
三奇	丙	坤	乾	兑	乾	艮	巽	震	巽
三奇	丁	震	兑	艮	中	兑	震	坤	中

开山凶

月	正	二	三	四	五	六	七	八	九	十	十一	十二
月建	寅	卯	辰	巳	午	未	申	酉	戌	亥	子	丑
月破	申	酉	戌	亥	子	丑	寅	卯	辰	巳	午	未
月克山家	震巳	艮	离丙	壬乙			水山	土	震巳	艮		
阴府太岁	艮巽	兑乾	坎坤	乾离	坤震	巽艮	乾兑	坤坎	离乾	震坤	艮巽	兑乾

修方凶

月	正	二	三	四	五	六	七	八	九	十	十一	十二
天官符		庚	戊		辰	甲	未	壬	丙	丑	庚	戊
	中	兑	乾	中	巽	震	坤	坎	离	艮	兑	乾
		辛	亥		巳	乙	申	癸	丁	寅	辛	亥
地官符		辰	甲	未	壬	丙	丑	庚	戊		庚	戊
	中	巽	震	坤	坎	离	艮	兑	乾	中	兑	乾
		巳	乙	申	癸	丁	寅	辛	亥		辛	亥
小月建	丙	壬	未	甲	辰		戊	庚	丑	丙	壬	未
	离	坎	坤	震	巽	中	乾	兑	艮	离	坎	坤
	丁	癸	申	乙	巳		亥	辛	寅	丁	癸	申
大月建		辰	甲	未	壬	丙	丑	庚	戊		辰	甲
	中	巽	震	坤	坎	离	艮	兑	乾	中	巽	震
		巳	乙	申	癸	丁	寅	辛	亥		巳	乙
飞大煞	戊		庚	戊		辰	甲	未	壬	丙	丑	庚
	乾	中	兑	乾	中	巽	震	坤	坎	离	艮	兑
	亥		辛	亥		巳	乙	申	癸	丁	寅	辛
丙丁独火	兑艮	乾兑	中乾	中	巽中	震巽	坤震	坎坤	离坎	艮离	兑艮	乾兑
月游火	坤	震	巽	中	乾	兑	艮	离	坎	坤	震	巽
劫煞	亥	申	巳	寅	亥	申	巳	寅	亥	申	巳	寅
灾煞	子	酉	午	卯	子	酉	午	卯	子	酉	午	卯
月煞	丑	戌	未	辰	丑	戌	未	辰	丑	戌	未	辰
月刑	巳	子	辰	申	午	丑	寅	酉	未	亥	卯	戌
月害	巳	辰	卯	寅	丑	子	亥	戌	酉	申	未	午
月厌	戌	酉	申	未	午	巳	辰	卯	寅	丑	子	亥

（钦定协纪辨方书卷十五）

474

钦定四库全书·钦定协纪辨方书卷十六

年表三

甲申至癸巳

太岁甲申干木支金纳音属水

开山立向修方吉

岁德甲　　　岁德合己　　　岁支德丑
阳贵人未　　阴贵人丑　　　岁禄寅
岁马寅　　　奏书坤　　　　博士艮

三元紫白

上元	一白兑	六白震	八白中	九紫乾
中元	一白巽	六白离	八白坤	九紫震
下元	一白坎	六白乾	八白艮	九紫离

盖山黄道

贪狼坤乙　　巨门坎癸申辰　　武曲乾甲　　文曲震庚亥未

通天窍

三合前方艮寅　甲卯　乙辰　　三合后方坤申　庚申　辛戌

十二吉山宜申子辰寅午戌年月日时。

走马六壬

神后乙辰　　功曹丙午　　天罡坤申
胜光辛戌　　传送壬子　　河魁艮寅
十二吉山宜申子辰寅午戌年月日时。

四利三元

太阳酉　　太阴亥　　龙德卯　　福德巳

开山立向修方凶

太岁申　　岁破寅　　三煞巳午未
坐煞向煞丙丁　壬癸　　浮天空亡离壬

开山凶

年克山家离壬丙乙山
阴府太岁艮巽　　六害亥　　死符丑　　灸退卯

立向凶

巡山罗睺庚　　病符未

修方凶

天官符亥　　地官符子　　大煞子　　大将军午
力士乾　　蚕室巽　　蚕官辰　　蚕命巳
岁刑寅　　黄幡辰　　豹尾戌　　飞廉辰
丧门戌　　吊客午　　白虎辰　　金神午未申酉
独火离　　五鬼申　　破败五鬼巽

开山立向修方吉

月	正	二	三	四	五	六	七	八	九	十	十一	十二
天道	南	西南	北	西	西北	东	北	东北	南	东	东南	西
天德	丁	坤	壬	辛	乾	甲	癸	艮	丙	乙	巽	庚
天德合	壬		丁	丙		己	戊		辛	庚		乙
月德	丙	甲	壬	庚	丙	甲	壬	庚	丙	甲	壬	庚
月德合	辛	己	丁	乙	辛	己	丁	乙	辛	己	丁	乙
月空	壬	庚	丙	甲	壬	庚	丙	甲	壬	庚	丙	甲
阳贵人	坎	离	艮	兑	乾	中	坎	离	艮	兑	乾	中
阴贵人	兑	乾	中	巽	震	坤	坎	离	艮	兑	乾	中
飞天禄	中	坎	离	艮	兑	乾	中	巽	震	坤	坎	离
飞天马	中	坎	离	艮	兑	乾	中	巽	震	坤	坎	离
月紫白 一白	巽	中	乾	兑	艮	离	坎	坤	震	巽	中	乾
月紫白 六白	离	坎	坤	震	巽	中	乾	兑	艮	离	坎	坤
月紫白 八白	坤	震	巽	中	乾	兑	艮	离	坎	坤	震	巽
月紫白 九紫	震	巽	中	乾	兑	艮	离	坎	坤	震	巽	中

	立春	春分	立夏	夏至	立秋	秋分	立冬	冬至
三奇 乙	坎	中	乾	兑	离	中	巽	震
三奇 丙	坎	中	乾	兑	离	中	巽	震
三奇 丁	坤	乾	兑	乾	艮	巽	震	巽

开山凶

月	正	二	三	四	五	六	七	八	九	十	十一	十二
月建	寅	卯	辰	巳	午	未	申	酉	戌	亥	子	丑
月破	申	酉	戌	亥	子	丑	寅	卯	辰	巳	午	未
月克山家	乾兑	亥丁	震巳	艮			水土山		乾兑	亥丁	离丙	壬乙
阴府太岁	坎坤	乾离	坤震	巽艮	乾兑	坤坎	离乾	震坤	艮巽	兑乾	坎坤	乾离

修方凶

月	正	二	三	四	五	六	七	八	九	十	十一	十二
天官符		辰	甲	未	壬	丙	丑	庚	戌		庚	戌
	中	巽	震	坤	坎	离	艮	兑	乾	中	兑	乾
		巳	乙	申	癸	丁	寅	辛	亥		辛	亥
地官符	戌		辰	甲	未	壬	丙	丑	庚	戌		庚
	乾	中	巽	震	坤	坎	离	艮	兑	乾	中	兑
	亥		巳	乙	申	癸	丁	寅	辛	亥		辛
小月建		戌	庚	丑	丙	壬	未	甲	辰		戌	庚
	中	乾	兑	艮	离	坎	坤	震	巽	中	乾	兑
		亥	辛	寅	丁	癸	申	乙	巳		亥	辛
大月建	未	壬	丙	丑	庚	戌		辰	甲	未	壬	丙
	坤	坎	离	艮	兑	乾	中	巽	震	坤	坎	离
	申	癸	丁	寅	辛	亥		巳	乙	申	癸	丁
飞大煞	戌		辰	甲	未	壬	丙	丑	庚	戌		庚
	乾	中	巽	震	坤	坎	离	艮	兑	乾	中	兑
	亥		巳	乙	申	癸	丁	寅	辛	亥		辛
丙丁独火	中乾	中	巽中	震巽	坤震	坎坤	离坎	艮离	兑艮	乾兑	中乾	中
月游火	兑	艮	离	坎	坤	震	巽	中	乾	兑	艮	离
劫煞	亥	申	巳	寅	亥	申	巳	寅	亥	申	巳	寅
灾煞	子	酉	午	卯	子	酉	午	卯	子	酉	午	卯
月煞	丑	戌	未	辰	丑	戌	未	辰	丑	戌	未	辰
月刑	巳	子	辰	申	午	丑	寅	酉	未	亥	卯	戌
月害	巳	辰	卯	寅	丑	子	亥	戌	酉	申	未	午
月厌	戌	酉	申	未	午	巳	辰	卯	寅	丑	子	亥

太岁乙酉干木支金纳音属水

开山立向修方吉

岁德庚　　　　岁德合乙　　　　岁支德寅

阳贵人申　　　阴贵人子　　　　岁禄卯

岁马亥　　　　奏书坤　　　　　博士艮

三元紫白

上元	一白艮	六白巽	八白乾	九紫兑
中元	一白中	六白坎	八白震	九紫巽
下元	一白坤	六白兑	八白离	九紫坎

盖山黄道

贪狼离壬寅戌　　巨门乾甲　　武曲坎癸申辰　　文曲艮丙

通天窍

三合前方乾亥　壬子　癸丑　　　　三合后方巽巳　丙午　丁未
十二吉山宜巳酉丑亥卯未年月日时。

走马六壬

神后甲卯　　功曹巽巳　　天罡丁未

胜光庚酉　　传送乾亥　　河魁癸丑
十二吉山宜巳酉丑亥卯未年月日时。

四利三元

太阳戌　　太阴子　　龙德辰　　福德午

479

开山立向修方凶

太岁酉　　岁破卯　　三煞寅卯辰

坐煞向煞甲乙　庚辛　　浮天空亡坎癸

开山凶

年克山家二十四山并无克　冬至后克乾亥兑丁山

阴府太岁兑乾　　六害戌　　死符寅　　灸退子

立向凶

巡山罗睺辛　　病符申

修方凶

天官符申	地官符丑	大煞酉	大将军午
力士乾	蚕室巽	蚕官辰	蚕命巳
岁刑酉	黄幡丑	豹尾未	飞廉亥
丧门亥	吊客未	白虎巳	金神辰巳
独火坤	五鬼未	破败五鬼艮	

开山立向修方吉

月	正	二	三	四	五	六	七	八	九	十	十一	十二
天道	南	西南	北	西	西北	东	北	东北	南	东	东南	西
天德	丁	坤	壬	辛	乾	甲	癸	艮	丙	乙	巽	庚
天德合	壬		丁	丙		己	戊		辛	庚		乙
月德	丙	甲	壬	庚	丙	甲	壬	庚	丙	甲	壬	庚
月德合	辛	己	丁	乙	辛	己	丁	乙	辛	己	丁	乙
月空	壬	庚	丙	甲	壬	庚	丙	甲	壬	庚	丙	甲
阳贵人	坤	坎	离	艮	兑	乾	中	坎	离	艮	兑	乾
阴贵人	乾	中	巽	震	坤	坎	离	艮	兑	乾	中	坎

（续表）

月	正	二	三	四	五	六	七	八	九	十	十一	十二
飞天禄	乾	中	坎	离	艮	兑	乾	中	巽	震	坤	坎
飞天马	中	巽	震	坤	坎	离	艮	兑	乾	中	坎	离
月紫白 一白	兑	艮	离	坎	坤	震	巽	中	乾	兑	艮	离
月紫白 六白	震	巽	中	乾	兑	艮	离	坎	坤	震	巽	中
月紫白 八白	中	乾	兑	艮	离	坎	坤	震	巽	中	乾	兑
月紫白 九紫	乾	兑	艮	离	坎	坤	震	巽	中	乾	兑	艮

	立春	春分	立夏	夏至	立秋	秋分	立冬	冬至
三奇 乙	离	巽	中	艮	坎	乾	中	坤
三奇 丙	坎	中	乾	兑	离	中	巽	震
三奇 丁	坤	乾	兑	乾	艮	巽	震	巽

开山凶

月	正	二	三	四	五	六	七	八	九	十	十一	十二
月建	寅	卯	辰	巳	午	未	申	酉	戌	亥	子	丑
月破	申	酉	戌	亥	子	丑	寅	卯	辰	巳	午	未
月克山家	乾	亥	震	艮	离	壬			乾	亥	水	土
月克山家	兑	丁	巳		丙	乙			兑	丁	山	
阴府太岁	坤	巽	乾	坤	离	震	艮	兑	坎	乾	坤	巽
阴府太岁	震	艮	兑	坎	乾	坤	巽	乾	坤	离	震	艮

修方凶

月	正	二	三	四	五	六	七	八	九	十	十一	十二
天官符	未	壬	丙	丑	庚	戌		庚	戌		辰	甲
天官符	坤	坎	离	艮	兑	乾	中	兑	乾	中	巽	震
天官符	申	癸	丁	寅	辛	亥		辛	亥		巳	乙
地官符	庚	戌		辰	甲	未	壬	丙	丑	庚	戌	
地官符	兑	乾	中	巽	震	坤	坎	离	艮	兑	乾	中
地官符	辛	亥		巳	乙	申	癸	丁	寅	辛	亥	

（续表）

月	正	二	三	四	五	六	七	八	九	十	十一	十二
小月建	丙	壬	未	甲	辰		戊	庚	丑	丙	壬	未
	离	坎	坤	震	巽	中	乾	兑	艮	离	坎	坤
	丁	癸	申	乙	巳		亥	辛	寅	丁	癸	申
大月建	丑	庚	戌		辰	甲	未	壬	丙	丑	庚	戌
	艮	兑	乾	中	巽	震	坤	坎	离	艮	兑	乾
	寅	辛	亥		巳	乙	申	癸	丁	寅	辛	亥
飞大煞	甲	未	壬	丙	丑	庚	戌		庚	戌		辰
	震	坤	坎	离	艮	兑	乾	中	兑	乾	中	巽
	乙	申	癸	丁	寅	辛	亥		辛	亥		巳
丙丁独火	巽中	震巽	坤震	坎坤	离坎	艮离	兑艮	乾兑	中乾	中	巽中	震巽
月游火	乾	兑	艮	离	坎	坤	震	巽	中	乾	兑	艮
劫煞	亥	申	巳	寅	亥	申	巳	寅	亥	申	巳	寅
灾煞	子	酉	午	卯	子	酉	午	卯	子	酉	午	卯
月煞	丑	戌	未	辰	丑	戌	未	辰	丑	戌	未	辰
月刑	巳	子	辰	申	午	丑	寅	酉	未	亥	卯	戌
月害	巳	辰	卯	寅	丑	子	亥	戌	酉	申	未	午
月厌	戌	酉	申	未	午	巳	辰	卯	寅	丑	子	亥

太岁丙戌干火支土纳音属土

开山立向修方吉

岁德丙　　　　岁德合辛　　　　岁支德卯

阳贵人酉　　　阴贵人亥　　　　岁禄巳

岁马申　　　　奏书坤　　　　　博士艮

三元紫白

上元	一白离	六白中	八白兑	九紫艮
中元	一白乾	六白坤	八白巽	九紫中
下元	一白震	六白艮	八白坎	九紫坤

盖山黄道

贪狼坎癸申辰　　巨门坤乙　　武曲离壬寅戌　　文曲震兑丁巳丑

通天窍

三合前方坤申　庚酉　辛戌　　三合后方艮寅　甲卯　乙辰
十二吉山宜寅午戌申子辰年月日时。

走马六壬

神后艮寅　　功曹乙辰　　天罡丙午
胜光坤申　　传送辛戌　　河魁壬子
十二吉山宜寅午戌申子辰年月日时。

四利三元

太阳亥　　太阴丑　　龙德巳　　福德未

开山立向修方凶

太岁戌　　岁破辰　　三煞亥子丑
坐煞向煞壬癸　丙丁　　浮天空亡巽辛

开山凶

年克山家甲寅辰巽戌坎辛申丑癸坤庚未山
附府太岁坎坤　　六害酉　　死符卯　　灸退酉

立向凶

巡山罗睺乾　　病符酉

修方凶

天官符巳　　地官符寅　　大煞午　　大将军午

力士乾　　蚕室巽　　蚕官辰　　蚕命巳

岁刑未　　黄幡戌　　豹尾辰　　飞廉子

丧门子　　吊客申　　白虎午　　金神寅卯午未子丑

独火乾　　五鬼午　　破败五鬼坤

开山立向修方吉

月		正	二	三	四	五	六	七	八	九	十	十一	十二
天道		南	西南	北	西	西北	东	北	东北	南	东	东南	西
天德		丁	坤	壬	辛	乾	甲	癸	艮	丙	乙	巽	庚
天德合		壬		丁	丙		己	戊		辛	庚		乙
月德		丙	甲	壬	庚	丙	甲	壬	庚	丙	甲	壬	庚
月德合		辛	己	丁	乙	辛	己	丁	乙	辛	己	丁	乙
月空		壬	庚	丙	甲	壬	庚	丙	甲	壬	庚	丙	甲
阳贵人		震	坤	坎	离	艮	兑	乾	中	坎	离	艮	兑
阴贵人		中	巽	震	坤	坎	离	艮	兑	乾	中	坎	离
飞天禄		艮	兑	乾	中	坎	离	艮	兑	乾	中	巽	震
飞天马		坤	坎	离	艮	兑	乾	中	坎	离	艮	兑	乾
月紫白	一白	坎	坤	震	巽	中	乾	兑	艮	离	坎	坤	震
	六白	乾	兑	艮	离	坎	坤	震	巽	中	乾	兑	艮
	八白	艮	离	坎	坤	震	巽	中	乾	兑	艮	离	坎
	九紫	离	坎	坤	震	巽	中	乾	兑	艮	离	坎	坤

		立春	春分	立夏	夏至	立秋	秋分	立冬	冬至
三奇	乙	艮	震	巽	离	坤	兑	乾	坎
	丙	离	巽	中	艮	坎	乾	中	坤
	丁	坎	中	乾	兑	离	中	巽	震

开山凶

月	正	二	三	四	五	六	七	八	九	十	十一	十二
月建	寅	卯	辰	巳	午	未	申	酉	戌	亥	子	丑
月破	申	酉	戌	亥	子	丑	寅	卯	辰	巳	午	未
月克山家			乾兑丁	亥	离丙	壬乙	震巽巳	艮			水山	土
阴府太岁	乾兑	坤坎	离乾	震坤	艮巽	兑乾	坎坤	乾离	坤震	巽艮	乾兑	坤坎

修方凶

月	正	二	三	四	五	六	七	八	九	十	十一	十二
天官符	丑	庚	戌		庚	戌		辰	甲	未	壬	丙
天官符	艮	兑	乾	中	兑	乾	中	巽	震	坤	坎	离
天官符	寅	辛	亥		辛	亥		巳	乙	申	癸	丁
地官符		庚	戌		辰	甲	未	壬	丙	丑	庚	戌
地官符	中	兑	乾	中	巽	震	坤	坎	离	艮	兑	乾
地官符		辛	亥		巳	乙	申	癸	丁	寅	辛	亥
小月建		戌	庚	丑	丙	壬	未	甲	辰		戌	庚
小月建	中	乾	兑	艮	离	坎	坤	震	巽	中	乾	兑
小月建		亥	辛	寅	丁	癸	申	乙	巳		亥	辛
大月建		辰	甲	未	壬	丙	丑	庚	戌		辰	甲
大月建	中	巽	震	坤	坎	离	艮	兑	乾	中	巽	震
大月建		巳	乙	申	癸	丁	寅	辛	亥		巳	乙
飞大煞	丙	丑	庚	戌		庚	戌		辰	甲	未	壬
飞大煞	离	艮	兑	乾	中	兑	乾	中	巽	震	坤	坎
飞大煞	丁	寅	辛	亥		辛	亥		巳	乙	申	癸
丙丁独火	坤震	坎坤	离坎	艮离	兑艮	乾兑	中乾	中	巽中	震巽	坤震	坎坤
月游火	乾	兑	艮	离	坎	坤	震	巽	中	乾	兑	艮

（续表）

月	正	二	三	四	五	六	七	八	九	十	十一	十二
劫煞	亥	申	巳	寅	亥	申	巳	寅	亥	申	巳	寅
灾煞	子	酉	午	卯	子	酉	午	卯	子	酉	午	卯
月煞	丑	戌	未	辰	丑	戌	未	辰	丑	戌	未	辰
月刑	巳	子	辰	申	午	丑	寅	酉	未	亥	卯	戌
月害	巳	辰	卯	寅	丑	子	亥	戌	酉	申	未	午
月厌	戌	酉	申	未	午	巳	辰	卯	寅	丑	子	亥

太岁丁亥干火支水纳音属土

开山立向修方吉

岁德壬　　　　岁德合丁　　　　岁支德辰

阳贵人亥　　　阴贵人酉　　　　岁禄午

岁马巳　　　　奏书乾　　　　　博士巽

三元紫白

上元	一白坎	六白乾	八白艮	九紫离
中元	一白兑	六白震	八白中	九紫乾
下元	一白巽	六白离	八白坤	九紫震

盖山黄道

贪狼坎癸申辰　　巨门坤乙　　武曲离壬寅戌　　文曲兑丁巳丑

通天窍

三合前方巽巳　丙午　丁未　　三合后方乾亥　壬子　癸丑

十二吉山宜亥卯未巳酉丑年月日时。

走马六壬

神后癸丑　　功曹甲卯　　天罡巽巳

胜光丁未　　传送庚酉　　河魁乾亥

十二吉山宜亥卯未巳酉丑年月日时。

四利三元

太阳子　　太阴寅　　龙德午　　福德申

开山立向修方凶

太岁亥　　岁破巳　　三煞申酉戌

坐煞向煞庚辛　甲乙　　浮天空亡震庚

开山凶

年克山家震艮巳山

阴府太岁乾离　　六害申　　死符辰　　灸退午

立向凶

巡山罗睺壬　　病符戌

修方凶

天官符寅	地官符卯	大煞卯	大将军酉
力士艮	蚕室坤	蚕官未	蚕命申
岁刑亥	黄幡未	豹尾丑	飞廉丑
丧门丑	吊客酉	白虎未	金神寅卯戌亥
独火乾	五鬼巳	破败五鬼震	

开山立向修方吉

月	正	二	三	四	五	六	七	八	九	十	十一	十二
天道	南	西南	北	西	西北	东	北	东北	南	东	东南	西
天德	丁	坤	壬	辛	乾	甲	癸	艮	丙	乙	巽	庚
天德合	壬		丁	丙		己	戊		辛	庚		乙
月德	丙	甲	壬	庚	丙	甲	壬	庚	丙	甲	壬	庚
月德合	辛	己	丁	乙	辛	己	丁	乙	辛	己	丁	乙
月空	壬	庚	丙	甲	壬	庚	丙	甲	壬	庚	丙	甲
阳贵人	中	巽	震	坤	坎	离	艮	兑	乾	中	坎	离
阴贵人	震	坤	坎	离	艮	兑	乾	中	坎	离	艮	兑
飞天禄	离	艮	兑	乾	中	坎	离	艮	兑	乾	中	巽
飞天马	艮	兑	乾	中	坎	离	艮	兑	乾	中	巽	震

月紫白		正	二	三	四	五	六	七	八	九	十	十一	十二
月紫白	一白	巽	中	乾	兑	艮	离	坎	坤	震	巽	中	乾
	六白	离	坎	坤	震	巽	中	乾	兑	艮	离	坎	坤
	八白	坤	震	巽	中	乾	兑	艮	离	坎	坤	震	巽
	九紫	震	巽	中	乾	兑	艮	离	坎	坤	震	巽	中

三奇		立春	春分	立夏	夏至	立秋	秋分	立冬	冬至
三奇	乙	兑	坤	震	坎	震	艮	兑	离
	丙	艮	震	巽	离	坤	兑	乾	坎
	丁	离	巽	中	艮	坎	乾	中	坤

开山凶

月	正	二	三	四	五	六	七	八	九	十	十一	十二
月建	寅	卯	辰	巳	午	未	申	酉	戌	亥	子	丑
月破	申	酉	戌	亥	子	丑	寅	卯	辰	巳	午	未
月克山家			离丙	壬乙	水山	土	震巳	艮				
阴府太岁	离乾	震坤	艮巽	兑乾	坎坤	乾离	坤震	巽艮	乾兑	坤坎	离乾	震坤

修方凶

月	正	二	三	四	五	六	七	八	九	十	十一	十二
天官符		庚	戌		辰	甲	未	壬	丙	丑	庚	戌
	中	兑	乾	中	巽	震	坤	坎	离	艮	兑	乾
		辛	亥		巳	乙	申	癸	丁	寅	辛	亥
地官符	戌		庚	戌		辰	甲	未	壬	丙	丑	庚
	乾	中	兑	乾	中	巽	震	坤	坎	离	艮	兑
	亥		辛	亥		巳	乙	申	癸	丁	寅	辛
小月建	丙	壬	未	甲	辰		戌	庚	丑	丙	壬	未
	离	坎	坤	震	巽	中	乾	兑	艮	离	坎	坤
	丁	癸	申	乙	巳		亥	辛	寅	丁	癸	申
大月建	未	壬	丙	丑	庚	戌		辰	甲	未	壬	丙
	坤	坎	离	艮	兑	乾	中	巽	震	坤	坎	离
	申	癸	丁	寅	辛	亥		巳	乙	申	癸	丁
飞大煞	戌		庚	戌		辰	甲	未	壬	丙	丑	庚
	乾	中	兑	乾	中	巽	震	坤	坎	离	艮	兑
	亥		辛	亥		巳	乙	申	癸	丁	寅	辛
丙丁独火	离坎	艮离	兑艮	乾兑	中乾	中	巽中	震巽	坤震	坎坤	离坎	艮离
月游火	坎	坤	震	巽	中	乾	兑	艮	离	坎	坤	震
劫煞	亥	申	巳	寅	亥	申	巳	寅	亥	申	巳	寅
灾煞	子	酉	午	卯	子	酉	午	卯	子	酉	午	卯
月煞	丑	戌	未	辰	丑	戌	未	辰	丑	戌	未	辰
月刑	巳	子	辰	申	午	丑	寅	酉	未	亥	卯	戌
月害	巳	辰	卯	寅	丑	子	亥	戌	酉	申	未	午
月厌	戌	酉	申	未	午	巳	辰	卯	寅	丑	子	亥

太岁戊子干土支水纳音属火

开山立向修方吉

岁德戊 　　　岁德合癸 　　　岁支德巳
阳贵人丑 　　阴贵人未 　　　岁禄巳
岁马寅 　　　奏书乾 　　　　博士巽

三元紫白

上元	一白坤	六白兑	八白离	九紫坎
中元	一白艮	六白巽	八白乾	九紫兑
下元	一白中	六白坎	八白震	九紫巽

盖山黄道

贪狼震庚亥未 　　巨门兑丁巳丑 　　武曲巽辛 　　文曲坤乙

通天窍

三合前方艮寅 甲卯 乙辰 　　三合后方坤申 庚酉 辛戌
十二吉山宜申子辰寅午戌年月日时。

走马六壬

神后壬子 　　功曹艮寅 　　天罡乙辰
胜光丙午 　　传送坤申 　　河魁辛戌
十二吉山宜申子辰寅午戌年月日时。

四利三元

太阳丑 　　太阴卯 　　龙德未 　　福德酉

开山立向修方凶

太岁子　岁破午　三煞巳午未

坐煞向煞丙丁　壬癸　　浮天空亡坤乙

开山凶

年克山家二十四山并无克　冬至后克乾亥兑丁山

阴府太岁坤震　　六害未　　死符巳　　灸退卯

立向凶

巡山罗睺癸　　病符亥

修方凶

天官符亥　　　地官符辰　　大煞子　　　大将军酉

力士艮　　　　蚕室坤　　　蚕官未　　　蚕命申

岁刑卯　　　　黄幡辰　　　豹尾戌　　　飞廉申

丧门寅　　　　吊客戌　　　白虎申　　　金神申酉子丑

独火艮　　　　五鬼辰　　　破败五鬼离

开山立向修方吉

月	正	二	三	四	五	六	七	八	九	十	十一	十二
天道	南	西南	北	西	西北	东	北	东北	南	东	东南	西
天德	丁	坤	壬	辛	乾	甲	癸	艮	丙	乙	巽	庚
天德合	壬		丁	丙		己	戊		辛	庚		乙
月德	丙	甲	壬	庚	丙	甲	壬	庚	丙	甲	壬	庚
月德合	辛	己	丁	乙	辛	己	丁	乙	辛	己	丁	乙
月空	壬	庚	丙	甲	壬	庚	丙	甲	壬	庚	丙	甲
阳贵人	兑	乾	中	巽	震	坤	坎	离	艮	兑	乾	中
阴贵人	坎	离	艮	兑	乾	中	坎	离	艮	兑	乾	中

(续表)

月		正	二	三	四	五	六	七	八	九	十	十一	十二
飞天禄		艮	兑	乾	中	坎	离	艮	兑	乾	中	巽	震
飞天马		中	坎	离	艮	兑	乾	中	巽	震	坤	坎	离
月紫白	一白	兑	艮	离	坎	坤	震	巽	中	乾	兑	艮	离
	六白	震	巽	中	乾	兑	艮	离	坎	坤	震	巽	中
	八白	中	乾	兑	艮	离	坎	坤	震	巽	中	乾	兑
	九紫	乾	兑	艮	离	坎	坤	震	巽	中	乾	兑	艮

三奇		立春	春分	立夏	夏至	立秋	秋分	立冬	冬至
	乙	乾	坎	坤	坤	巽	离	艮	艮
	丙	兑	坤	震	坎	震	艮	兑	离
	丁	艮	震	巽	离	坤	兑	乾	坎

开山凶

月	正	二	三	四	五	六	七	八	九	十	十一	十二
月建	寅	卯	辰	巳	午	未	申	酉	戌	亥	子	丑
月破	申	酉	戌	亥	子	丑	寅	卯	辰	巳	午	未
月克山家	震巳	艮	离丙	壬乙			水山	土	震巳	艮		
阴府太岁	艮巽	兑乾	坎坤	乾离	坤震	巽艮	乾兑	坤坎	离乾	震坤	艮巽	兑乾

修方凶

月	正	二	三	四	五	六	七	八	九	十	十一	十二
天官符		辰	甲	未	壬	丙	丑	庚	戌		庚	戌
	中	巽	震	坤	坎	离	艮	兑	乾	中	兑	乾
	巳	乙	申	癸	丁	寅	辛	亥			辛	亥
地官符	庚	戌		庚	戌		辰	甲	未	壬	丙	丑
	兑	乾	中	兑	乾	中	巽	震	坤	坎	离	艮
	辛	亥		辛	亥		巳	乙	申	癸	丁	寅

（续表）

月	正	二	三	四	五	六	七	八	九	十	十一	十二
小月建		戊	庚	丑	丙	壬	未	甲	辰		戊	庚
	中	乾	兑	艮	离	坎	坤		巽	中	乾	兑
		亥	辛	寅	丁	癸	申	乙	巳		亥	辛
大月建	丑	庚	戌		辰	甲	未	壬	丙	丑	庚	戌
	艮	兑	乾	中	巽	震	坤	坎	离	艮	兑	乾
	寅	辛	亥		巳	乙	申	癸	丁	寅	辛	亥
飞大煞	戌		辰	甲	未	壬	丙	丑	庚	戌		庚
	乾	中	巽	震	坤	坎	离	艮	兑	乾	中	兑
	亥		巳	乙	申	癸	丁	寅	辛	亥		辛
丙丁独火	兑艮	乾兑	中乾	中	巽中	震巽	坤震	坎坤	离坎	艮离	兑艮	兑乾
月游火	艮	离	坎	坤	震	巽	中	乾	兑	艮	离	坎
劫煞	亥	申	巳	寅	亥	申	巳	寅	亥	申	巳	寅
灾煞	子	酉	午	卯	子	酉	午	卯	子	酉	午	卯
月煞	丑	戌	未	辰	丑	戌	未	辰	丑	戌	未	辰
月刑	巳	子	辰	申	午	丑	寅	酉	未	亥	卯	戌
月害	巳	辰	卯	寅	丑	子	亥	戌	酉	申	未	午
月厌	戌	酉	申	未	午	巳	辰	卯	寅	丑	子	亥

太岁己丑干土支土纳音属火

开山立向修方吉

岁德甲　　　　岁德合己　　　　岁支德午

阳贵人子　　　阴贵人申　　　　岁禄午

岁马亥　　　　奏书乾　　　　　博士巽

493

三元紫白

上元	一白震	六白艮	八白坎	九紫坤
中元	一白离	六白中	八白兑	九紫艮
下元	一白乾	六白坤	八白巽	九紫中

盖山黄道

贪狼艮丙　　巨门巽辛　　武曲兑丁巳丑　　文曲离壬寅戌

通天窍

三合前方乾亥　壬子　癸丑　　三合后方巽巳　丙午　丁未
十二吉山宜巳酉丑亥卯未年月日时。

走马六壬

神后乾亥　　功曹癸丑　　天罡甲卯
胜光巽巳　　传送丁未　　河魁庚酉
十二吉山宜巳酉丑亥卯未年月日时。

四利三元

太阳寅　　太阴辰　　龙德申　　福德戌

开山立向修方凶

太岁丑　　岁破未　　三煞寅卯辰
坐煞向煞甲乙　庚辛　　浮天空亡乾甲

开山凶

年克山家乾亥兑丁山
阴府太岁巽艮　　六害午　　死符午　　灸退子

立向凶

巡山罗睺艮　　病符子

修方凶

天官符申　　地官符巳　　大煞酉　　大将军酉

力士艮　　蚕室坤　　蚕官未　　蚕命申

岁刑戌　　黄幡丑　　豹尾未　　飞廉酉

丧门卯　　吊客亥　　白虎酉　　金神午未申酉

独火震　　五鬼卯　　破败五鬼坎

开山立向修方吉

月	正	二	三	四	五	六	七	八	九	十	十一	十二
天道	南	西南	北	西	西北	东	北	东北	南	东	东南	西
天德	丁	坤	壬	辛	乾	甲	癸	艮	丙	乙	巽	庚
天德合	壬		丁	丙		己	戊		辛	庚		乙
月德	丙	甲	壬	庚	丙	甲	壬	庚	丙	甲	壬	庚
月德合	辛	己	丁	乙	辛	己	丁	乙	辛	己	丁	乙
月空	壬	庚	丙	甲	壬	庚	丙	甲	壬	庚	丙	甲
阳贵人	乾	中	巽	震	坤	坎	离	艮	兑	乾	中	坎
阴贵人	坤	坎	离	艮	兑	乾	中	坎	离	艮	兑	乾
飞天禄	离	艮	兑	乾	中	坎	离	艮	兑	乾	中	巽
飞天马	中	巽	震	坤	坎	离	艮	兑	乾	中	坎	离
月紫白 一白	坎	坤	震	巽	中	乾	兑	艮	离	坎	坤	震
月紫白 六白	乾	兑	艮	离	坎	坤	震	巽	中	乾	兑	艮
月紫白 八白	艮	离	坎	坤	震	巽	中	乾	兑	艮	离	坎
月紫白 九紫	离	坎	坤	震	巽	中	乾	兑	艮	离	坎	坤

		立春	春分	立夏	夏至	立秋	秋分	立冬	冬至
三奇	乙	乾	坎	坤	坤	巽	离	艮	艮
三奇	丙	乾	坎	坤	坤	巽	离	艮	艮
三奇	丁	兑	坤	震	坎	震	艮	兑	离

开山凶

月	正	二	三	四	五	六	七	八	九	十	十一	十二
月建	寅	卯	辰	巳	午	未	申	酉	戌	亥	子	丑
月破	申	酉	戌	亥	子	丑	寅	卯	辰	巳	午	未
月克山家	乾兑	亥丁	震巳	艮			水山	土	乾兑	亥丁	离丙	壬乙
阴府太岁	坎坤	乾离	坤震	巽艮	乾兑	坤坎	离乾	震坤	艮巽	兑乾	坎坤	乾离

修方凶

月	正	二	三	四	五	六	七	八	九	十	十一	十二
天官符	未	壬	丙	丑	庚	戊		庚	戊		辰	甲
	坤	坎	离	艮	兑	乾	中	兑	乾	中	巽	震
	申	癸	丁	寅	辛	亥		辛	亥		巳	乙
地官符	丑	庚	戊		庚	戊		辰	甲	未	壬	丙
	艮	兑	乾	中	兑	乾	中	巽	震	坤	坎	离
	寅	辛	亥		辛	亥		巳	乙	申	癸	丁
小月建	丙	壬	未	甲	辰		戊	庚	丑	丙	壬	未
	离	坎	坤	震	巽	中	乾	兑	艮	离	坎	坤
	丁	癸	申	乙	巳		亥	辛	寅	丁	癸	申
大月建		辰	甲	未	壬	丙	丑	庚	戊		辰	甲
	中	巽	震	坤	坎	离	艮	兑	乾	中	巽	震
	巳	乙	申	癸	丁	寅	辛	亥			巳	乙
飞大煞	甲	未	壬	丙	丑	庚	戊		庚	戊		辰
	震	坤	坎	离	艮	兑	乾	中	兑	乾	中	巽
	乙	申	癸	丁	寅	辛	亥		辛	亥		巳
丙丁独火	中	中	巽	震	坤	坎	离	艮	兑	乾	中	中
	乾		中	巽	坤	坎	坤	离	艮	兑	乾	
月游火	艮	离	坎	坤	震	巽	中	乾	兑	艮	离	坎

（续表）

月	正	二	三	四	五	六	七	八	九	十	十一	十二
劫煞	亥	申	巳	寅	亥	申	巳	寅	亥	申	巳	寅
灾煞	子	酉	午	卯	子	酉	午	卯	子	酉	午	卯
月煞	丑	戌	未	辰	丑	戌	未	辰	丑	戌	未	辰
月刑	巳	子	辰	申	午	丑	寅	酉	未	亥	卯	戌
月害	巳	辰	卯	寅	丑	子	亥	戌	酉	申	未	午
月厌	戌	酉	申	未	午	巳	辰	卯	寅	丑	子	亥

太岁庚寅干金支木纳音属木

开山立向修方吉

岁德庚　　　　岁德合乙　　　　岁支德未

阳贵人丑　　　阴贵人未　　　　岁禄申

岁马申　　　　奏书艮　　　　　博士坤

三元紫白

上元	一白巽	六白离	八白坤	九紫震
中元	一白坎	六白乾	八白艮	九紫离
下元	一白兑	六白震	八白中	九紫乾

盖山黄道

贪狼艮丙　　巨门巽辛　　武曲兑丁巳丑　　文曲震离壬寅戌

通天窍

三合前方坤申　庚酉　辛戌　　三合后方艮寅　甲卯　乙辰

十二吉山宜寅午戌申子辰年月日时。

走马六壬

神后辛戌　功曹壬子　天罡艮寅
胜光乙辰　传送丙午　河魁坤申
十二吉山宜寅午戌申子辰年月日时。

四利三元

太阳卯　太阴巳　龙德酉　福德亥

开山立向修方凶

太岁寅　岁破申　三煞亥子丑
坐煞向煞壬癸　丙丁　浮天空亡兑丁

开山凶

年克山家离壬丙乙山
阴府太岁乾兑　六害巳　死符未　灸退酉

立向凶

巡山罗睺甲　病符丑

修方凶

天官符巳	地官符午	大煞午	大将军子
力士巽	蚕室乾	蚕官戌	蚕命亥
岁刑巳	黄幡戌	豹尾辰	飞廉戌
丧门辰	吊客子	白虎戌	金神辰巳
独火震	五鬼寅	破败五鬼兑	

开山立向修方吉

月	正	二	三	四	五	六	七	八	九	十	十一	十二
天道	南	西南	北	西	西北	东	北	东北	南	东	东南	西
天德	丁	坤	壬	辛	乾	甲	癸	艮	丙	乙	巽	庚
天德合	壬		丁	丙		己	戊		辛	庚		乙
月德	丙	甲	壬	庚	丙	甲	壬	庚	丙	甲	壬	庚
月德合	辛	己	丁	乙	辛	己	丁	乙	辛	己	丁	乙
月空	壬	庚	丙	甲	壬	庚	丙	甲	壬	庚	丙	甲
阳贵人	兑	乾	中	巽	震	坤	坎	离	艮	兑	乾	中
阴贵人	坎	离	艮	兑	乾	中	坎	离	艮	兑	乾	中
飞天禄	坤	坎	离	艮	兑	乾	中	坎	离	艮	兑	乾
飞天马	坤	坎	离	艮	兑	乾	中	坎	离	艮	兑	乾
月紫白 一白	巽	中	乾	兑	艮	离	坎	坤	震	巽	中	乾
月紫白 六白	离	坎	坤	震	巽	中	乾	兑	艮	离	坎	坤
月紫白 八白	坤	震	巽	中	乾	兑	艮	离	坎	坤	震	巽
月紫白 九紫	震	巽	中	乾	兑	艮	离	坎	坤	震	巽	中

		立春	春分	立夏	夏至	立秋	秋分	立冬	冬至
三奇	乙	中	离	坎	震	中	坎	离	兑
	丙	乾	坎	坤	坤	巽	离	艮	艮
	丁	兑	坤	震	坎	震	艮	兑	离

开山凶

月	正	二	三	四	五	六	七	八	九	十	十一	十二
月建	寅	卯	辰	巳	午	未	申	酉	戌	亥	子	丑
月破	申	酉	戌	亥	子	丑	寅	卯	辰	巳	午	未
月克山家	乾兑	亥丁	震巳	艮	离丙	壬乙			乾兑	亥丁	水山	土山
阴府太岁	坤震	巽艮	乾兑	坤坎	离乾	震坤	艮巽	兑乾	坎坤	乾震	坤震	巽艮

修方凶

月	正	二	三	四	五	六	七	八	九	十	十一	十二
天官符	丑 艮 寅	庚 兑 辛	戌 乾 亥	中	庚 兑 辛	戌 乾 亥	中	辰 巽 巳	甲 震 乙	未 坤 申	壬 坎 癸	丙 离 丁
地官符	丙 离 丁	丑 艮 寅	庚 兑 辛	戌 乾 亥	中	庚 兑 辛	戌 乾 亥	中	辰 巽 巳	甲 震 乙	未 坤 申	壬 坎 癸
小月建	中	戊 乾 亥	庚 兑 辛	丑 艮 寅	丙 离 丁	壬 坎 癸	未 坤 申	甲 震 乙	辰 巽 巳	中	戊 乾 亥	庚 兑 辛
大月建	未 坤 申	壬 坎 癸	丙 离 丁	丑 艮 寅	庚 兑 辛	戌 乾 亥	中	辰 巽 巳	甲 震 乙	未 坤 申	壬 坎 癸	丙 离 丁
飞大煞	丙 离 丁	丑 艮 寅	庚 兑 辛	戌 乾 亥	中	庚 兑 辛	戌 乾 亥	中	辰 巽 巳	甲 震 乙	未 坤 申	壬 坎 癸
丙丁独火	巽中	震巽	坤震	坎坤	离坎	艮离	兑艮	乾兑	中乾	中	巽中	震巽
月游火	震	巽	中	乾	兑	艮	离	坎	坤	震	巽	中
劫煞	亥	申	巳	寅	亥	申	巳	寅	亥	申	巳	寅
灾煞	子	酉	午	卯	子	酉	午	卯	子	酉	午	卯
月煞	丑	戌	未	辰	丑	戌	未	辰	丑	戌	未	辰
月刑	巳	子	辰	申	午	丑	寅	酉	未	亥	卯	戌
月害	巳	辰	卯	寅	丑	子	亥	戌	酉	申	未	午
月厌	戌	酉	申	未	午	巳	辰	卯	寅	丑	子	亥

太岁辛卯干金支木纳音属木

开山立向修方吉

岁德丙　　　岁德合辛　　　岁支德申
阳贵人寅　　　阴贵人午　　　岁禄酉
岁马巳　　　奏书艮　　　博士坤

三元紫白

上元	一白中	六白坎	八白震	九紫巽
中元	一白坤	六白兑	八白离	九紫坎
下元	一白艮	六白巽	八白乾	九紫兑

盖山黄道

贪狼乾甲　　　巨门离壬寅戌　　　武曲坤乙　　　文曲巽辛

通天窍

三合前方巽巳　丙午　丁未　　三合后方乾亥　壬子　癸丑
十二吉山宜亥卯未巳酉丑年月日时。

走马六壬

神后庚酉　　　功曹乾亥　　　天罡癸丑
胜光甲卯　　　传送巽巳　　　河魁丁未
十二吉山宜亥卯未巳酉丑年月日时。

四利三元

太阳辰　　　太阴午　　　龙德戌　　　福德子

501

开山立向修方凶

太岁卯　　岁破酉　　三煞申酉戌

坐煞向煞庚辛　甲乙　　浮天空亡艮丙

开山凶

年克山家二十四山并无克　冬至后克乾亥兑丁山

阴府太岁坤坎　　六害辰　　死符申　　灸退午

立向凶

巡山罗睺乙　　病符寅

修方凶

天官符寅　　　地官符未　　大煞卯　　　　大将军子

力士巽　　　　蚕室乾　　　蚕官戌　　　　蚕命亥

岁刑子　　　　黄幡未　　　豹尾丑　　　　飞廉巳

丧门巳　　　　吊客丑　　　白虎亥　　　　金神寅卯午未子丑

独火坎　　　　五鬼丑　　　破败五鬼乾

开山立向修方吉

月	正	二	三	四	五	六	七	八	九	十	十一	十二
天道	南	西南	北	西	西北	东	北	东北	南	东	东南	西
天德	丁	坤	壬	辛	乾	甲	癸	艮	丙	乙	巽	庚
天德合	壬		丁	丙		己	戊		辛	庚		乙
月德	丙	甲	壬	庚	丙	甲	壬	庚	丙	甲	壬	庚
月德合	辛	己	丁	乙	辛	己	丁	乙	辛	己	丁	乙
月空	壬	庚	丙	甲	壬	庚	丙	甲	壬	庚	丙	甲
阳贵人	中	坎	离	艮	兑	乾	中	巽	震	坤	坎	离
阴贵人	离	艮	兑	乾	中	坎	离	艮	兑	乾	中	巽

（续表）

月	正	二	三	四	五	六	七	八	九	十	十一	十二
飞天禄	震	坤	坎	离	艮	兑	乾	中	坎	离	艮	兑
飞天马	艮	兑	乾	中	坎	离	艮	兑	乾	中	巽	震
月紫白 一白	兑	艮	离	坎	坤	震	巽	中	乾	兑	艮	离
月紫白 六白	震	巽	中	乾	兑	艮	离	坎	坤	震	巽	中
月紫白 八白	中	乾	兑	艮	离	坎	坤	震	巽	中	乾	兑
月紫白 九紫	乾	兑	艮	离	坎	坤	震	巽	中	乾	兑	艮

	立春	春分	立夏	夏至	立秋	秋分	立冬	冬至
三奇 乙	巽	艮	离	巽	乾	坤	坎	乾
三奇 丙	中	离	坎	震	中	坎	离	兑
三奇 丁	乾	坎	坤	坤	巽	离	艮	艮

开山凶

月	正	二	三	四	五	六	七	八	九	十	十一	十二
月建	寅	卯	辰	巳	午	未	申	酉	戌	亥	子	丑
月破	申	酉	戌	亥	子	丑	寅	卯	辰	巳	午	未
月克山家			乾兑	亥丁	离丙	壬乙	震巳	艮			水山	土
阴府太岁	乾兑	坤坎	离乾	震坤	艮巽	兑乾	坎坤	乾离	坤震	巽艮	乾兑	坤坎

修方凶

月	正	二	三	四	五	六	七	八	九	十	十一	十二
天官符	中	庚兑辛	戌乾亥	中	辰巽巳	甲震乙	未坤申	壬坎癸	丙离丁	丑艮寅	庚兑辛	戌乾亥

503

（续表）

月	正	二	三	四	五	六	七	八	九	十	十一	十二
地官符	壬	丙	丑	庚	戊		庚	戊		辰	甲	未
	坎	离	艮	兑	乾	中	兑	乾	中	巽	震	坤
	癸	丁	寅	辛	亥		辛	亥		巳	乙	申
小月建	丙	壬	未	甲	辰		戊	庚	丑	丙	壬	未
	离	坎	坤	震	巽	中	乾	兑	艮	离	坎	坤
	丁	癸	申	乙	巳		亥	辛	寅	丁	癸	申
大月建	丑	庚	戊		辰	甲	未	壬	丙	丑	庚	戊
	艮	兑	乾	中	巽	震	坤	坎	离	艮	兑	乾
	寅	辛	亥		巳	乙	申	癸	丁	寅	辛	亥
飞大煞	戊		庚	戊		辰	甲	未	壬	丙	丑	庚
	乾	中	兑	乾	中	巽	震	坤	坎	离	艮	兑
	亥		辛	亥		巳	乙	申	癸	丁	寅	辛
丙丁独火	坤震	坎坤	离坎	艮离	兑艮	乾兑	中乾	中	巽中	震巽	坤震	坎坤
月游火	巽	中	乾	兑	艮	离	坎	坤	震	巽	中	乾
劫煞	亥	申	巳	寅	亥	申	巳	寅	亥	申	巳	寅
灾煞	子	酉	午	卯	子	酉	午	卯	子	酉	午	卯
月煞	丑	戌	未	辰	丑	戌	未	辰	丑	戌	未	辰
月刑	巳	子	辰	申	午	丑	寅	酉	未	亥	卯	戌
月害	巳	辰	卯	寅	丑	子	亥	戌	酉	申	未	午
月厌	戌	酉	申	未	午	巳	辰	卯	寅	丑	子	亥

太岁壬辰干水支土纳音属水

开山立向修方吉

岁德壬　　　　岁德合丁　　　　岁支德酉
阳贵人卯　　　阴贵人巳　　　　岁禄亥
岁马寅　　　　奏书艮　　　　　博士坤

三元紫白

上元	一白乾	六白坤	八白巽	九紫中
中元	一白震	六白艮	八白坎	九紫坤
下元	一白离	六白中	八白兑	九紫艮

盖山黄道

贪狼兑丁巳丑　　巨门震庚亥未　　武曲艮丙　　文曲坎癸申辰

通天窍

三合前方艮寅　甲卯　乙辰　　三合后方坤申　庚酉　辛戌
十二吉山宜申子辰寅午戌年月日时。

走马六壬

神后坤申　　功曹辛戌　　天罡壬子
胜光艮寅　　传送乙辰　　河魁丙午
十二吉山宜申子辰寅午戌年月日时。

四利三元

太阳巳　　太阴未　　龙德亥　　福德丑

505

开山立向修方凶

太岁辰 岁破戌 三煞巳午未

坐煞向煞丙丁 壬癸 浮天空亡乾甲

开山凶

年克山家甲寅辰巽戌坎辛申丑癸坤庚未山

阴府太岁离乾 六害卯 死符酉 灸退卯

立向凶

巡山罗睺巽 病符卯

修方凶

天官符亥　　地官符申　　大煞子　　　大将军子

力士巽　　　蚕室乾　　　蚕官戌　　　蚕命亥

岁刑辰　　　黄幡辰　　　豹尾戌　　　飞廉午

丧门午　　　吊客寅　　　白虎子　　　金神寅卯戌亥

独火巽　　　五鬼子　　　破败五鬼巽

开山立向修方吉

月	正	二	三	四	五	六	七	八	九	十	十一	十二
天道	南	西南	北	西	西北	东	北	东北	南	东	东南	西
天德	丁	坤	壬	辛	乾	甲	癸	艮	丙	乙	巽	庚
天德合	壬		丁	丙		己	戊		辛	庚		乙
月德	丙	甲	壬	庚	丙	甲	壬	庚	丙	甲	壬	庚
月德合	辛	己	丁	乙	辛	己	丁	乙	辛	己	丁	乙
月空	壬	庚	丙	甲	壬	庚	丙	甲	壬	庚	丙	甲
阳贵人	乾	中	坎	离	艮	兑	乾	中	巽	震	坤	坎
阴贵人	艮	兑	乾	中	坎	离	艮	兑	乾	中	巽	震

（续表）

月	正	二	三	四	五	六	七	八	九	十	十一	十二
飞天禄	中	巽	震	坤	坎	离	艮	兑	乾	中	坎	离
飞天马	中	坎	离	艮	兑	乾	中	巽	震	坤	坎	离
月紫白 一白	坎	坤	震	巽	中	乾	兑	艮	离	坎	坤	震
月紫白 六白	乾	兑	艮	离	坎	坤	震	巽	中	乾	兑	艮
月紫白 八白	艮	离	坎	坤	震	巽	中	乾	兑	艮	离	坎
月紫白 九紫	离	坎	坤	震	巽	中	乾	兑	艮	离	坎	坤

三奇	立春	春分	立夏	夏至	立秋	秋分	立冬	冬至
乙	震	兑	艮	中	兑	震	坤	中
丙	巽	艮	离	巽	乾	坤	坎	乾
丁	中	离	坎	震	中	坎	离	兑

开山凶

月	正	二	三	四	五	六	七	八	九	十	十一	十二
月建	寅	卯	辰	巳	午	未	申	酉	戌	亥	子	丑
月破	申	酉	戌	亥	子	丑	寅	卯	辰	巳	午	未
月克山家			离丙	壬乙	水山	土	震巳	艮				
阴府太岁	离乾	震坤	艮巽	兑乾	坎坤	乾离	坤震	巽艮	乾兑	坤坎	离乾	震坤

修方凶

月	正	二	三	四	五	六	七	八	九	十	十一	十二
天官符		辰	甲	未	壬	丙	丑	庚	戌		庚	戌
	中	巽	震	坤	坎	离	艮	兑	乾	中	兑	乾
		巳	乙	申	癸	丁	寅	辛	亥		辛	亥
地官符	未	壬	丙	丑	庚	戌		庚	戌		辰	甲
	坤	坎	离	艮	兑	乾	中	兑	乾	中	巽	震
	申	癸	丁	寅	辛	亥		辛	亥		巳	乙

（续表）

月	正	二	三	四	五	六	七	八	九	十	十一	十二
小月建	中	戊乾亥	庚兑辛	丑艮寅	丙离丁	壬坎癸	未坤申	甲震乙	辰巽巳	中	戊乾亥	庚兑辛
大月建	中	辰巽巳	甲震乙	未坤申	壬坎癸	丙离丁	丑艮寅	庚兑辛	戌乾亥	中	辰巽巳	甲震乙
飞大煞	戊乾亥	中	辰巽巳	甲震乙	未坤申	壬坎癸	丙离丁	丑艮寅	庚兑辛	戊乾亥	中	庚兑辛
丙丁独火	离坎	艮离	兑艮	乾兑	中乾	中	巽中	震巽	坤震	坎坤	离坎	艮离
月游火	巽	中	乾	兑	艮	离	坎	坤	震	巽	中	乾
劫煞	亥	申	巳	寅	亥	申	巳	寅	亥	申	巳	寅
灾煞	子	酉	午	卯	子	酉	午	卯	子	酉	午	卯
月煞	丑	戌	未	辰	丑	戌	未	辰	丑	戌	未	辰
月刑	巳	子	辰	申	午	丑	寅	酉	未	亥	卯	戌
月害	巳	辰	卯	寅	丑	子	亥	戌	酉	申	未	午
月厌	戌	酉	申	未	午	巳	辰	卯	寅	丑	子	亥

太岁癸巳干水支火纳音属水

开山立向修方吉

岁德戊　　　　岁德合癸　　　　岁支德戌

阳贵人巳　　　阴贵人卯　　　　岁禄子

岁马亥　　　　奏书巽　　　　　博士乾

三元紫白

上元	一白兑	六白震	八白中	九紫乾
中元	一白巽	六白离	八白坤	九紫震
下元	一白坎	六白乾	八白艮	九紫离

盖山黄道

贪狼兑丁巳酉　　巨门震庚亥未　　武曲艮丙　　文曲坎癸申辰

通天窍

三合前方乾亥　壬子　癸丑　　三合后方巽巳　丙午　丁未
十二吉山宜巳酉丑亥卯未年月日时。

走马六壬

神后丁未　　功曹庚酉　　天罡乾亥
胜光癸丑　　传送甲卯　　河魁巽巳
十二吉山宜巳酉丑亥卯未年月日时。

四利三元

太阳午　　太阴申　　龙德子　　福德寅

开山立向修方凶

太岁巳　岁破亥　　三煞寅卯辰
坐煞向煞甲乙　庚辛　　浮天空亡坤乙

开山凶

年克山家震艮巳山
阴府太岁震坤　　六害寅　　死符戌　　灸退子

立向凶

巡山罗睺丙　　病符辰

修方凶

天官符申　　地官符酉　　大煞酉　　　大将军卯

力士坤　　　蚕室艮　　　蚕官丑　　　蚕命寅

岁刑申　　　黄幡丑　　　豹尾未　　　飞廉未

丧门未　　　吊客卯　　　白虎丑　　　金神申酉子丑

独火巽　　　五鬼亥　　　破败五鬼艮

开山立向修方吉

月	正	二	三	四	五	六	七	八	九	十	十一	十二
天道	南	西南	北	西	西北	东	北	东北	南	东	东南	西
天德	丁	坤	壬	辛	乾	甲	癸	艮	丙	乙	巽	庚
天德合	壬		丁	丙		己	戊		辛	庚		乙
月德	丙	甲	壬	庚	丙	甲	壬	庚	丙	甲	壬	庚
月德合	辛	己	丁	乙	辛	己	丁	乙	辛	己	丁	乙
月空	壬	庚	丙	甲	壬	庚	丙	甲	壬	庚	丙	甲
阳贵人	艮	兑	乾	中	坎	离	艮	兑	乾	中	巽	震
阴贵人	乾	中	坎	离	艮	兑	乾	中	巽	震	坤	坎
飞天禄	乾	中	巽	震	坤	坎	离	艮	兑	乾	中	坎
飞天马	中	巽	震	坤	坎	离	艮	兑	乾	中	坎	离
月紫白 一白	巽	中	乾	兑	艮	离	坎	坤	震	巽	中	乾
月紫白 六白	离	坎	坤	震	巽	中	乾	兑	艮	离	坎	坤
月紫白 八白	坤	震	巽	中	乾	兑	艮	离	坎	坤	震	巽
月紫白 九紫	震	巽	中	乾	兑	艮	离	坎	坤	震	巽	中

		立春	春分	立夏	夏至	立秋	秋分	立冬	冬至
三奇	乙	坤	乾	兑	乾	艮	巽	震	巽
	丙	震	兑	艮	中	兑	震	坤	中
	丁	巽	艮	离	巽	乾	坤	坎	乾

开山凶

月	正	二	三	四	五	六	七	八	九	十	十一	十二
月建	寅	卯	辰	巳	午	未	申	酉	戌	亥	子	丑
月破	申	酉	戌	亥	子	丑	寅	卯	辰	巳	午	未
月克山家	震巳	艮	离丙	壬乙			水山	土	震巳	艮		
阴府太岁	艮巽	兑乾	坎坤	乾离	坤震	巽艮	乾兑	坤坎	离乾	震坤	艮巽	兑乾

修方凶

月	正	二	三	四	五	六	七	八	九	十	十一	十二
天官符	未	壬	丙	丑	庚	戊		庚	戊		辰	甲
	坤	坎	离	艮	兑	乾	中	兑	乾	中	巽	震
	申	癸	丁	寅	辛	亥		辛	亥		巳	乙
地官符	甲	未	壬	丙	丑	庚	戊		庚	戊		辰
	震	坤	坎	离	艮	兑	乾	中	兑	乾	中	巽
	乙	申	癸	丁	寅	辛	亥		辛	亥		巳
小月建	丙	壬	未	甲	辰		戊	庚	丑	丙	壬	未
	离	坎	坤	震	巽	中	乾	兑	艮	离	坎	坤
	丁	癸	申	乙	巳		亥	辛	寅	丁	癸	申
大月建	未	壬	丙	丑	庚	戊		辰	甲	未	壬	丙
	坤	坎	离	艮	兑	乾	中	巽	震	坤	坎	离
	申	癸	丁	寅	辛	亥		巳	乙	申	癸	丁
飞大煞	甲	未	壬	丙	丑	庚	戊		庚	戊		辰
	震	坤	坎	离	艮	兑	乾	中	兑	乾	中	巽
	乙	申	癸	丁	寅	辛	亥		辛	亥		巳
丙丁独火	兑艮	乾兑	中乾	中	巽中	震巽	坤震	坎坤	离坎	艮离	兑艮	乾兑

511

（续表）

月	正	二	三	四	五	六	七	八	九	十	十一	十二
月游火	离	坎	坤	震	巽	中	乾	兑	艮	离	坎	坤
劫煞	亥	申	巳	寅	亥	申	巳	寅	亥	申	巳	寅
灾煞	子	酉	午	卯	子	酉	午	卯	子	酉	午	卯
月煞	丑	戌	未	辰	丑	戌	未	辰	丑	戌	未	辰
月刑	巳	子	辰	申	午	丑	寅	酉	未	亥	卯	戌
月害	巳	辰	卯	寅	丑	子	亥	戌	酉	申	未	午
月厌	戌	酉	申	未	午	巳	辰	卯	寅	丑	子	亥

（钦定协纪辨方书卷十六）

钦定四库全书·钦定协纪辨方书卷十七

年表四

甲午至癸卯

太岁甲午干木支火纳音属金

开山立向修方吉

岁德甲　　　岁德合己　　　岁支德亥
阳贵人未　　阴贵人丑　　　岁禄寅
岁马申　　　奏书巽　　　　博士乾

三元紫白

上元	一白艮	六白巽	八白乾	九紫兑
中元	一白中	六白坎	八白震	九紫巽
下元	一白坤	六白兑	八白离	九紫坎

盖山黄道

贪狼巽辛　　巨门艮丙　　武曲震庚亥未　　文曲乾甲

通天窍

三合前方坤中　庚酉　辛戌　三合后方艮寅　甲卯　乙辰

513

十二吉山宜寅午戌申子辰年月日时。

走马六壬

神后丙午　　功曹坤申　　天罡辛戌

胜光壬子　　传送艮寅　　河魁乙辰

十二吉山宜寅午戌申子辰年月日时。

四利三元

太阳未　　太阴酉　　龙德丑　　福德卯

开山立向修方凶

太岁午　　岁破子　　三煞亥子丑

坐煞向煞壬癸　丙丁　　浮天空亡离壬

开山凶

年克山家甲寅辰巽戌坎辛申丑癸坤庚未山

阴府太岁艮巽　　六害丑　　死符亥　　灸退酉

立向凶

巡山罗睺丁　　病符巳

修方凶

天官符巳　　地官符戌　　大煞午　　　大将军卯

力士坤　　　蚕室艮　　　蚕官丑　　　蚕命寅

岁刑午　　　黄幡戌　　　豹尾辰　　　飞廉寅

丧门申　　　吊客辰　　　白虎寅　　　金神午未申酉

独火兑　　　五鬼戌　　　破败五鬼巽

开山立向修方吉

月	正	二	三	四	五	六	七	八	九	十	十一	十二
天道	南	西南	北	西	西北	东	北	东北	南	东	东南	西
天德	丁	坤	壬	辛	乾	甲	癸	艮	丙	乙	巽	庚
天德合	壬		丁	丙		己	戊		辛	庚		乙
月德	丙	甲	壬	庚	丙	甲	壬	庚	丙	甲	壬	庚
月德合	辛	己	丁	乙	辛	己	丁	乙	辛	己	丁	乙
月空	壬	庚	丙	甲	壬	庚	丙	甲	壬	庚	丙	甲
阳贵人	坎	离	艮	兑	乾	中	坎	离	艮	兑	乾	中
阴贵人	兑	乾	中	巽	震	坤	坎	离	艮	兑	乾	中
飞天禄	中	坎	离	艮	兑	乾	中	巽	震	坤	坎	离
飞天马	坤	坎	离	艮	兑	乾	中	坎	离	艮	兑	乾
月紫白 一白	兑	艮	离	坎	坤	震	巽	中	乾	兑	艮	离
月紫白 六白	震	巽	中	乾	兑	艮	离	坎	坤	震	巽	中
月紫白 八白	中	乾	兑	艮	离	坎	坤	震	巽	中	乾	兑
月紫白 九紫	乾	兑	艮	离	坎	坤	震	巽	中	乾	兑	艮

三奇	立春	春分	立夏	夏至	立秋	秋分	立冬	冬至
乙	坤	乾	兑	乾	艮	巽	震	巽
丙	坤	乾	兑	乾	艮	巽	震	巽
丁	震	兑	艮	中	兑	震	坤	中

开山凶

月	正	二	三	四	五	六	七	八	九	十	十一	十二
月建	寅	卯	辰	巳	午	未	申	酉	戌	亥	子	丑
月破	申	酉	戌	亥	子	丑	寅	卯	辰	巳	午	未
月克山家	乾兑	亥丁	震巳	艮			水山	土	乾兑	亥丁	离丙	壬乙
阴府太岁	坎坤	乾离	坤震	巽艮	乾兑	坤坎	离乾	震坤	艮巽	兑乾	坎坤	乾离

修方凶

月	正	二	三	四	五	六	七	八	九	十	十一	十二
天官符	丑	庚	戌		庚	戌		辰	甲	未	壬	丙
	艮	兑	乾	中	兑	乾	中	巽	震	坤	坎	离
	寅	辛	亥		辛	亥		巳	乙	申	癸	丁
地官符	辰	甲	未	壬	丙	丑	庚	戌		庚	戌	
	巽	震	坤	坎	离	艮	兑	乾	中	兑	乾	中
	巳	乙	申	癸	丁	寅	辛	亥		辛	亥	
小月建		戊	庚	丑	丙	壬	未	甲	辰		戊	庚
	中	乾	兑	艮	离	坎	坤	震	巽	中	乾	兑
		亥	辛	寅	丁	癸	申	乙	巳		亥	辛
大月建	丑	庚	戌		辰	甲	未	壬	丙	丑	庚	戌
	艮	兑	乾	中	巽	震	坤	坎	离	艮	兑	乾
	寅	辛	亥		巳	乙	申	癸	丁	寅	辛	亥
飞大煞	丙	丑	庚	戌		庚	戌		辰	甲	未	壬
	离	艮	兑	乾	中	兑	乾	中	巽	震	坤	坎
	丁	寅	辛	亥		辛	亥		巳	乙	申	癸
丙丁独火	中乾	中	巽中	震巽	坤震	坎坤	离坎	艮离	兑艮	乾兑	中乾	中
月游火	坤	震	巽	中	乾	兑	艮	离	坎	坤	震	巽
劫煞	亥	申	巳	寅	亥	申	巳	寅	亥	申	巳	寅
灾煞	子	酉	午	卯	子	酉	午	卯	子	酉	午	卯
月煞	丑	戌	未	辰	丑	戌	未	辰	丑	戌	未	辰
月刑	巳	子	辰	申	午	丑	寅	酉	未	亥	卯	戌
月害	巳	辰	卯	寅	丑	子	亥	戌	酉	申	未	午
月厌	戌	酉	申	未	午	巳	辰	卯	寅	丑	子	亥

太岁乙未干木支土纳音属金

开山立向修方吉

岁德庚　　　　岁德合乙　　　　岁支德子

阳贵人申　　　阴贵人子　　　　岁禄卯

岁马巳　　　　奏书巽　　　　　博士乾

三元紫白

上元	一白离	六白中	八白兑	九紫艮
中元	一白乾	六白坤	八白巽	九紫中
下元	一白震	六白艮	八白坎	九紫坤

盖山黄道

贪狼坤乙　　巨门坎癸申辰　　武曲乾甲　　文曲震庚亥未

通天窍

三合前方巽巳　丙午　丁未　　三合后方乾亥　壬子　癸丑

十二吉山宜亥卯未巳酉丑年月日时。

走马六壬

神后巽巳　　功曹丁未　　天罡庚酉

胜光乾亥　　传送癸丑　　河魁甲卯

十二吉山宜亥卯未巳酉丑年月日时。

四利三元

太阳中　　太阴戌　　龙德寅　　福德辰

517

开山立向修方凶

太岁未　　岁破丑　　三煞申寅戌

坐煞向煞庚辛 甲乙　　浮天空亡坎癸

开山凶

年克山家震艮巳山

阴府太岁兑乾　　六害子　　死符子　　灸退午

立向凶

巡山罗睺坤　　病符午

修方凶

天官符寅	地官符亥	大煞卯	大将军卯
力士坤	蚕室艮	蚕官丑	蚕命寅
岁刑丑	黄幡未	豹尾丑	飞廉卯
丧门酉	吊客巳	白虎卯	金神辰巳
独火离	五鬼酉	破败五鬼艮	

开山立向修方吉

月	正	二	三	四	五	六	七	八	九	十	十一	十二
天道	南	西南	北	西	西北	东	北	东北	南	东	东南	西
天德	丁	坤	壬	辛	乾	甲	癸	艮	丙	乙	巽	庚
天德合	壬		丁	丙		己	戊		辛	庚		乙
月德	丙	甲	壬	庚	丙	甲	壬	庚	丙	甲	壬	庚
月德合	辛	己	丁	乙	辛	己	丁	乙	辛	己	丁	乙
月空	壬	庚	丙	甲	壬	庚	丙	甲	壬	庚	丙	甲
阳贵人	坤	坎	离	艮	兑	乾	中	坎	离	艮	兑	乾
阴贵人	乾	中	巽	震	坤	坎	离	艮	兑	乾	中	坎

（续表）

月	正	二	三	四	五	六	七	八	九	十	十一	十二
飞天禄	乾	中	坎	离	艮	兑	乾	中	巽	震	坤	坎
飞天马	艮	兑	乾	中	坎	离	艮	兑	乾	中	巽	震
月紫白 一白	坎	坤	震	巽	中	乾	兑	艮	离	坎	坤	震
月紫白 六白	乾	兑	艮	离	坎	坤	震	巽	中	乾	兑	艮
月紫白 八白	艮	离	坎	坤	震	巽	中	乾	兑	艮	离	坎
月紫白 九紫	离	坎	坤	震	巽	中	乾	兑	艮	离	坎	坤

	立春	春分	立夏	夏至	立秋	秋分	立冬	冬至
三奇 乙	坎	中	乾	兑	离	中	巽	震
三奇 丙	坤	乾	兑	乾	艮	巽	震	巽
三奇 丁	震	兑	艮	中	兑	震	坤	中

开山凶

月	正	二	三	四	五	六	七	八	九	十	十一	十二
月建	寅	卯	辰	巳	午	未	申	酉	戌	亥	子	丑
月破	申	酉	戌	亥	子	丑	寅	卯	辰	巳	午	未
月克山家	乾兑	亥丁	震巽	艮巳	离丙	壬乙			乾兑	亥丁	水山	土
阴府太岁	坤震	巽艮	乾兑	坤坎	离乾	震坤	艮巽	兑乾	坎坤	乾离	坤震	巽艮

修方凶

月	正	二	三	四	五	六	七	八	九	十	十一	十二
天官符		庚	戌		辰	甲	未	壬	丙	丑	庚	戌
天官符	中	兑	乾	中	巽	震	坤	坎	离	艮	兑	乾
天官符		辛	亥		巳	乙	申	癸	丁	寅	辛	亥
地官符		辰	甲	未	壬	丙	丑	庚	戌		庚	戌
地官符	中	巽	震	坤	坎	离	艮	兑	乾	中	兑	乾
地官符		巳	乙	申	癸	丁	寅	辛	亥		辛	亥

（续表）

月	正	二	三	四	五	六	七	八	九	十	十一	十二
小月建	丙	壬	未	甲	辰		戊	庚	丑	丙	壬	未
	离	坎	坤	震	巽	中	乾	兑	艮	离	坎	坤
	丁	癸	申	乙	巳		亥	辛	寅	丁	癸	申
大月建		辰	甲	未	壬	丙	丑	庚	戌		辰	甲
	中	巽	震	坤	坎	离	艮	兑	乾	中	巽	震
		巳	乙	申	癸	丁	寅	辛	亥		巳	乙
飞大煞	戊		庚	戊		辰	甲	未	壬	丙	丑	庚
	乾	中	兑	乾	中	巽	震	坤	坎	离	艮	兑
	亥		辛	亥		巳	乙	申	癸	丁	寅	辛
丙丁独火	巽中	震巽	坤震	坎坤	离坎	艮离	兑艮	乾兑	中乾	中	巽中	震巽
月游火	坤	震	巽	中	乾	兑	艮	离	坎	坤	震	巽
劫煞	亥	申	巳	寅	亥	申	巳	寅	亥	申	巳	寅
灾煞	子	酉	午	卯	子	酉	午	卯	子	酉	午	卯
月煞	丑	戌	未	辰	丑	戌	未	辰	丑	戌	未	辰
月刑	巳	子	辰	申	午	丑	寅	酉	未	亥	卯	戌
月害	巳	辰	卯	寅	丑	子	亥	戌	酉	申	未	午
月厌	戌	酉	申	未	午	巳	辰	卯	寅	丑	子	亥

太岁丙申干火支金纳音属火

开山立向修方吉

岁德丙　　　　岁德合辛　　　　岁支德丑

阳贵人酉　　　阴贵人亥　　　　岁禄巳

岁马寅　　　　奏书坤　　　　　博士艮

三元紫白

上元	一白坎	六白乾	八白艮	九紫离
中元	一白兑	六白震	八白中	九紫乾
下元	一白巽	六白离	八白坤	九紫震

盖山黄道

贪狼坤乙　　巨门坎癸申辰　　武曲乾甲　　文曲震庚亥未

通天窍

三合前方艮寅　甲卯　乙辰　　三合后方坤申　庚酉　辛戌
十二吉山宜申子辰寅午戌年月日时。

走马六壬

神后乙辰　　功曹丙午　　天罡坤申
胜光辛戌　　传送壬子　　河魁艮寅
十二吉山宜申子辰寅午戌年月日时。

四利三元

太阳酉　　太阴亥　　龙德卯　　福德巳

开山立向修方凶

太岁申　　岁破寅　　三煞巳午未
坐煞向煞丙丁　壬癸　　浮天空亡巽辛

开山凶

年克山家震艮巳山
阴府太岁坎坤　　六害亥　　死符丑　　灸退卯

立向凶

巡山罗睺亥　　病符未

修方凶

天官符亥　　地官符子　　大煞子　　　大将军午

力士乾　　　蚕室巽　　　蚕官辰　　　蚕命巳

岁刑寅　　　黄幡辰　　　豹尾戌　　　飞廉辰

丧门戌　　　吊客午　　　白虎辰　　　金神寅卯午未子丑

独火离　　　五鬼申　　　破败五鬼坤

开山立向修方吉

月	正	二	三	四	五	六	七	八	九	十	十一	十二
天道	南	西南	北	西	西北	东	北	东北	南	东	东南	西
天德	丁	坤	壬	辛	乾	甲	癸	艮	丙	乙	巽	庚
天德合	壬		丁	丙		己	戊		辛	庚		乙
月德	丙	甲	壬	庚	丙	甲	壬	庚	丙	甲	壬	庚
月德合	辛	己	丁	乙	辛	己	丁	乙	辛	己	丁	乙
月空	壬	庚	丙	甲	壬	庚	丙	甲	壬	庚	丙	甲
阳贵人	震	坤	坎	离	艮	兑	乾	中	坎	离	艮	兑
阴贵人	中	巽	震	坤	坎	离	艮	兑	乾	中	坎	离
飞天禄	艮	兑	乾	中	坎	离	艮	兑	乾	中	巽	震
飞天马	中	坎	离	艮	兑	乾	中	巽	震	坤	坎	离
月紫白 一白	巽	中	乾	兑	艮	离	坎	坤	震	巽	中	乾
月紫白 六白	离	坎	坤	震	巽	中	乾	兑	艮	离	坎	坤
月紫白 八白	坤	震	巽	中	乾	兑	艮	离	坎	坤	震	巽
月紫白 九紫	震	巽	中	乾	兑	艮	离	坎	坤	震	巽	中

	立春	春分	立夏	夏至	立秋	秋分	立冬	冬至
三奇 乙	离	巽	中	艮	坎	乾	中	坤
三奇 丙	坎	中	乾	兑	离	中	巽	震
三奇 丁	坤	乾	兑	乾	艮	巽	震	巽

开山凶

月	正	二	三	四	五	六	七	八	九	十	十一	十二
月建	寅	卯	辰	巳	午	未	申	酉	戌	亥	子	丑
月破	申	酉	戌	亥	子	丑	寅	卯	辰	巳	午	未
月克山家			乾兑	亥丁	离丙	壬乙	震巳	艮			水山	土
阴府太岁	乾兑	坤坎	离乾	震坤	艮巽	兑乾	坎坤	乾震	坤震	巽艮	乾兑	坤坎

修方凶

月	正	二	三	四	五	六	七	八	九	十	十一	十二
天官符		辰	甲	未	壬	丙	丑	庚	戌		庚	戌
	中	巽	震	坤	坎	离	艮	兑	乾	中	兑	乾
		巳	乙	申	癸	丁	寅	辛	亥		辛	亥
地官符	戊		辰	甲	未	壬	丙	丑	庚	戊		庚
	乾	中	巽	震	坤	坎	离	艮	兑	乾	中	兑
	亥		巳	乙	申	癸	丁	寅	辛	亥		辛
小月建		戊	庚	丑	丙	壬	未	甲	辰		戊	庚
	中	乾	兑	艮	离	坎	坤	震	巽	中	乾	兑
		亥	辛	寅	丁	癸	申	乙	巳		亥	辛
大月建	未	壬	丙	丑	庚	戊		辰	甲	未	壬	丙
	坤	坎	离	艮	兑	乾		巽	震	坤	坎	离
	申	癸	丁	寅	辛	亥		巳	乙	申	癸	丁
飞大煞	戊		辰	甲	未	壬	丙	丑	庚	戊		庚
	乾	中	巽	震	坤	坎	离	艮	兑	乾	中	兑
	亥		巳	乙	申	癸	丁	寅	辛	亥		辛
丙丁独火	坤震	坎坤	离坎	艮离	兑艮	乾兑	中乾	中	巽中	震巽	坤震	坎坤
月游火	兑	艮	离	坎	坤	震	巽	中	乾	兑	艮	离

（续表）

月	正	二	三	四	五	六	七	八	九	十	十一	十二
劫煞	亥	申	巳	寅	亥	申	巳	寅	亥	申	巳	寅
灾煞	子	酉	午	卯	子	酉	午	卯	子	酉	午	卯
月煞	丑	戌	未	辰	丑	戌	未	辰	丑	戌	未	辰
月刑	巳	子	辰	申	午	丑	寅	酉	未	亥	卯	戌
月害	巳	辰	卯	寅	丑	子	亥	戌	酉	申	未	午
月厌	戌	酉	申	未	午	巳	辰	卯	寅	丑	子	亥

太岁丁酉干火支金纳音属火

开山立向修方吉

岁德壬　　　　岁德合丁　　　　岁支德寅
阳贵人亥　　　阴贵人酉　　　　岁禄午
岁马亥　　　　奏书坤　　　　　博士艮

三元紫白

上元	一白坤	六白兑	八白离	九紫坎
中元	一白艮	六白巽	八白乾	九紫兑
下元	一白中	六白坎	八白震	九紫巽

盖山黄道

贪狼离壬寅戌　　巨门乾甲　　武曲坎癸申辰　　文曲艮丙

通天窍

三合前方乾亥　壬子　癸丑　三合后方巽巳 丙午 丁未

524

十二吉山宜巳酉丑亥卯未年月日时。

走马六壬

神后甲卯　功曹巽巳　天罡丁未
胜光庚酉　传送乾亥　河魁癸丑
十二吉山宜巳酉丑亥卯未年月日时。

四利三元

太阳戌　太阴子　龙德辰　福德午

开山立向修方凶

太岁酉　岁破卯　三煞寅卯辰
坐煞向煞甲乙　庚辛　浮天空亡震庚

开山凶

年克山家离壬丙乙山
阴府太岁乾离　六害戌　死符寅　灸退子

立向凶

巡山罗睺辛　病符申

修方凶

天官符申　地官符丑　大煞酉　大将军午
力士乾　蚕室巽　蚕官辰　蚕命巳
岁刑酉　黄幡丑　豹尾未　飞廉亥
丧门亥　吊客未　白虎巳　金神寅卯戌亥
独火坤　五鬼未　破败五鬼震

525

开山立向修方吉

月	正	二	三	四	五	六	七	八	九	十	十一	十二
天道	南	西南	北	西	西北	东	北	东北	南	东	东南	西
天德	丁	坤	壬	辛	乾	甲	癸	艮	丙	乙	巽	庚
天德合	壬		丁	丙		己	戊		辛	庚		乙
月德	丙	甲	壬	庚	丙	甲	壬	庚	丙	甲	壬	庚
月德合	辛	己	丁	乙	辛	己	丁	乙	辛	己	丁	乙
月空	壬	庚	丙	甲	壬	庚	丙	甲	壬	庚	丙	甲
阳贵人	中	巽	震	坤	坎	离	艮	兑	乾	中	坎	离
阴贵人	震	坤	坎	离	艮	兑	乾	中	坎	离	艮	兑
飞天禄	离	艮	兑	乾	中	坎	离	艮	兑	乾	中	巽
飞天马	中	巽	震	坤	坎	离	艮	兑	乾	中	坎	离
月紫白 一白	兑	艮	离	坎	坤	震	巽	中	乾	兑	艮	离
月紫白 六白	震	巽	中	乾	兑	艮	离	坎	坤	震	巽	中
月紫白 八白	中	乾	兑	艮	离	坎	坤	震	巽	中	乾	兑
月紫白 九紫	乾	兑	艮	离	坎	坤	震	巽	中	乾	兑	艮

三奇	立春	春分	立夏	夏至	立秋	秋分	立冬	冬至
乙	艮	震	巽	离	坤	兑	乾	坎
丙	离	巽	中	艮	坎	乾	中	坤
丁	坎	中	乾	兑	离	中	巽	震

开山凶

月	正	二	三	四	五	六	七	八	九	十	十一	十二
月建	寅	卯	辰	巳	午	未	申	酉	戌	亥	子	丑
月破	申	酉	戌	亥	子	丑	寅	卯	辰	巳	午	未
月克山家			离丙	壬乙	水山	土	震巳	艮				
阴府太岁	离乾	震坤	艮巽	兑乾	坎坤	乾离	坤震	巽艮	乾兑	坤坎	离乾	震坤

修方凶

月	正	二	三	四	五	六	七	八	九	十	十一	十二
天官符	未 坤 申	壬 坎 癸	丙 离 丁	丑 艮 寅	庚 兑 辛	戌 乾 亥	中	庚 兑 辛	戌 乾 亥	中	辰 巽 巳	甲 震 乙
地官符	庚 兑 辛	戌 乾 亥	中	辰 巽 巳	甲 震 乙	未 坤 申	壬 坎 癸	丙 离 丁	丑 艮 寅	庚 兑 辛	戌 乾 亥	中
小月建	丙 离 丁	壬 坎 癸	未 坤 申	甲 震 乙	辰 巽 巳	中	戌 乾 亥	庚 兑 辛	丑 艮 寅	丙 离 丁	壬 坎 癸	未 坤 申
大月建	丑 艮 寅	庚 兑 辛	戌 乾 亥	中	辰 巽 巳	甲 震 乙	未 坤 申	壬 坎 癸	丙 离 丁	丑 艮 寅	庚 兑 辛	戌 乾 亥
飞大煞	甲 震 乙	未 坤 申	壬 坎 癸	丙 离 丁	丑 艮 寅	庚 兑 辛	戌 乾 亥	中	庚 兑 辛	戌 乾 亥	中	辰 巽 巳
丙丁独火	离坎	艮离	兑艮	乾兑	中乾	中	巽中	震巽	坤震	坎坤	离坎	艮离
月游火	乾	兑	艮	离	坎	坤	震	巽	中	乾	兑	艮
劫煞	亥	申	巳	寅	亥	申	巳	寅	亥	申	巳	寅
灾煞	子	酉	午	卯	子	酉	午	卯	子	酉	午	卯
月煞	丑	戌	未	辰	丑	戌	未	辰	丑	戌	未	辰
月刑	巳	子	辰	申	午	丑	寅	酉	未	亥	卯	戌
月害	巳	辰	卯	寅	丑	子	亥	戌	酉	申	未	午
月厌	戌	酉	申	未	午	巳	辰	卯	寅	丑	子	亥

太岁戊戌干土支土纳音属木

开山立向修方吉

岁德戊 　　　岁德合癸 　　　岁支德卯

阳贵人丑 　　阴贵人未 　　　岁禄巳

岁马申 　　　奏书坤 　　　　博士艮

三元紫白

上元	一白震	六白艮	八白坎	九紫坤
中元	一白离	六白中	八白兑	九紫艮
下元	一白乾	六白坤	八白巽	九紫中

盖山黄道

贪狼坎癸申辰 　巨门坤乙 　武曲离壬寅戌 　文曲兑丁巳丑

通天窍

三合前方坤申　庚酉　辛戌 　三合后方艮寅　甲卯　乙辰
十二吉山宜寅午戌申子辰年月日时。

走马六壬

神后艮寅 　　功曹乙辰 　　天罡丙午

胜光坤申 　　传送辛戌 　　河魁壬子
十二吉山宜寅午戌申子辰年月日时。

四利三元

太阳亥 　　太阴丑 　　龙德巳 　　福德未

528

开山立向修方凶

太岁戌　　岁破辰　　三煞亥子丑

坐煞向煞壬癸　丙丁　　浮天空亡坤乙

开山凶

年克山家甲寅辰巽戌坎辛申丑癸坤庚未山

阴府太岁坤震　　六害酉　　死符卯　　灸退酉

立向凶

巡山罗睺乾　　病符酉

修方凶

天官符巳　　　地官符寅　　大煞午　　　　大将军午

力士乾　　　　蚕室巽　　　蚕官辰　　　　蚕命巳

岁刑未　　　　黄幡戌　　　豹尾辰　　　　飞廉子

丧门子　　　　吊客申　　　白虎午　　　　金神申酉子丑

独火乾　　　　五鬼午　　　破败五鬼离

开山立向修方吉

月	正	二	三	四	五	六	七	八	九	十	十一	十二
天道	南	西南	北	西	西北	东	北	东北	南	东	东南	西
天德	丁	坤	壬	辛	乾	甲	癸	艮	丙	乙	巽	庚
天德合	壬		丁	丙		己	戊		辛	庚		乙
月德	丙	甲	壬	庚	丙	甲	壬	庚	丙	甲	壬	庚
月德合	辛	己	丁	乙	辛	己	丁	乙	辛	己	丁	乙
月空	壬	庚	丙	甲	壬	庚	丙	甲	壬	庚	丙	甲
阳贵人	兑	乾	中	巽	震	坤	坎	离	艮	兑	乾	中

(续表)

月	正	二	三	四	五	六	七	八	九	十	十一	十二
阴贵人	坎	离	艮	兑	乾	中	坎	离	艮	兑	乾	中
飞天禄	艮	兑	乾	中	坎	离	艮	兑	乾	中	巽	震
飞天马	坤	坎	离	艮	兑	乾	中	坎	离	艮	兑	乾
月紫白 一白	坎	坤	震	巽	中	乾	兑	艮	离	坎	坤	震
月紫白 六白	乾	兑	艮	离	坎	坤	震	巽	中	乾	兑	艮
月紫白 八白	艮	离	坎	坤	震	巽	中	乾	兑	艮	离	坎
月紫白 九紫	离	坎	坤	震	巽	中	乾	兑	艮	离	坎	坤

		立春	春分	立夏	夏至	立秋	秋分	立冬	冬至
三奇	乙	兑	坤	震	坎	震	艮	兑	离
	丙	艮	震	巽	离	坤	兑	乾	坎
	丁	离	巽	中	艮	坎	乾	中	坤

开山凶

月	正	二	三	四	五	六	七	八	九	十	十一	十二
月建	寅	卯	辰	巳	午	未	申	酉	戌	亥	子	丑
月破	申	酉	戌	亥	子	丑	寅	卯	辰	巳	午	未
月克山家	震巳	艮	离丙	壬乙			水山	土	震巳	艮		
阴府太岁	艮巽	兑乾	坎坤	乾离	坤震	巽艮	乾兑	坤坎	离乾	震坤	艮巽	兑乾

修方凶

月	正	二	三	四	五	六	七	八	九	十	十一	十二
天官符	丑	庚	戌		庚	戌		辰	甲	未	壬	丙
	艮	兑	乾	中	兑	乾	中	巽	震	坤	坎	离
	寅	辛	亥		辛	亥		巳	乙	申	癸	丁

（续表）

月	正	二	三	四	五	六	七	八	九	十	十一	十二
地官符		庚	戊		辰	甲	未	壬	丙	丑	庚	戊
	中	兑	乾	中	巽	震	坤	坎	离	艮	兑	乾
		辛	亥		巳	乙	申	癸	丁	寅	辛	亥
小月建		戊	庚	丑	丙	壬	未	甲	辰		戊	庚
	中	乾	兑	艮	离	坎	坤	震	巽	中	乾	兑
		亥	辛	寅	丁	癸	申	乙	巳		亥	辛
大月建		辰	甲	未	壬	丙	丑	庚	戌		辰	甲
	中	巽	震	坤	坎	离	艮	兑	乾	中	巽	震
		巳	乙	申	癸	丁	寅	辛	亥		巳	乙
飞大煞	丙	丑	庚	戌		庚	戌		辰	甲	未	壬
	离	艮	兑	乾	中	兑	乾	中	巽	震	坤	坎
	丁	寅	辛	亥		辛	亥		巳	乙	申	癸
丙丁独火	兑艮	乾兑	中乾	中	巽中	震巽	坤震	坎坤	离坎	艮离	兑艮	乾兑
月游火	乾	兑	艮	离	坎	坤	震	巽	中	乾	兑	艮
劫煞	亥	申	巳	寅	亥	申	巳	寅	亥	申	巳	寅
灾煞	子	酉	午	卯	子	酉	午	卯	子	酉	午	卯
月煞	丑	戌	未	辰	丑	戌	未	辰	丑	戌	未	辰
月刑	巳	子	辰	申	午	丑	寅	酉	未	亥	卯	戌
月害	巳	辰	卯	寅	丑	子	亥	戌	酉	申	未	午
月厌	戌	酉	申	未	午	巳	辰	卯	寅	丑	子	亥

太岁己亥干土支水纳音属木

开山立向修方吉

岁德甲　　　　岁德合己　　　　岁支德辰
阳贵人子　　　阴贵人申　　　　岁禄午
岁马巳　　　　奏书乾　　　　　博士巽

三元紫白

上元	一白巽	六白离	八白坤	九紫震
中元	一白坎	六白乾	八白艮	九紫离
下元	一白兑	六白震	八白中	九紫乾

盖山黄道

贪狼坎癸申辰　　巨门坤乙　　武曲离壬寅戌　　文曲兑丁巳丑

通天窍

三合前方巽巳　丙午　丁未　　三合后方乾亥　壬子　癸丑
十二吉山宜亥卯未巳酉丑年月日时。

走马六壬

神后癸丑　　功曹甲卯　　天罡巽巳
胜光丁未　　传送庚酉　　河魁乾亥
十二吉山宜亥卯未巳酉丑年月日时。

四利三元

太阳子　　太阴寅　　龙德午　　福德申

开山立向修方凶

太岁亥　　岁破巳　　三煞申酉戌

坐煞向煞庚辛　甲乙　　浮天空亡乾甲

开山凶

年克山家震艮巳山

阴府太岁巽艮　　六害申　　死符辰　　灸退午

立向凶

巡山罗睺壬　　病符戌

修方凶

天官符寅　　地官符卯　　大煞卯　　　大将军酉

力士艮　　　蚕室坤　　　蚕官未　　　蚕命申

岁刑亥　　　黄幡未　　　豹尾丑　　　飞廉丑

丧门丑　　　吊客酉　　　白虎未　　　金神午未申酉

独火乾　　　五鬼巳　　　破败五鬼坎

开山立向修方吉

月	正	二	三	四	五	六	七	八	九	十	十一	十二
天道	南	西南	北	西	西北	东	北	东北	南	东	东南	西
天德	丁	坤	壬	辛	乾	甲	癸	艮	丙	乙	巽	庚
天德合	壬		丁	丙		己	戊		辛	庚		乙
月德	丙	甲	壬	庚	丙	甲	壬	庚	丙	甲	壬	庚
月德合	辛	己	丁	乙	辛	己	丁	乙	辛	己	丁	乙
月空	壬	庚	丙	甲	壬	庚	丙	甲	壬	庚	丙	甲
阳贵人	乾	中	巽	震	坤	坎	离	艮	兑	乾	中	坎
阴贵人	坤	坎	离	艮	兑	乾	中	坎	离	艮	兑	乾

（续表）

月	正	二	三	四	五	六	七	八	九	十	十一	十二
飞天禄	离	艮	兑	乾	中	坎	离	艮	兑	乾	中	巽
飞天马	艮	兑	乾	中	坎	离	艮	兑	乾	中	巽	震
月紫白 一白	巽	中	乾	兑	艮	离	坎	坤	震	巽	中	乾
月紫白 六白	离	坎	坤	震	巽	中	乾	兑	艮	离	坎	坤
月紫白 八白	坤	震	巽	中	乾	兑	艮	离	坎	坤	震	巽
月紫白 九紫	震	巽	中	乾	兑	艮	离	坎	坤	震	巽	中

	立春	春分	立夏	夏至	立秋	秋分	立冬	冬至
三奇 乙	兑	坤	震	坎	震	艮	兑	离
三奇 丙	兑	坤	震	坎	震	艮	兑	离
三奇 丁	艮	震	巽	离	坤	兑	乾	坎

开山凶

月	正	二	三	四	五	六	七	八	九	十	十一	十二
月建	寅	卯	辰	巳	午	未	申	酉	戌	亥	子	丑
月破	申	酉	戌	亥	子	丑	寅	卯	辰	巳	午	未
月克山家	乾兑	亥丁	震巳	艮			水山	土	乾兑	亥丁	离丙	壬乙
阴府太岁	坎坤	乾离	坤震	巽艮	乾兑	坤坎	离乾	震坤	艮巽	兑乾	坎坤	乾离

修方凶

月	正	二	三	四	五	六	七	八	九	十	十一	十二
天官符		庚	戌		辰	甲	未	壬	丙	丑	庚	戌
天官符	中	兑	乾	中	巽	震	坤	坎	离	艮	兑	乾
天官符		辛	亥		巳	乙	申	癸	丁	寅	辛	亥
地官符	戌		庚	戌		辰	甲	未	壬	丙	丑	庚
地官符	乾	中	兑	乾	中	巽	震	坤	坎	离	艮	兑
地官符	亥		辛	亥		巳	乙	申	癸	丁	寅	辛

（续表）

月	正	二	三	四	五	六	七	八	九	十	十一	十二
小月建	丙	壬	未	甲	辰	中	戊	庚	丑	丙	壬	未
	离	坎	坤	震	巽		乾	兑	艮	离	坎	坤
	丁	癸	申	乙	巳		亥	辛	寅	丁	癸	申
大月建	未	壬	丙	丑	庚	戊	中	辰	甲	未	壬	丙
	坤	坎	离	艮	兑	乾		巽	震	坤	坎	离
	申	癸	丁	寅	辛	亥		巳	乙	申	癸	丁
飞大煞	戊	中	庚	戊	中	辰	甲	未	壬	丙	丑	庚
	乾		兑	乾		巽	震	坤	坎	离	艮	兑
	亥		辛	亥		巳	乙	申	癸	丁	寅	辛
丙丁独火	中乾	中	巽中	震巽	坤震	坎坤	离坎	艮离	兑艮	乾兑	中乾	中
月游火	坎	坤	震	巽	中	乾	兑	艮	离	坎	坤	震
劫煞	亥	申	巳	寅	亥	申	巳	寅	亥	申	巳	寅
灾煞	子	酉	午	卯	子	酉	午	卯	子	酉	午	卯
月煞	丑	戌	未	辰	丑	戌	未	辰	丑	戌	未	辰
月刑	巳	子	辰	申	午	丑	寅	酉	未	亥	卯	戌
月害	巳	辰	卯	寅	丑	子	亥	戌	酉	申	未	午
月厌	戌	酉	申	未	午	巳	辰	卯	寅	丑	子	亥

太岁庚子干金支水纳音属土

开山立向修方吉

岁德庚 　　岁德合乙 　　岁支德巳

阳贵人丑 　阴贵人未 　　岁禄申

岁马寅 　　奏书乾 　　　博士巽

535

三元紫白

上元	一白中	六白坎	八白震	九紫巽
中元	一白坤	六白兑	八白离	九紫坎
下元	一白艮	六白巽	八白乾	九紫兑

盖山黄道

贪狼震庚亥未　　巨门兑丁巳丑　　武曲巽辛　　文曲坤乙

通天窍

三合前方艮寅　甲卯　乙辰　　三合后方坤申　庚酉　辛戌
十二吉山宜申子辰寅午戌年月日时。

走马六壬

神后壬子　　功曹艮寅　　天罡乙辰
胜光丙午　　传送坤申　　河魁辛戌
十二吉山宜申子辰寅午戌年月日时。

四利三元

太阳丑　　太阴卯　　龙德未　　福德酉

开山立向修方凶

太岁子　　岁破午　　三煞巳午未
坐煞向煞丙丁　壬癸　　浮天空亡兑丁

开山凶

年克山家乾亥兑丁山
阴府太岁乾兑　　六害未　　死符巳　　灸退卯

立向凶

巡山罗睺癸　　病符亥

修方凶

天官符亥　　地官符辰　　大煞子　　　大将军酉
力士艮　　　蚕室坤　　　蚕官未　　　蚕命申
岁刑卯　　　黄幡辰　　　豹尾戌　　　飞廉申
丧门寅　　　吊客戌　　　白虎申　　　金神辰巳
独火艮　　　五鬼辰　　　破败五鬼兑

开山立向修方吉

月	正	二	三	四	五	六	七	八	九	十	十一	十二
天道	南	西南	北	西	西北	东	北	东北	南	东	东南	西
天德	丁	坤	壬	辛	乾	甲	癸	艮	丙	乙	巽	庚
天德合	壬		丁	丙		己	戊		辛	庚		乙
月德	丙	甲	壬	庚	丙	甲	壬	庚	丙	甲	壬	庚
月德合	辛	己	丁	乙	辛	己	丁	乙	辛	己	丁	乙
月空	壬	庚	丙	甲	壬	庚	丙	甲	壬	庚	丙	甲
阳贵人	兑	乾	中	巽	震	坤	坎	离	艮	兑	乾	中
阴贵人	坎	离	艮	兑	乾	中	坎	离	艮	兑	乾	中
飞天禄	坤	坎	离	艮	兑	乾	中	坎	离	艮	兑	乾
飞天马	中	坎	离	艮	兑	乾	中	巽	震	坤	坎	离
月紫白 一白	兑	艮	离	坎	坤	震	巽	中	乾	兑	艮	离
月紫白 六白	震	巽	中	乾	兑	艮	离	坎	坤	震	巽	中
月紫白 八白	中	乾	兑	艮	离	坎	坤	震	巽	中	乾	兑
月紫白 九紫	乾	兑	艮	离	坎	坤	震	巽	中	乾	兑	艮

		立春	春分	立夏	夏至	立秋	秋分	立冬	冬至
三奇	乙	乾	坎	坤	坤	巽	离	艮	艮
	丙	兑	坤	震	坎	震	艮	兑	离
	丁	艮	震	巽	离	坤	兑	乾	坎

开山凶

月	正	二	三	四	五	六	七	八	九	十	十一	十二
月建	寅	卯	辰	巳	午	未	申	酉	戌	亥	子	丑
月破	申	酉	戌	亥	子	丑	寅	卯	辰	巳	午	未
月克山家	乾兑	亥丁	震巳	艮	离丙	壬乙			乾兑	亥丁	水山	土
阴府太岁	坤震	巽艮	乾兑	坤坎	离乾	震坤	艮巽	兑乾	坎坤	乾离	坤震	巽艮

修方凶

月	正	二	三	四	五	六	七	八	九	十	十一	十二
天官符	中	辰巽巳	甲震乙	未坤申	壬坎癸	丙离丁	丑艮寅	庚兑辛	戌乾亥	中	庚兑辛	戌乾亥
地官符	庚兑辛	戌乾亥	中	庚兑辛	戌乾亥	中	辰巽巳	甲震乙	未坤申	壬坎癸	丙离丁	丑艮寅
小月建	中	戌乾亥	庚兑辛	丑艮寅	丙离丁	壬坎癸	未坤申	甲震乙	辰巽巳	中	戌乾亥	庚兑辛
大月建	丑艮寅	庚兑辛	戌乾亥	中	辰巽巳	甲震乙	未坤申	壬坎癸	丙离丁	丑艮寅	庚兑辛	戌乾亥
飞大煞	戌乾亥	中	辰巽巳	甲震乙	未坤申	壬坎癸	丙离丁	丑艮寅	庚兑辛	戌乾亥	中	庚兑辛
丙丁独火	巽中	震巽	坤震	坎坤	离坎	艮离	兑艮	乾兑	中乾	中	巽中	震巽
月游火	艮	离	坎	坤	震	巽	中	乾	兑	艮	离	坎

（续表）

月	正	二	三	四	五	六	七	八	九	十	十一	十二
劫煞	亥	申	巳	寅	亥	申	巳	寅	亥	申	巳	寅
灾煞	子	酉	午	卯	子	酉	午	卯	子	酉	午	卯
月煞	丑	戌	未	辰	丑	戌	未	辰	丑	戌	未	辰
月刑	巳	子	辰	申	午	丑	寅	酉	未	亥	卯	戌
月害	巳	辰	卯	寅	丑	子	亥	戌	酉	申	未	午
月厌	戌	酉	申	未	午	巳	辰	卯	寅	丑	子	亥

太岁辛丑干金支土纳音属土

开山立向修方吉

岁德丙　　　　岁德合辛　　　　岁支德午
阳贵人寅　　　阴贵人午　　　　岁禄酉
岁马亥　　　　奏书乾　　　　　博士巽

三元紫白

上元	一白乾	六白坤	八白巽	九紫中
中元	一白震	六白艮	八白坎	九紫坤
下元	一白离	六白中	八白兑	九紫艮

盖山黄道

贪狼艮丙　　巨门巽辛　　武曲兑丁巳丑　　文曲离壬寅戌

通天窍

三合前方乾亥　壬子　癸丑　三合后方巽巳　丙午　丁未

539

十二吉山宜巳酉丑亥卯未年月日时。

走马六壬

神后乾亥　　功曹癸丑　　天罡甲卯

胜光巽巳　　传送丁未　　河魁庚酉

十二吉山宜巳酉丑亥卯未年月日时。

四利三元

太阳寅　　太阴辰　　龙德申　　福德戌

开山立向修方凶

太岁丑　　岁破未　　三煞寅卯辰

坐煞向煞甲乙　庚辛　　浮天空亡艮丙

开山凶

年克山家甲寅辰巽戌坎辛申丑癸坤庚未山

阴府太岁坤坎　　六害午　　死符午　　灸退子

立向凶

巡山罗睺艮　　病符子

修方凶

天官符申	地官符巳	大煞酉	大将军酉
力士艮	蚕室坤	蚕官未	蚕命申
岁刑戌	黄幡丑	豹尾未	飞廉酉
丧门卯	吊客亥	白虎酉	金神寅卯午未子丑
独火震	五鬼卯	破败五鬼乾	

开山立向修方吉

月	正	二	三	四	五	六	七	八	九	十	十一	十二
天道	南	西南	北	西	西北	东	北	东北	南	东	东南	西
天德	丁	坤	壬	辛	乾	甲	癸	艮	丙	乙	巽	庚
天德合	壬		丁	丙		己	戊		辛	庚		乙
月德	丙	甲	壬	庚	丙	甲	壬	庚	丙	甲	壬	庚
月德合	辛	己	丁	乙	辛	己	丁	乙	辛	己	丁	乙
月空	壬	庚	丙	甲	壬	庚	丙	甲	壬	庚	丙	甲
阳贵人	中	坎	离	艮	兑	乾	中	巽	震	坤	坎	离
阴贵人	离	艮	兑	乾	中	坎	离	艮	兑	乾	中	巽
飞天禄	震	坤	坎	离	艮	兑	乾	中	坎	离	艮	兑
飞天马	中	巽	震	坤	坎	离	艮	兑	乾	中	坎	离
月紫白 一白	坎	坤	震	巽	中	乾	兑	艮	离	坎	坤	震
月紫白 六白	乾	兑	艮	离	坎	坤	震	巽	中	乾	兑	艮
月紫白 八白	艮	离	坎	坤	震	巽	中	乾	兑	艮	离	坎
月紫白 九紫	离	坎	坤	震	巽	中	乾	兑	艮	离	坎	坤

	立春	春分	立夏	夏至	立秋	秋分	立冬	冬至
三奇 乙	中	离	坎	震	中	坎	离	兑
三奇 丙	乾	坎	坤	坤	巽	离	艮	艮
三奇 丁	兑	坤	震	坎	震	艮	兑	离

开山凶

月	正	二	三	四	五	六	七	八	九	十	十一	十二
月建	寅	卯	辰	巳	午	未	申	酉	戌	亥	子	丑
月破	申	酉	戌	亥	子	丑	寅	卯	辰	巳	午	未
月克山家			乾 兑	亥 丁	离 丙	壬 乙	震 巳	艮			水 山	土
阴府太岁	乾 兑	坤 坎	离 乾	震 坤	艮 巽	兑 乾	坎 坤	乾 离	坤 震	巽 艮	乾 兑	坤 坎

修方凶

月	正	二	三	四	五	六	七	八	九	十	十一	十二
天官符	未	壬	丙	丑	庚	戊		庚	戊		辰	甲
	坤	坎	离	艮	兑	乾	中	兑	乾	中	巽	震
	申	癸	丁	寅	辛	亥		辛	亥		巳	乙
地官符	丑	庚	戊		庚	戊		辰	甲	未	壬	丙
	艮	兑	乾	中	兑	乾	中	巽	震	坤	坎	离
	寅	辛	亥		辛	亥		巳	乙	申	癸	丁
小月建	丙	壬	未	甲	辰		戊	庚	丑	丙	壬	未
	离	坎	坤	震	巽	中	乾	兑	艮	离	坎	坤
	丁	癸	申	乙	巳		亥	辛	寅	丁	癸	申
大月建		辰	甲	未	壬	丙	丑	庚	戊		辰	甲
	中	巽	震	坤	坎	离	艮	兑	乾	中	巽	震
		巳	乙	申	癸	丁	寅	辛	亥		巳	乙
飞大煞	甲	未	壬	丙	丑	庚	戊		庚	戊		辰
	震	坤	坎	离	艮	兑	乾	中	兑	乾	中	巽
	乙	申	癸	丁	寅	辛	亥		辛	亥		巳
丙丁独火	坤震	坎坤	离坎	艮离	兑艮	乾兑	中乾	中	巽中	震巽	坤震	坎坤
月游火	艮	离	坎	坤	震	巽	中	乾	兑	艮	离	坎
劫煞	亥	申	巳	寅	亥	申	巳	寅	亥	申	巳	寅
灾煞	子	酉	午	卯	子	酉	午	卯	子	酉	午	卯
月煞	丑	戌	未	辰	丑	戌	未	辰	丑	戌	未	辰
月刑	巳	子	辰	申	午	丑	寅	酉	未	亥	卯	戌
月害	巳	辰	卯	寅	丑	子	亥	戌	酉	申	未	午
月厌	戌	酉	申	未	午	巳	辰	卯	寅	丑	子	亥

太岁壬寅干水支木纳音属金

开山立向修方吉

岁德壬　　　岁德合丁　　　岁支德未
阳贵人卯　　　阴贵人巳　　　岁禄亥
岁马申　　　奏书艮　　　博士坤

三元紫白

上元	一白兑	六白震	八白中	九紫乾
中元	一白巽	六白离	八白坤	九紫震
下元	一白坎	六白乾	八白艮	九紫离

盖山黄道

贪狼艮丙　　　巨门巽辛　　　武曲兑丁巳丑　　　文曲离壬寅戌

通天窍

三合前方坤申　庚酉　辛戌　　三合后方艮寅　甲卯　乙辰
十二吉山宜寅午戌申子辰年月日时。

走马六壬

神后辛戌　　功曹壬子　　天罡艮寅
胜光乙辰　　传送丙午　　河魁坤申
十二吉山宜寅午戌申子辰年月日时。

四利三元

太阳卯　　太阴巳　　龙德酉　　福德亥

开山立向修方凶

太岁寅　　岁破申　　三煞亥子丑

坐煞向煞壬癸　丙丁　　浮天空亡乾甲

开山凶

年克山家二十四山并无克　冬至后克乾亥兑丁山

阴府太岁离乾　　六害巳　　死符未　　灸退酉

立向凶

巡山罗睺甲　　病符丑

修方凶

天官符巳　　地官符午　　大煞午　　　大将军子

力士巽　　　蚕室乾　　　蚕官戌　　　蚕命亥

岁刑巳　　　黄幡戌　　　豹尾辰　　　飞廉戌

丧门辰　　　吊客子　　　白虎戌　　　金神寅卯戌亥

独火震　　　五鬼寅　　　破败五鬼巽

开山立向修方吉

月	正	二	三	四	五	六	七	八	九	十	十一	十二
天道	南	西南	北	西	西北	东	北	东北	南	东	东南	西
天德	丁	坤	壬	辛	乾	甲	癸	艮	丙	乙	巽	庚
天德合	壬		丁	丙		己	戊		辛	庚		乙
月德	丙	甲	壬	庚	丙	甲	壬	庚	丙	甲	壬	庚
月德合	辛	己	丁	乙	辛	己	丁	乙	辛	己	丁	乙
月空	壬	庚	丙	甲	壬	庚	丙	甲	壬	庚	丙	甲
阳贵人	乾	中	坎	离	艮	兑	乾	中	巽	震	坤	坎
阴贵人	艮	兑	乾	中	坎	离	艮	兑	乾	中	巽	震

（续表）

月	正	二	三	四	五	六	七	八	九	十	十一	十二
飞天禄	中	巽	震	坤	坎	离	艮	兑	乾	中	坎	离
飞天马	坤	坎	离	艮	兑	乾	中	坎	离	艮	兑	乾
月紫白 一白	巽	中	乾	兑	艮	离	坎	坤	震	巽	中	乾
月紫白 六白	离	坎	坤	震	巽	中	乾	兑	艮	离	坎	坤
月紫白 八白	坤	震	巽	中	乾	兑	艮	离	坎	坤	震	巽
月紫白 九紫	震	巽	中	乾	兑	艮	离	坎	坤	震	巽	中

三奇	立春	春分	立夏	夏至	立秋	秋分	立冬	冬至
乙	巽	艮	离	巽	乾	坤	坎	乾
丙	中	离	坎	震	中	坎	离	兑
丁	乾	坎	坤	坤	巽	离	艮	艮

开山凶

月	正	二	三	四	五	六	七	八	九	十	十一	十二
月建	寅	卯	辰	巳	午	未	申	酉	戌	亥	子	丑
月破	申	酉	戌	亥	子	丑	寅	卯	辰	巳	午	未
月克山家			离丙	壬乙	水山	土	震巳	艮				
阴府太岁	离乾	震坤	艮巽	兑乾	坎坤	乾离	坤震	巽艮	乾兑	坤坎	离乾	震坤

修方凶

月	正	二	三	四	五	六	七	八	九	十	十一	十二
天官符		丑	庚	戌		庚	戌		辰	甲	未	壬
天官符	艮	兑	乾	中	兑	乾	中	巽	震	坤	坎	离
天官符	寅	辛	亥		辛	亥		巳	乙	申	癸	丁
地官符	丙	丑	庚	戌		庚	戌		辰	甲	未	壬
地官符	离	艮	兑	乾	中	兑	乾	中	巽	震	坤	坎
地官符	丁	寅	辛	亥		辛	亥		巳	乙	申	癸

（续表）

月	正	二	三	四	五	六	七	八	九	十	十一	十二
小月建		戊	庚	丑	丙	壬	未	甲	辰		戊	庚
	中	乾	兑	艮	离	坎	坤	震	巽	中	乾	兑
		亥	辛	寅	丁	癸	申	乙	巳		亥	辛
大月建	未	壬	丙	丑	庚	戊		辰	甲	未	壬	丙
	坤	坎	离	艮	兑	乾	中	巽	震	坤	坎	离
	申	癸	丁	寅	辛	亥		巳	乙	申	癸	丁
飞大煞	丙	丑	庚	戊		庚	戊		辰	甲	未	壬
	离	艮	兑	乾	中	兑	乾	中	巽	震	坤	坎
	丁	寅	辛	亥		辛	亥		巳	乙	申	癸
丙丁独火	离坎	艮离	兑艮	乾兑	中乾	中	巽中	震巽	坤震	坎坤	离坎	艮离
月游火	震	巽	中	乾	兑	艮	离	坎	坤	震	巽	中
劫煞	亥	申	巳	寅	亥	申	巳	寅	亥	申	巳	寅
灾煞	子	酉	午	卯	子	酉	午	卯	子	酉	午	卯
月煞	丑	戌	未	辰	丑	戌	未	辰	丑	戌	未	辰
月刑	巳	子	辰	申	午	丑	寅	酉	未	亥	卯	戌
月害	巳	辰	卯	寅	丑	子	亥	戌	酉	申	未	午
月厌	戌	酉	申	未	午	巳	辰	卯	寅	丑	子	亥

太岁癸卯干水支木纳音属金

开山立向修方吉

岁德戊　　　　岁德合癸　　　　岁支德申

阳贵人巳　　　阴贵人卯　　　　岁禄子

岁马巳　　　　奏书艮　　　　　博士坤

三元紫白

上元	一白艮	六白巽	八白乾	九紫兑
中元	一白中	六白坎	八白震	九紫巽
下元	一白坤	六白兑	八白离	九紫坎

盖山黄道

贪狼乾甲　巨门离壬寅戌　武曲坤乙　文曲巽辛

通天窍

三合前方巽巳　丙午　丁未　三合后方乾亥　壬子　癸丑

十二吉山宜亥卯未巳酉丑年月日时。

走马六壬

神后庚酉　功曹乾亥　天罡癸丑

胜光甲卯　传送巽巳　河魁丁未

十二吉山宜亥卯未巳酉丑年月日时。

四利三元

太阳辰　太阴午　龙德戌　福德子

开山立向修方凶

太岁卯　岁破酉　三煞申酉戌

坐煞向煞庚辛　甲乙　浮天空亡坤乙

开山凶

年克山家乾亥兑丁山

阴府太岁震坤　六害辰　死符申　灸退午

立向凶

巡山罗睺乙　病符寅

修方凶

天官符寅　　地官符未　　大煞卯　　大将军子

力士巽　　蚕室乾　　蚕官戌　　蚕命亥

岁刑子　　黄幡未　　豹尾丑　　飞廉巳

丧门巳　　吊客丑　　白虎亥　　金神申酉子丑

独火坎　　五鬼丑　　破败五鬼艮

开山立向修方吉

月	正	二	三	四	五	六	七	八	九	十	十一	十二
天道	南	西南	北	西	西北	东	北	东北	南	东	东南	西
天德	丁	坤	壬	辛	乾	甲	癸	艮	丙	乙	巽	庚
天德合	壬		丁	丙		己	戊		辛	庚		乙
月德	丙	甲	壬	庚	丙	甲	壬	庚	丙	甲	壬	庚
月德合	辛	己	丁	乙	辛	己	丁	乙	辛	己	丁	乙
月空	壬	庚	丙	甲	壬	庚	丙	甲	壬	庚	丙	甲
阳贵人	艮	兑	乾	中	坎	离	艮	兑	乾	中	巽	震
阴贵人	乾	中	坎	离	艮	兑	乾	中	巽	震	坤	坎
飞天禄	乾	中	巽	震	坤	坎	离	艮	兑	乾	中	坎
飞天马	艮	兑	乾	中	坎	离	艮	兑	乾	中	巽	震
月紫白 一白	兑	艮	离	坎	坤	震	巽	中	乾	兑	艮	离
月紫白 六白	震	巽	中	乾	兑	艮	离	坎	坤	震	巽	中
月紫白 八白	中	乾	兑	艮	离	坎	坤	震	巽	中	乾	兑
月紫白 九紫	乾	兑	艮	离	坎	坤	震	巽	中	乾	兑	艮

		立春	春分	立夏	夏至	立秋	秋分	立冬	冬至
三奇	乙	震	兑	艮	中	兑	震	坤	中
	丙	巽	艮	离	巽	乾	坤	坎	乾
	丁	中	离	坎	震	中	坎	离	兑

开山凶

月	正	二	三	四	五	六	七	八	九	十	十一	十二
月建	寅	卯	辰	巳	午	未	申	酉	戌	亥	子	丑
月破	申	酉	戌	亥	子	丑	寅	卯	辰	巳	午	未
月克山家	震巳	艮	离丙	壬乙			水山	土	震巳	艮		
阴府太岁	艮巽	兑乾	坎坤	乾离	坤震	巽艮	乾兑	坤坎	离乾	震坤	艮巽	兑乾

修方凶

月	正	二	三	四	五	六	七	八	九	十	十一	十二
天官符	中	庚兑辛	戊乾亥	中	辰巽巳	甲震乙	未坤申	壬坎癸	丙离丁	丑艮寅	庚兑辛	戊乾亥
地官符	壬坎癸	丙离丁	丑艮寅	庚兑辛	戊乾亥	中	庚兑辛	戊乾亥	中	辰巽巳	甲震乙	未坤申
小月建	丙离丁	壬坎癸	未坤申	甲震乙	辰巽巳	中	戌乾亥	庚兑辛	丑艮寅	丙离丁	壬坎癸	未坤申
大月建	丑艮寅	庚兑辛	戊乾亥	中	辰巽巳	甲震乙	未坤申	壬坎癸	丙离丁	丑艮寅	庚兑辛	戊乾亥
飞大煞	戌乾亥	中	庚兑辛	戊乾亥	中	辰巽巳	甲震乙	未坤申	壬坎癸	丙离丁	丑艮寅	庚兑辛
丙丁独火	兑艮	乾兑	中乾	中	巽中	震巽	坤震	坎坤	离坎	艮离	兑艮	乾兑
月游火	巽	中	乾	兑	艮	离	坎	坤	震	巽	中	乾

（续表）

月	正	二	三	四	五	六	七	八	九	十	十一	十二
劫煞	亥	申	巳	寅	亥	申	巳	寅	亥	申	巳	寅
灾煞	子	酉	午	卯	子	酉	午	卯	子	酉	午	卯
月煞	丑	戌	未	辰	丑	戌	未	辰	丑	戌	未	辰
月刑	巳	子	辰	申	午	丑	寅	酉	未	亥	卯	戌
月害	巳	辰	卯	寅	丑	子	亥	戌	酉	申	未	午
月厌	戌	酉	申	未	午	巳	辰	卯	寅	丑	子	亥

（钦定协纪辨方书卷十七）

钦定四库全书·钦定协纪辨方书卷十八

年表五

甲辰至癸丑

太岁甲辰干木支土纳音属火

开山立向修方吉

岁德甲　　　　岁德合己　　　　岁支德酉
阳贵人未　　　阴贵人丑　　　　岁禄寅
岁马寅　　　　奏书艮　　　　　博士坤

三元紫白

上元	一白离	六白中	八白兑	九紫艮
中元	一白乾	六白坤	八白巽	九紫中
下元	一白震	六白艮	八白坎	九紫坤

盖山黄道

贪狼兑丁巳丑　　巨门震庚亥未　　武曲艮丙　　文曲坎癸申辰

通天窍

三合前方艮寅　甲卯　乙辰　　三合后方坤申　庚酉　辛戌

551

十二吉山宜申子辰寅午戌年月日时。

走马六壬

神后坤申　　功曹辛戌　　天罡壬子
胜光艮寅　　传送乙辰　　河魁丙午
十二吉山宜申子辰寅午戌年月日时。

四利三元

太阳巳　　太阴未　　龙德亥　　福德丑

开山立向修方凶

太岁辰　　岁破戌　　三煞巳午未
坐煞向煞丙丁　壬癸　　浮天空亡离壬

开山凶

年克山家乾亥兑丁山
阴府太岁艮巽　　六害卯　　死符酉　　灸退卯

立向凶

巡山罗睺巽　　病符卯

修方凶

天官符亥	地官符申	大煞子	大将军子
力士巽	蚕室乾	蚕官戌	蚕命亥
岁刑辰	黄幡辰	豹尾戌	飞廉午
丧门午	吊客寅	白虎子	金神午未申酉
独火巽	五鬼子	破败五鬼巽	

开山立向修方吉

月	正	二	三	四	五	六	七	八	九	十	十一	十二
天道	南	西南	北	西	西北	东	北	东北	南	东	东南	西
天德	丁	坤	壬	辛	乾	甲	癸	艮	丙	乙	巽	庚
天德合	壬		丁	丙		己	戊		辛	庚		乙
月德	丙	甲	壬	庚	丙	甲	壬	庚	丙	甲	壬	庚
月德合	辛	己	丁	乙	辛	己	丁	乙	辛	己	丁	乙
月空	壬	庚	丙	甲	壬	庚	丙	甲	壬	庚	丙	甲
阳贵人	坎	离	艮	兑	乾	中	坎	离	艮	兑	乾	中
阴贵人	兑	乾	中	巽	震	坤	坎	离	艮	兑	乾	中
飞天禄	中	坎	离	艮	兑	乾	中	巽	震	坤	坎	离
飞天马	中	坎	离	艮	兑	乾	中	巽	震	坤	坎	离

月紫白		正	二	三	四	五	六	七	八	九	十	十一	十二
	一白	坎	坤	震	巽	中	乾	兑	艮	离	坎	坤	震
	六白	乾	兑	艮	离	坎	坤	震	巽	中	乾	兑	艮
	八白	艮	离	坎	坤	震	巽	中	乾	兑	艮	离	坎
	九紫	离	坎	坤	震	巽	中	乾	兑	艮	离	坎	坤

三奇		立春	春分	立夏	夏至	立秋	秋分	立冬	冬至
	乙	震	兑	艮	中	兑	震	坤	中
	丙	震	兑	艮	中	兑	震	坤	中
	丁	巽	艮	离	巽	乾	坤	坎	乾

开山凶

月	正	二	三	四	五	六	七	八	九	十	十一	十二
月建	寅	卯	辰	巳	午	未	申	酉	戌	亥	子	丑
月破	申	酉	戌	亥	子	丑	寅	卯	辰	巳	午	未
月克山家	乾兑	亥丁	震巳	艮			水山	土	乾兑	亥丁	离丙	壬乙
阴府太岁	坎坤	乾离	坤震	巽艮	乾兑	坤坎	离乾	震坤	艮巽	兑乾	坎坤	乾离

修方凶

月	正	二	三	四	五	六	七	八	九	十	十一	十二
天官符		辰	甲	未	壬	丙	丑	庚	戌		庚	戌
	中	巽	震	坤	坎	离	艮	兑	乾	中	兑	乾
		巳	乙	申	癸	丁	寅	辛	亥		辛	亥
地官符	未	壬	丙	丑	庚	戌		庚	戌		辰	甲
	坤	坎	离	艮	兑	乾	中	兑	乾	中	巽	震
	申	癸	丁	寅	辛	亥		辛	亥		巳	乙
小月建		戌	庚	丑	丙	壬	未	甲	辰		戌	庚
	中	乾	兑	艮	离	坎	震	震	巽	中	乾	兑
		亥	辛	寅	丁	癸	申	乙	巳		亥	辛
大月建		辰	甲	未	壬	丙	丑	庚	戌		辰	甲
	中	巽	震	坤	坎	离	艮	兑	乾	中	巽	震
		巳	乙	申	癸	丁	寅	辛	亥		巳	乙
飞大煞	戌		辰	甲	未	壬	丙	丑	庚	戌		庚
	乾	中	巽	震	坤	坎	离	艮	兑	乾	中	兑
	亥		巳	乙	申	癸	丁	寅	辛	亥		辛
丙丁独火	中乾	中	巽中	震巽	坤震	坎坤	离坎	艮离	兑艮	乾兑	中乾	中
月游火	巽	中	乾	兑	艮	离	坎	坤	震	巽	中	乾
劫煞	亥	申	巳	寅	亥	申	巳	寅	亥	申	巳	寅
灾煞	子	酉	午	卯	子	酉	午	卯	子	酉	午	卯
月煞	丑	戌	未	辰	丑	戌	未	辰	丑	戌	未	辰
月刑	巳	子	辰	申	午	丑	寅	酉	未	亥	卯	戌
月害	巳	辰	卯	寅	丑	子	亥	戌	酉	申	未	午
月厌	戌	酉	申	未	午	巳	辰	卯	寅	丑	子	亥

太岁乙巳干木支火纳音属火

开山立向修方吉

岁德庚　　　岁德合乙　　　岁支德戌
阳贵人申　　　阴贵人子　　　岁禄卯
岁马亥　　　奏书巽　　　博士乾

三元紫白

上元	一白坎	六白乾	八白艮	九紫离
中元	一白兑	六白震	八白中	九紫乾
下元	一白巽	六白离	八白坤	九紫震

盖山黄道

贪狼兑丁巳丑　　巨门震庚亥未　　武曲艮丙　　文曲坎癸申辰

通天窍

三合前方乾亥　壬子　癸丑　三合后方巽巳　丙午　丁未
十二吉山宜巳酉丑亥卯未年月日时。

走马六壬

神后丁未　　功曹庚酉　　天罡乾亥
胜光癸丑　　传送甲卯　　河魁巽巳
十二吉山宜巳酉丑亥卯未年月日时。

四利三元

太阳午　　太阴申　　龙德子　　福德寅

开山立向修方凶

太岁巳　　岁破亥　　三煞寅卯辰

坐煞向煞甲乙　庚辛　　浮天空亡坎癸

开山凶

年克山家甲寅辰巽戌坎辛申丑癸坤庚未山

阴府太岁兑乾　　六害寅　　死符戌　　灸退子

立向凶

巡山罗睺丙　　病符辰

修方凶

天官符申	地官符酉	大煞酉	大将军卯
力士坤	蚕室艮	蚕官丑	蚕命寅
岁刑申	黄幡丑	豹尾未	飞廉未
丧门未	吊客卯	白虎丑	金神辰巳
独火巽	五鬼亥	破败五鬼艮	

开山立向修方吉

月	正	二	三	四	五	六	七	八	九	十	十一	十二
天道	南	西南	北	西	西北	东	北	东北	南	东	东南	西
天德	丁	坤	壬	辛	乾	甲	癸	艮	丙	乙	巽	庚
天德合	壬		丁	丙		己	戊		辛	庚		乙
月德	丙	甲	壬	庚	丙	甲	壬	庚	丙	甲	壬	庚
月德合	辛	己	丁	乙	辛	己	丁	乙	辛	己	丁	乙
月空	壬	庚	丙	甲	壬	庚	丙	甲	壬	庚	丙	甲
阳贵人	坤	坎	离	艮	兑	乾	中	坎	离	艮	兑	乾
阴贵人	乾	中	巽	震	坤	坎	离	艮	兑	乾	中	坎

（续表）

月	正	二	三	四	五	六	七	八	九	十	十一	十二
飞天禄	乾	中	坎	离	艮	兑	乾	中	巽	震	坤	坎
飞天马	中	巽	震	坤	坎	离	艮	兑	乾	中	坎	离
月紫白 一白	巽	中	乾	兑	艮	离	坎	坤	震	巽	中	乾
月紫白 六白	离	坎	坤	震	巽	中	乾	兑	艮	离	坎	坤
月紫白 八白	坤	震	巽	中	乾	兑	艮	离	坎	坤	震	巽
月紫白 九紫	震	巽	中	乾	兑	艮	离	坎	坤	震	巽	中

三奇	立春	春分	立夏	夏至	立秋	秋分	立冬	冬至
乙	坤	乾	兑	乾	艮	巽	震	巽
丙	震	兑	艮	中	兑	震	坤	中
丁	巽	艮	离	巽	乾	坤	坎	乾

开山凶

月	正	二	三	四	五	六	七	八	九	十	十一	十二
月建	寅	卯	辰	巳	午	未	申	酉	戌	亥	子	丑
月破	申	酉	戌	亥	子	丑	寅	卯	辰	巳	午	未
月克山家	乾	亥	震	艮	离	壬			乾	亥	水	土
月克山家	兑	丁	巳	丙	乙				兑	丁	山	
阴府太岁	坤	巽	乾	坤	离	震	艮	兑	坎	乾	坤	巽
阴府太岁	震	艮	兑	坎	乾	坤	巽	乾	坤	离	震	艮

修方凶

月	正	二	三	四	五	六	七	八	九	十	十一	十二
天官符	未	壬	丙	丑	庚	戌		庚	戌		辰	甲
天官符	坤	坎	离	艮	兑	乾	中	兑	乾	中	巽	震
天官符	申	癸	丁	寅	辛	亥		辛	亥		巳	乙
地官符	甲	未	壬	丙	丑	庚	戌		庚	戌		辰
地官符	震	坤	坎	离	艮	兑	乾	中	兑	乾	中	巽
地官符	乙	申	癸	丁	寅	辛	亥		辛	亥		巳

557

（续表）

月	正	二	三	四	五	六	七	八	九	十	十一	十二
小月建	丙	壬	未	甲	辰		戊	庚	丑	丙	壬	未
	离	坎	坤	震	巽	中	乾	兑	艮	离	坎	坤
	丁	癸	申	乙	巳		亥	辛	寅	丁	癸	申
大月建	未	壬	丙	丑	庚	戌		辰	甲	未	壬	丙
	坤	坎	离	艮	兑	乾	中	巽	震	坤	坎	离
	申	癸	丁	寅	辛	亥		巳	乙	申	癸	丁
飞大煞	甲	未	壬	丙	丑	庚	戌		庚	戌		辰
	震	坤	坎	离	艮	兑	乾	中	兑	乾	中	巽
	乙	申	癸	丁	寅	辛	亥		辛	亥		巳
丙丁独火	巽中	震巽	坤震	坎坤	离坎	艮离	兑艮	乾兑	中乾	中	巽中	震巽
	离	坎	坤	震	巽	中	乾	兑	艮	离	坎	坤
劫煞	亥	申	巳	寅	亥	申	巳	寅	亥	申	巳	寅
灾煞	子	酉	午	卯	子	酉	午	卯	子	酉	午	卯
月煞	丑	戌	未	辰	丑	戌	未	辰	丑	戌	未	辰
月刑	巳	子	辰	申	午	丑	寅	酉	未	亥	卯	戌
月害	巳	辰	卯	寅	丑	子	亥	戌	酉	申	未	午
月厌	戌	酉	申	未	午	巳	辰	卯	寅	丑	子	亥

太岁丙午干火支火纳音属水

开山立向修方吉

岁德丙　　　　　岁德合辛　　　　　岁支德亥

阳贵人酉　　　　阴贵人亥　　　　　岁禄巳

岁马申　　　　　奏书巽　　　　　　博士乾

三元紫白

上元	一白坤	六白兑	八白离	九紫坎
中元	一白艮	六白巽	八白乾	九紫兑
下元	一白中	六白坎	八白震	九紫巽

盖山黄道

贪狼巽辛　　巨门艮丙　　武曲震庚亥未　　文曲乾甲

通天窍

三合前方坤申　庚酉　辛戌　　三合后方艮寅　甲卯　乙辰
十二吉山宜寅午戌申子辰年月日时。

走马六壬

神后丙午　　功曹坤申　　天罡辛戌
胜光壬子　　传送艮寅　　河魁乙辰
十二吉山宜寅午戌申子辰年月日时。

四利三元

太阳未　　太阴酉　　龙德丑　　福德卯

开山立向修方凶

太岁午　　岁破子　　三煞亥子丑
坐煞向煞壬癸　丙丁　　浮天空亡巽辛

开山凶

年克山家乾亥兑丁山
阴府太岁坎坤　　六害丑　　死符亥　　灸退酉

立向凶

巡山罗睺丁　　病符巳

修方凶

天官符巳　　地官符戌　　大煞午　　　大将军卯

力士坤　　　蚕室艮　　　蚕官丑　　　蚕命寅

岁刑午　　　黄幡戌　　　豹尾辰　　　飞廉寅

丧门申　　　吊客辰　　　白虎寅　　　金神寅卯午未子丑

独火兑　　　五鬼戌　　　破败五鬼坤

开山立向修方吉

月		正	二	三	四	五	六	七	八	九	十	十一	十二
天道		南	西南	北	西	西北	东	北	东北	南	东	东南	西
天德		丁	坤	壬	辛	乾	甲	癸	艮	丙	乙	巽	庚
天德合		壬		丁	丙		己	戊		辛	庚		乙
月德		丙	甲	壬	庚	丙	甲	壬	庚	丙	甲	壬	庚
月德合		辛	己	丁	乙	辛	己	丁	乙	辛	己	丁	乙
月空		壬	庚	丙	甲	壬	庚	丙	甲	壬	庚	丙	甲
阳贵人		震	坤	坎	离	艮	兑	乾	中	坎	离	艮	兑
阴贵人		中	巽	震	坤	坎	离	艮	兑	乾	中	坎	离
飞天禄		艮	兑	乾	中	坎	离	艮	兑	乾	中	巽	震
飞天马		坤	坎	离	艮	兑	乾	中	坎	离	艮	兑	乾
月紫白	一白	兑	艮	离	坎	坤	震	巽	中	乾	兑	艮	离
	六白	震	巽	中	乾	兑	艮	离	坎	坤	震	巽	中
	八白	中	乾	兑	艮	离	坎	坤	震	巽	中	乾	兑
	九紫	乾	兑	艮	离	坎	坤	震	巽	中	乾	兑	艮

		立春	春分	立夏	夏至	立秋	秋分	立冬	冬至
三奇	乙	坎	中	乾	兑	离	中	巽	震
	丙	坤	乾	兑	乾	艮	巽	震	巽
	丁	震	兑	艮	中	兑	震	坤	中

开山凶

月	正	二	三	四	五	六	七	八	九	十	十一	十二
月建	寅	卯	辰	巳	午	未	申	酉	戌	亥	子	丑
月破	申	酉	戌	亥	子	丑	寅	卯	辰	巳	午	未
月克山家			乾兑	亥丁	离丙	壬乙	震巳	艮			水山	土
阴府太岁	乾兑	坤坎	离乾	震坤	艮巽	兑乾	坎坤	乾离	坤震	巽艮	乾兑	坤坎

修方凶

月	正	二	三	四	五	六	七	八	九	十	十一	十二
天官符	丑	庚	戊		庚	戊		辰	甲	未	壬	丙
	艮	兑	乾	中	兑	乾	中	巽	震	坤	坎	离
	寅	辛	亥		辛	亥		巳	乙	申	癸	丁
地官符	辰	甲	未	壬	丙	丑	庚	戊		庚	戊	
	巽	震	坤	坎	离	艮	兑	乾	中	兑	乾	中
	巳	乙	申	癸	丁	寅	辛	亥		辛	亥	
小月建		戊	庚	丑	丙	壬	未	甲	辰		戊	庚
	中	乾	兑	艮	离	坎	坤	震	巽	中	乾	兑
		亥	辛	寅	丁	癸	申	乙	巳		亥	辛
大月建	丑	庚	戊		辰	甲	未	壬	丙	丑	庚	戊
	艮	兑	乾	中	巽	震	坤	坎	离	艮	兑	乾
	寅	辛	亥		巳	乙	申	癸	丁	寅	辛	亥
飞大煞	丙	丑	庚	戊		庚	戊		辰	甲	未	壬
	离	艮	兑	乾	中	兑	乾	中	巽	震	坤	坎
	丁	寅	辛	亥		辛	亥		巳	乙	申	癸
丙丁独火	坤震	坎坤	离坎	艮离	兑艮	乾兑	中乾	中	巽中	震巽	坤震	坎坤

（续表）

月	正	二	三	四	五	六	七	八	九	十	十一	十二
月游火	坤	震	巽	中	乾	兑	艮	离	坎	坤	震	巽
劫煞	亥	申	巳	寅	亥	申	巳	寅	亥	申	巳	寅
灾煞	子	酉	午	卯	子	酉	午	卯	子	酉	午	卯
月煞	丑	戌	未	辰	丑	戌	未	辰	丑	戌	未	辰
月刑	巳	子	辰	申	午	丑	寅	酉	未	亥	卯	戌
月害	巳	辰	卯	寅	丑	子	亥	戌	酉	申	未	午
月厌	戌	酉	申	未	午	巳	辰	卯	寅	丑	子	亥

太岁丁未干火支土纳音属水

开山立向修方吉

岁德壬　　　岁德合丁　　　岁支德子
阳贵人亥　　阴贵人酉　　　岁禄午
岁马巳　　　奏书巽　　　　博士乾

三元紫白

上元	一白震	六白艮	八白坎	九紫坤
中元	一白离	六白中	八白兑	九紫艮
下元	一白乾	六白坤	八白巽	九紫中

盖山黄道

贪狼坤乙　　巨门坎癸申辰　　武曲乾甲　　文曲震庚亥未

通天窍

三合前方巽巳　丙午　丁未　　三合后方乾亥　壬子　癸丑
十二吉山宜亥卯未巳酉丑年月日时。

走马六壬

神后巽巳　　功曹丁未　　天罡庚酉
胜光乾亥　　传送癸丑　　河魁甲卯
十二吉山宜亥卯未巳酉丑年月日时。

四利三元

太阳申　　太阴戌　　龙德寅　　福德辰

开山立向修方凶

太岁未　　岁破丑　　三煞申酉戌
坐煞向煞庚辛　甲乙　　浮天空亡震庚

开山凶

年克山家甲寅辰巽戌坎辛申丑癸坤庚未山
阴府太岁乾离　　六害子　　死符子　　灸退午

立向凶

巡山罗睺坤　　病符午

修方凶

天官符寅　　地官符亥　　大煞卯　　　大将军卯
力士坤　　　蚕室艮　　　蚕官丑　　　蚕命寅
岁刑丑　　　黄幡未　　　豹尾丑　　　飞廉卯
丧门酉　　　吊客巳　　　白虎卯　　　金神寅卯戌亥
独火离　　　五鬼酉　　　破败五鬼震

563

开山立向修方吉

月	正	二	三	四	五	六	七	八	九	十	十一	十二
天道	南	西南	北	西	西北	东	北	东北	南	东	东南	西
天德	丁	坤	壬	辛	乾	甲	癸	艮	丙	乙	巽	庚
天德合	壬		丁	丙		己	戊		辛	庚		乙
月德	丙	甲	壬	庚	丙	甲	壬	庚	丙	甲	壬	庚
月德合	辛	己	丁	乙	辛	己	丁	乙	辛	己	丁	乙
月空	壬	庚	丙	甲	壬	庚	丙	甲	壬	庚	丙	甲
阳贵人	中	巽	震	坤	坎	离	艮	兑	乾	中	坎	离
阴贵人	震	坤	坎	离	艮	兑	乾	中	坎	离	艮	兑
飞天禄	离	艮	兑	乾	中	坎	离	艮	兑	乾	中	巽
飞天马	艮	兑	乾	中	坎	离	巳	兑	乾	中	巽	震
月紫白 一白	坎	坤	震	巽	中	乾	兑	艮	离	坎	坤	震
月紫白 六白	乾	兑	艮	离	坎	坤	震	巽	中	乾	兑	艮
月紫白 八白	艮	离	坎	坤	震	巽	中	乾	兑	艮	离	坎
月紫白 九紫	离	坎	坤	震	巽	中	乾	兑	艮	离	坎	坤

三奇		立春	春分	立夏	夏至	立秋	秋分	立冬	冬至
	乙	离	巽	中	艮	坎	乾	中	坤
	丙	坎	中	乾	兑	离	中	巽	震
	丁	坤	乾	兑	乾	艮	巽	震	巽

开山凶

月	正	二	三	四	五	六	七	八	九	十	十一	十二
月建	寅	卯	辰	巳	午	未	申	酉	戌	亥	子	丑
月破	申	酉	戌	亥	子	丑	寅	卯	辰	巳	午	未
月克山家			离丙	壬乙	水山	土	震巳	艮				
阴府太岁	离乾	震坤	艮巽	兑乾	坎坤	乾离	坤震	巽艮	乾兑	坤坎	离乾	震坤

修方凶

月	正	二	三	四	五	六	七	八	九	十	十一	十二
天官符		庚	戊		辰	甲	未	壬	丙	丑	庚	戊
	中	兑	乾	中	巽	震	坤	坎	离	艮	兑	乾
		辛	亥		巳	乙	申	癸	丁	寅	辛	亥
地官符		辰	甲	未	壬	丙	丑	庚	戊		庚	戊
	中	巽	震	坤	坎	离	艮	兑	乾	中	兑	乾
		巳	乙	申	癸	丁	寅	辛	亥		辛	亥
小月建	丙	壬	未	甲	辰		戊	庚	丑	丙	壬	未
	离	坎	坤	震	巽	中	乾	兑	艮	离	坎	坤
	丁	癸	申	乙	巳		亥	辛	寅	丁	癸	申
大月建		辰	甲	未	壬	丙	丑	庚	戊		辰	甲
	中	巽	震	坤	坎	离	艮	兑	乾	中	巽	震
		巳	乙	申	癸	丁	寅	辛	亥		巳	乙
飞大煞	戊		庚	戊		辰	甲	未	壬	丙	丑	庚
	乾	中	兑	乾	中	巽	震	坤	坎	离	艮	兑
	亥		辛	亥		巳	乙	申	癸	丁	寅	辛
丙丁独火	离坎	艮离	兑艮	乾兑	中乾	中	巽中	震巽	坤震	坎坤	离坎	艮离
月游火	坤	震	巽	中	乾	兑	艮	离	坎	坤	震	巽
劫煞	亥	申	巳	寅	亥	申	巳	寅	亥	申	巳	寅
灾煞	子	酉	午	卯	子	酉	午	卯	子	酉	午	卯
月煞	丑	戌	未	辰	丑	戌	未	辰	丑	戌	未	辰
月刑	巳	子	辰	申	午	丑	寅	酉	未	亥	卯	戌
月害	巳	辰	卯	寅	丑	子	亥	戌	酉	申	未	午
月厌	戌	酉	申	未	午	巳	辰	卯	寅	丑	子	亥

太岁戊申干土支金纳音属土

开山立向修方吉

岁德戊　　　　岁德合癸　　　　岁支德丑

阳贵人丑　　　阴贵人酉　　　　岁禄巳

岁马寅　　　　奏书坤　　　　　博士艮

三元紫白

上元	一白巽	六白离	八白坤	九紫震
中元	一白坎	六白乾	八白艮	九紫离
下元	一白兑	六白震	八白中	九紫乾

盖山黄道

贪狼坤乙　　巨门坎癸申辰　　武曲乾甲　　文曲震庚亥未

通天窍

三合前方艮寅　甲卯　乙辰　　三合后方坤申　庚酉　辛戌

十二吉山宜申子辰寅午戌年月日时。

走马六壬

神后乙辰　　功曹丙午　　天罡坤申

胜光辛戌　　传送壬子　　河魁艮寅

十二吉山宜申子辰寅午戌年月日时。

四利三元

太阳酉　　太阴亥　　龙德卯　　福德巳

开山立向修方凶

太岁申　　岁破寅　　三煞巳午未

坐煞向煞丙丁　壬癸　　浮天空亡坤乙

开山凶

年克山家离壬丙乙山

阴府太岁坤震　　六害亥　　死符丑　　灸退卯

立向凶

巡山罗睺庚　　病符未

修方凶

天官符亥	地官符子	大煞子	大将军午
力士乾	蚕室巽	蚕官辰	蚕命巳
岁刑寅	黄幡辰	豹尾戌	飞廉辰
丧门戌	吊客午	白虎辰	金神申酉子丑
独火离	五鬼申	破败五鬼离	

开山立向修方吉

月	正	二	三	四	五	六	七	八	九	十	十一	十二
天道	南	西南	北	西	西北	东	北	东北	南	东	东南	西
天德	丁	坤	壬	辛	乾	甲	癸	艮	丙	乙	巽	庚
天德合	壬		丁	丙		己	戊		辛	庚		乙
月德	丙	甲	壬	庚	丙	甲	壬	庚	丙	甲	壬	庚
月德合	辛	己	丁	乙	辛	己	丁	乙	辛	己	丁	乙
月空	壬	庚	丙	甲	壬	庚	丙	甲	壬	庚	丙	甲
阳贵人	兑	乾	中	巽	震	坤	坎	离	艮	兑	乾	中
阴贵人	坎	离	艮	兑	乾	中	坎	离	艮	兑	乾	中

（续表）

月	正	二	三	四	五	六	七	八	九	十	十一	十二
飞天禄	艮	兑	乾	中	坎	离	艮	兑	乾	中	巽	震
飞天马	中	坎	离	艮	兑	乾	中	巽	震	坤	坎	离
月紫白 一白	巽	中	乾	兑	艮	离	坎	坤	震	巽	中	乾
月紫白 六白	离	坎	坤	震	巽	中	乾	兑	艮	离	坎	坤
月紫白 八白	坤	震	巽	中	乾	兑	艮	离	坎	坤	震	巽
月紫白 九紫	震	巽	中	乾	兑	艮	离	坎	坤	震	巽	中

	立春	春分	立夏	夏至	立秋	秋分	立冬	冬至
三奇 乙	艮	震	巽	离	坤	兑	乾	坎
三奇 丙	离	巽	中	艮	坎	乾	中	坤
三奇 丁	坎	中	乾	兑	离	中	巽	震

开山凶

月	正	二	三	四	五	六	七	八	九	十	十一	十二
月建	寅	卯	辰	巳	午	未	申	酉	戌	亥	子	丑
月破	申	酉	戌	亥	子	丑	寅	卯	辰	巳	午	未
月克山家	震巳	艮	离丙	壬乙			水山	土	震巳	艮		
阴府太岁	艮巽	兑乾	坎坤	乾离	坤震	巽艮	乾兑	坤坎	离乾	震坤	艮巽	兑乾

修方凶

月	正	二	三	四	五	六	七	八	九	十	十一	十二
天官符		辰	甲	未	壬	丙	丑	庚	戌		庚	戌
天官符	中	巽	震	坤	坎	离	艮	兑	乾	中	兑	乾
天官符		巳	乙	申	癸	丁	寅	辛	亥		辛	亥
地官符	戌		辰	甲	未	壬	丙	丑	庚	戌		庚
地官符	乾	中	巽	震	坤	坎	离	艮	兑	乾	中	兑
地官符	亥		巳	乙	申	癸	丁	寅	辛	亥		辛

（续表）

月	正	二	三	四	五	六	七	八	九	十	十一	十二
小月建		戌	庚	丑	丙	壬	未	甲	辰		戌	庚
	中	乾	兑	艮	离	坎	坤	震	巽	中	乾	兑
		亥	辛	寅	丁	癸	申	乙	巳		亥	辛
大月建	未	壬	丙	丑	庚	戌		辰	甲	未	壬	丙
	坤	坎	离	艮	兑	乾	中	巽	震	坤	坎	离
	申	癸	丁	寅	辛	亥		巳	乙	申	癸	丁
飞大煞	戌		辰	甲	未	壬	丙	丑	庚	戌		庚
	乾	中	巽	震	坤	坎	离	艮	兑	乾	中	兑
	亥		巳	乙	申	癸	丁	寅	辛	亥		辛
丙丁独火	兑艮	乾兑	中乾	中	巽中	震巽	坤震	坎坤	离坎	艮离	兑艮	乾兑
月游火	兑	艮	离	坎	坤	震	巽	中	乾	兑	艮	离
劫煞	亥	申	巳	寅	亥	申	巳	寅	亥	申	巳	寅
灾煞	子	酉	午	卯	子	酉	午	卯	子	酉	午	卯
月煞	丑	戌	未	辰	丑	戌	未	辰	丑	戌	未	辰
月刑	巳	子	辰	申	午	丑	寅	酉	未	亥	卯	戌
月害	巳	辰	卯	寅	丑	子	亥	戌	酉	申	未	午
月厌	戌	酉	申	未	午	巳	辰	卯	寅	丑	子	亥

太岁己酉干土支金纳音属土

开山立向修方吉

岁德甲　　　岁德合己　　　岁支德寅

阳贵人子　　阴贵人申　　　岁禄午

岁马亥　　　奏书坤　　　　博士艮

569

三元紫白

上元	一白中	六白坎	八白震	九紫巽
中元	一白坤	六白兑	八白离	九紫坎
下元	一白艮	六白巽	八白乾	九紫兑

盖山黄道

贪狼离壬寅戌　　巨门乾甲　　武曲坎癸申辰　　文曲艮丙

通天窍

三合前方乾亥　壬子　癸丑　　三合后方巽巳　丙午　丁未
十二吉山宜巳酉丑亥卯未年月日时。

走马六壬

神后甲卯　　功曹巽巳　　天罡丁未
胜光庚酉　　传送乾亥　　河魁癸丑
十二吉山宜巳酉丑亥卯未年月日时。

四利三元

太阳戌　　太阴子　　龙德辰　　福德午

开山立向修方凶

太岁酉　　岁破卯　　三煞寅卯辰
坐煞向煞甲乙庚辛　　浮天空亡乾甲

开山凶

年克山家二十四山并无克　冬至后克乾亥兑丁山
阴府太岁巽艮　　六害戌　　死符寅　　灸退子

立向凶

巡山罗睺辛　　病符申

修方凶

天官符申　　地官符丑　　大煞酉　　　大将军午

力士乾　　　蚕室巽　　　蚕官辰　　　蚕命巳

岁刑酉　　　黄幡丑　　　豹尾未　　　飞廉亥

丧门亥　　　吊客未　　　白虎巳　　　金神午未申酉

独火坤　　　五鬼未　　　破败五鬼坎

开山立向修方吉

月	正	二	三	四	五	六	七	八	九	十	十一	十二
天道	南	西南	北	西	西北	东	北	东北	南	东	东南	西
天德	丁	坤	壬	辛	乾	甲	癸	艮	丙	乙	巽	庚
天德合	壬		丁	丙		己	戊		辛	庚		乙
月德	丙	甲	壬	庚	丙	甲	壬	庚	丙	甲	壬	庚
月德合	辛	己	丁	乙	辛	己	丁	乙	辛	己	丁	乙
月空	壬	庚	丙	甲	壬	庚	丙	甲	壬	庚	丙	甲
阳贵人	乾	中	巽	震	坤	坎	离	艮	兑	乾	中	坎
阴贵人	坤	坎	离	艮	兑	乾	中	坎	离	艮	兑	乾
飞天禄	离	艮	兑	乾	中	乾	离	艮	兑	乾	中	巽
飞天马	中	巽	震	坤	坎	离	艮	兑	乾	中	坎	离
月紫白 一白	兑	艮	离	坎	坤	震	巽	中	乾	兑	艮	离
月紫白 六白	震	巽	中	乾	兑	艮	离	坎	坤	震	巽	中
月紫白 八白	中	乾	兑	艮	离	坎	坤	震	巽	中	乾	兑
月紫白 九紫	乾	兑	艮	离	坎	坤	震	巽	中	乾	兑	艮

	立春	春分	立夏	夏至	立秋	秋分	立冬	冬至
三奇 乙	艮	震	巽	离	坤	兑	乾	坎
三奇 丙	艮	震	巽	离	坤	兑	乾	坎
三奇 丁	离	巽	中	艮	坎	乾	中	坤

开山凶

月	正	二	三	四	五	六	七	八	九	十	十一	十二
月建	寅	卯	辰	巳	午	未	申	酉	戌	亥	子	丑
月破	申	酉	戌	亥	子	丑	寅	卯	辰	巳	午	未
月克山家	乾兑	亥丁	震巳	艮			水山	土	乾兑	亥丁	离丙	壬乙
阴府太岁	坎坤	乾离	坤震	巽艮	乾兑	坤坎	离乾	震坤	艮巽	兑乾	坎坤	乾离

修方凶

月	正	二	三	四	五	六	七	八	九	十	十一	十二
天官符	未	壬	丙	丑	庚	戊		庚	戊		辰	甲
	坤	坎	离	艮	兑	乾	中	兑	乾	中	巽	震
	申	癸	丁	寅	辛	亥		辛	亥		巳	乙
地官符	庚	戊		辰	甲	未	壬	丙	丑	庚	戊	
	兑	乾	中	巽	震	坤	坎	离	艮	兑	乾	中
	辛	亥		巳	乙	申	癸	丁	寅	辛	亥	
小月建	丙	壬	未	甲	辰		戊	庚	丑	丙	壬	未
	离	坎	坤	震	巽	中	乾	兑	艮	离	坎	坤
	丁	癸	申	乙	巳		亥	辛	寅	丁	癸	申
大月建	丑	庚	戊		辰	甲	未	壬	丙	丑	庚	戊
	艮	兑	乾	中	巽	震	坤	坎	离	艮	兑	乾
	寅	辛	亥		巳	乙	申	癸	丁	寅	辛	亥
飞大煞	甲	未	壬	丙	丑	庚	戊		庚	戊		辰
	震	坤	坎	离	艮	兑	乾	中	兑	乾	中	巽
	乙	申	癸	丁	寅	辛	亥		辛	亥		巳
丙丁独火	中乾	中	巽中	震巽	坤震	坎坤	离坎	艮离	兑艮	乾兑	中乾	中

572

（续表）

月	正	二	三	四	五	六	七	八	九	十	十一	十二
月游火	乾	兑	艮	离	坎	坤	震	巽	中	乾	兑	艮
劫煞	亥	申	巳	寅	亥	申	巳	寅	亥	申	巳	寅
灾煞	子	酉	午	卯	子	酉	午	卯	子	酉	午	卯
月煞	丑	戌	未	辰	丑	戌	未	辰	丑	戌	未	辰
月刑	巳	子	辰	申	午	丑	寅	酉	未	亥	卯	戌
月害	巳	辰	卯	寅	丑	子	亥	戌	酉	申	未	午
月厌	戌	酉	申	未	午	巳	辰	卯	寅	丑	子	亥

太岁庚戌干金支土纳音属金

开山立向修方吉

岁德庚　　　　岁德合乙　　　　岁支德卯

阳贵人丑　　　阴贵人未　　　　岁禄申

岁马申　　　　奏书坤　　　　　博士艮

三元紫白

上元	一白乾	六白坤	八白巽	九紫中
中元	一白震	六白艮	八白坎	九紫坤
下元	一白离	六白中	八白兑	九紫艮

盖山黄道

贪狼坎癸申辰　　巨门坤乙　　武曲离壬寅戌　　文曲兑丁巳丑

通天窍

三合前方坤申　庚酉　辛戌　　三合后方艮寅　甲卯　乙辰
十二吉山宜寅午戌申子辰年月日时。

走马六壬

神后艮寅　　功曹乙辰　　天罡丙午
胜光坤申　　传送辛戌　　河魁壬子
十二吉山宜寅午戌申子辰年月日时。

四利三元

太阳亥　　太阴丑　　龙德巳　　福德未

开山立向修方凶

太岁戌　　岁破辰　　三煞亥子丑
坐煞向煞壬癸　丙丁　　浮天空亡兑丁

开山凶

年克山家震艮巳山
阴府太岁乾兑　　六害酉　　死符卯　　灸退酉

立向凶

巡山罗睺乾　　病符酉

修方凶

天官符巳　　地官符寅　　大煞午　　　大将军午
力士乾　　　蚕室巽　　　蚕官辰　　　蚕命巳
岁刑未　　　黄幡戌　　　豹尾辰　　　飞廉子
丧门子　　　吊客申　　　白虎午　　　金神辰巳
独火乾　　　五鬼午　　　破败五鬼兑

开山立向修方吉

月	正	二	三	四	五	六	七	八	九	十	十一	十二
天道	南	西南	北	西	西北	东	北	东北	南	东	东南	西
天德	丁	坤	壬	辛	乾	甲	癸	艮	丙	乙	巽	庚
天德合	壬		丁	丙		己	戊			辛	庚	乙
月德	丙	甲	壬	庚	丙	甲	壬	庚	丙	甲	壬	庚
月德合	辛	己	丁	乙	辛	己	丁	乙	辛	己	丁	乙
月空	壬	庚	丙	甲	壬	庚	丙	甲	壬	庚	丙	甲
阳贵人	兑	乾	中	巽	震	坤	坎	离	艮	兑	乾	中
阴贵人	坎	离	艮	兑	乾	中	坎	离	艮	兑	乾	中
飞天禄	坤	坎	离	艮	兑	乾	中	坎	离	艮	兑	乾
飞天马	坤	坎	离	艮	兑	乾	中	坎	离	艮	兑	乾
月紫白 一白	坎	坤	震	巽	中	乾	兑	艮	离	坎	坤	震
月紫白 六白	乾	兑	艮	离	坎	坤	震	巽	中	乾	兑	艮
月紫白 八白	艮	离	坎	坤	震	巽	中	乾	兑	艮	离	坎
月紫白 九紫	离	坎	坤	震	巽	中	乾	兑	艮	离	坎	坤

	立春	春分	立夏	夏至	立秋	秋分	立冬	冬至
三奇 乙	兑	坤	震	坎	震	艮	兑	离
三奇 丙	艮	震	巽	离	坤	兑	乾	坎
三奇 丁	离	巽	中	艮	坎	乾	中	坤

开山凶

月	正	二	三	四	五	六	七	八	九	十	十一	十二
月建	寅	卯	辰	巳	午	未	申	酉	戌	亥	子	丑
月破	申	酉	戌	亥	子	丑	寅	卯	辰	巳	午	未
月克山家	乾兑	亥丁	震巳	艮	离丙	壬乙			乾兑	亥丁	水山	土
阴府太岁	坤震	巽艮	乾兑	坤坎	离乾	震坤	艮巽	兑乾	坎坤	乾离	坤震	巽艮

修方凶

月	正	二	三	四	五	六	七	八	九	十	十一	十二
天官符	丑	庚	戊		庚	戊		辰	甲	未	壬	丙
	艮	兑	乾	中	兑	乾	中	巽	震	坤	坎	离
	寅	辛	亥		辛	亥		巳	乙	申	癸	丁
地官符		庚	戊		辰	甲	未	壬	丙	丑	庚	戊
	中	兑	乾	中	巽	震	坤	坎	离	艮	兑	乾
		辛	亥		巳	乙	申	癸	丁	寅	辛	亥
小月建		戊	庚	丑	丙	壬	未	甲	辰		戊	庚
	中	乾	兑	艮	离	坎	坤	震	巽	中	乾	兑
		亥	辛	寅	丁	癸	申	乙	巳		辛	亥
大月建		辰	甲	未	壬	丙	丑	庚	戊		辰	甲
	中	巽	震	坤	坎	离	艮	兑	乾	中	巽	震
		巳	乙	申	癸	丁	寅	辛	亥		巳	乙
飞大煞	丙	丑	庚	戊		庚	戊		辰	甲	未	壬
	离	艮	兑	乾	中	兑	乾	中	巽	震	坤	坎
	丁	寅	辛	亥		辛	亥		巳	乙	申	癸
丙丁独火	巽中	震巽	坤震	坎坤	离坎	艮离	兑艮	乾兑	中乾	中	巽中	震巽
	乾	兑	艮	离	坎	坤	震	巽	中	乾	兑	艮
劫煞	亥	申	巳	寅	亥	申	巳	寅	亥	申	巳	寅
灾煞	子	酉	午	卯	子	酉	午	卯	子	酉	午	卯
月煞	丑	戌	未	辰	丑	戌	未	辰	丑	戌	未	辰
月刑	巳	子	辰	申	午	丑	寅	酉	未	亥	卯	戌
月害	巳	辰	卯	寅	丑	子	亥	戌	酉	申	未	午
月厌	戌	酉	申	未	午	巳	辰	卯	寅	丑	子	亥

太岁辛亥干金支水纳音属金

开山立向修方吉

岁德丙　　　　岁德合辛　　　　岁支德辰

阳贵人寅　　　阴贵人午　　　　岁禄酉

岁马巳　　　　奏书乾　　　　　博士巽

三元紫白

上元	一白兑	六白震	八白中	九紫乾
中元	一白巽	六白离	八白坤	九紫震
下元	一白坎	六白乾	八白艮	九紫离

盖山黄道

贪狼坎癸申辰　　巨门坤乙　　武曲离壬寅戌　　文曲兑丁巳丑

通天窍

三合前方巽巳　丙午　丁未　　三合后方乾亥　壬子　癸丑

十二吉山宜亥卯未巳酉丑年月日时。

走马六壬

神后癸丑　　功曹甲卯　　天罡巽巳

胜光丁未　　传送庚酉　　河魁乾亥

十二吉山宜亥卯未巳酉丑年月日时。

四利三元

太阳子　　太阴寅　　龙德午　　福德申

开山立向修方凶

太岁亥 岁破巳 三煞申酉戌

坐煞向煞庚辛 甲乙 浮天空亡艮丙

开山凶

年克山家离壬丙乙山

阴府太岁坤坎 六害申 死符辰 灸退午

立向凶

巡山罗睺壬 病符戌

修方凶

天官符寅 地官符卯 大煞卯 大将军酉

力士艮 蚕室坤 蚕官未 蚕命申

岁刑亥 黄幡未 豹尾丑 飞廉丑

丧门丑 吊客酉 白虎未 金神寅卯午未子丑

独火乾 五鬼巳 破败五鬼乾

开山立向修方吉

月	正	二	三	四	五	六	七	八	九	十	十一	十二
天道	南	西南	北	西	西北	东	北	东北	南	东	东南	西
天德	丁	坤	壬	辛	乾	甲	癸	艮	丙	乙	巽	庚
天德合	壬		丁	丙		己	戊		辛	庚		乙
月德	丙	甲	壬	庚	丙	甲	壬	庚	丙	甲	壬	庚
月德合	辛	己	丁	乙	辛	己	丁	乙	辛	己	丁	乙
月空	壬	庚	丙	甲	壬	庚	丙	甲	壬	庚	丙	甲
阳贵人	中	坎	离	艮	兑	乾	中	巽	震	坤	坎	离
阴贵人	离	艮	兑	乾	中	坎	离	艮	兑	乾	中	巽

（续表）

月	正	二	三	四	五	六	七	八	九	十	十一	十二
飞天禄	震	坤	坎	离	艮	兑	乾	中	坎	离	艮	兑
飞天马	艮	兑	乾	中	坎	离	艮	兑	乾	中	巽	震
月紫白 一白	巽	中	乾	兑	艮	离	坎	坤	震	巽	中	乾
月紫白 六白	离	坎	坤	震	巽	中	乾	兑	艮	离	坎	坤
月紫白 八白	坤	震	巽	中	乾	兑	艮	离	坎	坤	震	巽
月紫白 九紫	震	巽	中	乾	兑	艮	离	坎	坤	震	巽	中

	立春	春分	立夏	夏至	立秋	秋分	立冬	冬至
三奇 乙	乾	坎	坤	坤	巽	离	艮	艮
三奇 丙	兑	坤	震	坎	震	艮	兑	离
三奇 丁	艮	震	巽	离	坤	兑	乾	坎

开山凶

月	正	二	三	四	五	六	七	八	九	十	十一	十二
月建	寅	卯	辰	巳	午	未	申	酉	戌	亥	子	丑
月破	申	酉	戌	亥	子	丑	寅	卯	辰	巳	午	未
月克山家			乾兑	亥丁	离丙	壬乙	震巳	艮			水山	土
阴府太岁	乾兑	坤坎	离乾	震坤	艮巽	兑乾	坎坤	乾离	坤震	巽艮	乾兑	坤坎

修方凶

月	正	二	三	四	五	六	七	八	九	十	十一	十二
天官符		庚	戌		辰	甲	未	壬	丙	丑	庚	戌
天官符	中	兑	乾	中	巽	震	坤	坎	离	艮	兑	乾
天官符		辛	亥		巳	乙	申	癸	丁	寅	辛	亥
地官符	戌		庚	戌		辰	甲	未	壬	丙	丑	庚
地官符	乾	中	兑	乾	中	巽	震	坤	坎	离	艮	兑
地官符	亥		辛	亥		巳	乙	申	癸	丁	寅	辛

（续表）

月	正	二	三	四	五	六	七	八	九	十	十一	十二
小月建	丙	壬	未	甲	辰		戊	庚	丑	丙	壬	未
	离	坎	坤	震	巽	中	乾	兑	艮	离	坎	坤
	丁	癸	申	乙	巳		亥	辛	寅	丁	癸	申
大月建	未	壬	丙	丑	庚	戊		辰	甲	未	壬	丙
	坤	坎	离	艮	兑	乾	中	巽	震	坤	坎	离
	申	癸	丁	寅	辛	亥		巳	乙	申	癸	丁
飞大煞	戊		庚	戊		辰	甲	未	壬	丙	丑	庚
	乾	中	兑	乾	中	巽	震	坤	坎	离	艮	兑
	亥		辛	亥		巳	乙	申	癸	丁	寅	辛
丙丁独火	坤	坎	离	艮	兑	乾	中	中	巽	震	坤	坎
	震	坤	坎	离	艮	兑	乾		中	巽	震	坤
月游火	坎	坤	震	巽	中	乾	兑	艮	离	坎	坤	震
劫煞	亥	申	巳	寅	亥	申	巳	寅	亥	申	巳	寅
灾煞	子	酉	午	卯	子	酉	午	卯	子	酉	午	卯
月煞	丑	戌	未	辰	丑	戌	未	辰	丑	戌	未	辰
月刑	巳	子	辰	申	午	丑	寅	酉	未	亥	卯	戌
月害	巳	辰	卯	寅	丑	子	亥	戌	酉	申	未	午
月厌	戌	酉	申	未	午	巳	辰	卯	寅	丑	子	亥

太岁壬子干水支水纳音属木

开山立向修方吉

岁德壬　　　　岁德合丁　　　　岁支德巳

阳贵人卯　　　阴贵人巳　　　　岁禄亥

岁马寅　　　　奏书乾　　　　　博士巽

三元紫白

上元	一白艮	六白巽	八白乾	九紫兑
中元	一白中	六白坎	八白震	九紫巽
下元	一白坤	六白兑	八白离	九紫坎

盖山黄道

贪狼震庚亥未　巨门兑丁巳丑　武曲巽辛　文曲坤乙

通天窍

三合前方艮寅　甲卯　乙辰　　三合后方坤申　庚酉　辛戌
十二吉山宜申子辰寅午戌年月日时。

走马六壬

神后壬子　功曹艮寅　天罡乙辰
胜光丙午　传送坤申　河魁辛戌
十二吉山宜申子辰寅午戌年月日时。

四利三元

太阳丑　　太阴卯　　龙德未　　福德酉

开山立向修方凶

太岁子　岁破午　三煞巳午未
坐煞向煞丙丁　壬癸　浮天空亡乾甲

开山凶

年克山家乾亥兑丁山
阴府太岁离乾　六害未　死符巳　灸退卯

立向凶

巡山罗睺癸　病符亥

修方凶

天官符亥　　地官符坤　　大煞子　　　大将军酉

力士艮　　　蚕室坤　　　蚕官未　　　蚕命申

岁刑卯　　　黄幡辰　　　豹尾戌　　　飞廉申

丧门寅　　　吊客戌　　　白虎申　　　金神寅卯戌亥

独火艮　　　五鬼辰　　　破败五鬼巽

开山立向修方吉

月	正	二	三	四	五	六	七	八	九	十	十一	十二
天道	南	西南	北	西	西北	东	北	东北	南	东	东南	西
天德	丁	坤	壬	辛	乾	甲	癸	艮	丙	乙	巽	庚
天德合	壬		丁	丙		己	戊		辛	庚		乙
月德	丙	甲	壬	庚	丙	甲	壬	庚	丙	甲	壬	庚
月德合	辛	己	丁	乙	辛	己	丁	乙	辛	己	丁	乙
月空	壬	庚	丙	甲	壬	庚	丙	甲	壬	庚	丙	甲
阳贵人	乾	中	坎	离	艮	兑	乾	中	巽	震	坤	坎
阴贵人	艮	兑	乾	中	坎	离	艮	兑	乾	中	巽	震
飞天禄	中	巽	震	坤	坎	离	艮	兑	乾	中	坎	离
飞天马	中	坎	离	艮	兑	乾	中	巽	震	坤	坎	离
月紫白 一白	兑	艮	离	坎	坤	震	巽	中	乾	兑	艮	离
月紫白 六白	震	巽	中	乾	兑	艮	离	坎	坤	震	巽	中
月紫白 八白	中	乾	兑	艮	离	坎	坤	震	巽	中	乾	兑
月紫白 九紫	乾	兑	艮	离	坎	坤	震	巽	中	乾	兑	艮

		立春	春分	立夏	夏至	立秋	秋分	立冬	冬至
三奇	乙	中	离	坎	震	中	坎	离	兑
	丙	乾	坎	坤	坤	巽	离	艮	艮
	丁	兑	坤	震	坎	震	艮	兑	离

开山凶

月	正	二	三	四	五	六	七	八	九	十	十一	十二
月建	寅	卯	辰	巳	午	未	申	酉	戌	亥	子	丑
月破	申	酉	戌	亥	子	丑	寅	卯	辰	巳	午	未
月克山家			离丙	壬乙	水山	土	震巳	艮				
阴府太岁	离乾	震坤	艮巽	兑乾	坎坤	乾离	坤震	巽艮	乾兑	坤坎	离乾	震坤

修方凶

月	正	二	三	四	五	六	七	八	九	十	十一	十二
天官符		辰	甲	未	壬	丙	丑	庚	戌		庚	戌
	中	巽	震	坤	坎	离	艮	兑	乾	中	兑	乾
		巳	乙	申	癸	丁	寅	辛	亥		辛	亥
地官符	庚	戌		庚	戌		辰	甲	未	壬	丙	丑
	兑	乾	中	兑	乾	中	巽	震	坤	坎	离	艮
	辛	亥		辛	亥		巳	乙	申	癸	丁	寅
小月建		戌	庚	丑	丙	壬	未	甲	辰		戌	庚
	中	乾	兑	艮	离	坎	坤	震	巽	中	乾	兑
		亥	辛	寅	丁	癸	申	乙	巳		亥	辛
大月建	丑	庚	戌		辰	甲	未	壬	丙	丑	庚	戌
	艮	兑	乾	中	巽	震	坤	坎	离	艮	兑	乾
	寅	辛	亥		巳	乙	申	癸	丁	寅	辛	亥
飞大煞	戌		辰	甲	未	壬	丙	丑	庚	戌		庚
	乾	中	巽	震	坤	坎	离	艮	兑	乾	中	兑
	亥		巳	乙	申	癸	丁	寅	辛	亥		辛
丙丁独火	离坎	艮离	兑艮	乾兑	中乾	中	巽中	震巽	坤震	坎坤	离坎	艮离

（续表）

月	正	二	三	四	五	六	七	八	九	十	十一	十二
月游火	艮	离	坎	坤	震	巽	中	乾	兑	艮	离	坎
劫煞	亥	申	巳	寅	亥	申	巳	寅	亥	申	巳	寅
灾煞	子	酉	午	卯	子	酉	午	卯	子	酉	午	卯
月煞	丑	戌	未	辰	丑	戌	未	辰	丑	戌	未	辰
月刑	巳	子	辰	申	午	丑	寅	酉	未	亥	卯	戌
月害	巳	辰	卯	寅	丑	子	亥	戌	酉	申	未	午
月厌	戌	酉	申	未	午	巳	辰	卯	寅	丑	子	亥

太岁癸丑干水支土纳音属木

开山立向修方吉

岁德戊　　　　岁德合癸　　　　岁支德午
阳贵人巳　　　阴贵人卯　　　　岁禄子
岁马亥　　　　奏书乾　　　　　博士巽

三元紫白

上元	一白离	六白中	八白兑	九紫艮
中元	一白乾	六白坤	八白巽	九紫中
下元	一白震	六白艮	八白坎	九紫坤

盖山黄道

贪狼艮丙　　巨门巽辛　　武曲兑丁巳丑　　文曲离壬寅戌

584

通天窍

三合前方乾亥　壬子　癸丑　　三合后方巽巳　丙午　丁未
十二吉山宜巳酉丑亥卯未年月日时。

走马六壬

神后乾亥　　功曹癸丑　　天罡甲卯
胜光巽巳　　传送丁未　　河魁庚酉
十二吉山宜巳酉丑亥卯未年月日时。

四利三元

太阳寅　　太阴辰　　龙德申　　福德戌

开山立向修方凶

太岁丑　　岁破未　　三煞寅卯辰
坐煞向煞甲乙 庚辛　　浮天空亡坤乙

开山凶

年克山家甲寅辰巽戌坎辛申丑癸坤庚未山
阴府太岁震坤　　六害午　　死符午　　灸退子

立向凶

巡山罗睺艮　　病符子

修方凶

天官符申　　地官符巳　　大煞酉　　　大将军酉
力士艮　　　蚕室坤　　　蚕官未　　　蚕命申
岁刑戌　　　黄幡丑　　　豹尾未　　　飞廉酉
丧门卯　　　吊客亥　　　白虎酉　　　金神申酉子丑
独火震　　　五鬼卯　　　破败五鬼艮

585

开山立向修方吉

月	正	二	三	四	五	六	七	八	九	十	十一	十二
天道	南	西南	北	西	西北	东	北	东北	南	东	东南	西
天德	丁	坤	壬	辛	乾	甲	癸	艮	丙	乙	巽	庚
天德合	壬		丁	丙		己	戊		辛	庚		乙
月德	丙	甲	壬	庚	丙	甲	壬	庚	丙	甲	壬	庚
月德合	辛	己	丁	乙	辛	己	丁	乙	辛	己	丁	乙
月空	壬	庚	丙	甲	壬	庚	丙	甲	壬	庚	丙	甲
阳贵人	艮	兑	乾	中	坎	离	艮	兑	乾	中	巽	震
阴贵人	乾	中	坎	离	艮	兑	乾	中	巽	震	坤	坎
飞天禄	乾	中	巽	震	坤	坎	离	艮	兑	乾	中	坎
飞天马	中	巽	震	坤	坎	离	艮	兑	乾	中	坎	离
月紫白 一白	坎	坤	震	巽	中	乾	兑	艮	离	坎	坤	震
月紫白 六白	乾	兑	艮	离	坎	坤	震	巽	中	乾	兑	艮
月紫白 八白	艮	离	坎	坤	震	巽	中	乾	兑	艮	离	坎
月紫白 九紫	离	坎	坤	震	巽	中	乾	兑	艮	离	坎	坤

	立春	春分	立夏	夏至	立秋	秋分	立冬	冬至
三奇 乙	巽	艮	离	巽	乾	坤	坎	乾
三奇 丙	中	离	坎	震	中	坎	离	兑
三奇 丁	乾	坎	坤	坤	巽	离	艮	艮

开山凶

月	正	二	三	四	五	六	七	八	九	十	十一	十二
月建	寅	卯	辰	巳	午	未	申	酉	戌	亥	子	丑
月破	申	酉	戌	亥	子	丑	寅	卯	辰	巳	午	未
月克山家	震巳	艮	离丙	壬乙			水山	土	震巳	艮		
阴府太岁	艮巽	兑乾	坎坤	乾离	坤震	巽艮	乾兑	坤坎	离乾	震坤	艮巽	兑乾

修方凶

月	正	二	三	四	五	六	七	八	九	十	十一	十二
天官符	未	壬	丙	丑	庚	戌		庚	戌		辰	甲
	坤	坎	离	艮	兑	乾	中	兑	乾	中	巽	震
	申	癸	丁	寅	辛	亥		辛	亥		巳	乙
地官符	丑	庚	戌		庚	戌		辰	甲	未	壬	丙
	艮	兑	乾	中	兑	乾	中	巽	震	坤	坎	离
	寅	辛	亥		辛	亥		巳	乙	申	癸	丁
小月建	丙	壬	未	甲	辰		戌	庚	丑	丙	壬	未
	离	坎	坤	震	巽	中	乾	兑	艮	离	坎	坤
	丁	癸	申	乙	巳		亥	辛	寅	丁	癸	申
大月建		辰	甲	未	壬	丙	丑	庚	戌		辰	甲
	中	巽	震	坤	坎	离	艮	兑	乾	中	巽	震
		巳	乙	申	癸	丁	寅	辛	亥		巳	乙
飞大煞	甲	未	壬	丙	丑	庚	戌		庚	戌		辰
	震	坤	坎	离	艮	兑	乾	中	兑	乾	中	巽
	乙	申	癸	丁	寅	辛	亥		辛	亥		巳
丙丁独火	兑艮	乾兑	中乾	中	巽中	震巽	坤震	坎坤	离坎	艮离	兑艮	乾兑
月游火	艮	离	坎	坤	震	巽	中	乾	兑	艮	离	坎
劫煞	亥	申	巳	寅	亥	申	巳	寅	亥	申	巳	寅
灾煞	子	酉	午	卯	子	酉	午	卯	子	酉	午	卯
月煞	丑	戌	未	辰	丑	戌	未	辰	丑	戌	未	辰
月刑	巳	子	辰	申	午	丑	寅	酉	未	亥	卯	戌
月害	巳	辰	卯	寅	丑	子	亥	戌	酉	申	未	午
月厌	戌	酉	申	未	午	巳	辰	卯	寅	丑	子	亥

（钦定协纪辨方书卷十八）

钦定四库全书·钦定协纪辨方书卷十九

年表六

甲寅至癸亥

太岁甲寅干木支木纳音属水

开山立向修方吉

岁德甲　　　岁德合己　　　岁支德未

阳贵人未　　　阴贵人丑　　　岁禄寅

岁马申　　　奏书艮　　　博士坤

三元紫白

上元	一白坎	六白乾	八白艮	九紫离
中元	一白兑	六白震	八白中	九紫乾
下元	一白巽	六白离	八白坤	九紫震

盖山黄道

贪狼艮丙　　巨门巽辛　　武曲兑丁巳丑　　文曲离壬寅戌

通天窍

三合前方坤申　庚酉　辛戌　　三合后方艮寅　甲卯　乙辰

十二吉山宜寅午戌申子辰年月日时。

走马六壬

神后辛戌　　功曹壬子　　天罡艮寅
胜光乙辰　　传送丙午　　河魁坤申
十二吉山宜寅午戌申子辰年月日时。

四利三元

太阳卯　　太阴巳　　龙德酉　　福德亥

开山立向修方凶

太岁寅　　岁破申　　三煞亥子丑
坐煞向煞壬癸　丙丁　　浮天空亡离壬

开山凶

年克山家离壬丙乙山
阴府太岁艮巽　　六害巳　　死符未　　灸退酉

立向凶

巡山罗睺甲　　病符丑

修方凶

天官符巳　　地官符午　　大煞午　　　大将军子
力士巽　　　蚕室乾　　　蚕官戌　　　蚕命亥
岁刑巳　　　黄幡戌　　　豹尾辰　　　飞廉戌
丧门辰　　　吊客子　　　白虎戌　　　金神午未申酉
独火震　　　五鬼寅　　　破败五鬼巽

开山立向修方吉

月	正	二	三	四	五	六	七	八	九	十	十一	十二
天道	南	西南	北	西	西北	东	北	东北	南	东	东南	西
天德	丁	坤	壬	辛	乾	甲	癸	艮	丙	乙	巽	庚
天德合	壬		丁	丙		己	戊		辛	庚		乙
月德	丙	甲	壬	庚	丙	甲	壬	庚	丙	甲	壬	庚
月德合	辛	己	丁	乙	辛	己	丁	乙	辛	己	丁	乙
月空	壬	庚	丙	甲	壬	庚	丙	甲	壬	庚	丙	甲
阳贵人	坎	离	艮	兑	乾	中	坎	离	艮	兑	乾	中
阴贵人	兑	乾	中	巽	震	坤	坎	离	艮	兑	乾	中
飞天禄	中	坎	离	艮	兑	乾	中	巽	震	坤	坎	离
飞天马	坤	坎	离	艮	兑	乾	中	坎	离	艮	兑	乾
月紫白 一白	巽	中	乾	兑	艮	离	坎	坤	震	巽	中	乾
月紫白 六白	离	坎	坤	震	巽	中	乾	兑	艮	离	坎	坤
月紫白 八白	坤	震	巽	中	乾	兑	艮	离	坎	坤	震	巽
月紫白 九紫	震	巽	中	乾	兑	艮	离	坎	坤	震	巽	中

三奇	立春	春分	立夏	夏至	立秋	秋分	立冬	冬至
乙	巽	艮	离	巽	乾	坤	坎	乾
丙	巽	艮	离	巽	乾	坤	坎	乾
丁	中	离	坎	震	中	坎	离	兑

开山凶

月	正	二	三	四	五	六	七	八	九	十	十一	十二
月建	寅	卯	辰	巳	午	未	申	酉	戌	亥	子	丑
月破	申	酉	戌	亥	子	丑	寅	卯	辰	巳	午	未
月克山家	乾兑	亥丁	震巽巳	艮			水山	土	乾兑	亥丁	离丙	壬乙
阴府太岁	坎坤	乾离	坤震	巽艮	乾兑	坤坎	离乾	震坤	艮巽	兑乾	坎坤	乾离

修方凶

月	正	二	三	四	五	六	七	八	九	十	十一	十二
天官符	丑	庚	戌		庚	戌		辰	甲	未	壬	丙
	艮	兑	乾	中	兑	乾	中	巽	震	坤	坎	离
	寅	辛	亥		辛	亥		巳	乙	申	癸	丁
地官符	丙	丑	庚	戌		庚	戌		辰	甲	未	壬
	离	艮	兑	乾	中	兑	乾	中	巽	震	坤	坎
	丁	寅	辛	亥		辛	亥		巳	乙	申	癸
小月建		戌	庚	丑	丙	壬	未	甲	辰		戌	庚
	中	乾	兑	艮	离	坎	坤	震	巽	中	乾	兑
		亥	辛	寅	丁	癸	申	乙	巳		亥	辛
大月建	未	壬	丙	丑	庚	戌		辰	甲	未	壬	丙
	坤	坎	离	艮	兑	乾	中	巽	震	坤	坎	离
	申	癸	丁	寅	辛	亥		巳	乙	申	癸	丁
飞大煞	丙	丑	庚	戌		庚	戌		辰	甲	未	壬
	离	艮	兑	乾	中	兑	乾	中	巽	震	坤	坎
	丁	寅	辛	亥		辛	亥		巳	乙	申	癸
丙丁独火	中乾	中	巽中	震巽	坤震	坎坤	离坎	艮离	兑艮	乾兑	中乾	中
月游火	震	巽	中	乾	兑	艮	离	坎	坤	震	巽	中
劫煞	亥	申	巳	寅	亥	申	巳	寅	亥	申	巳	寅
灾煞	子	酉	午	卯	子	酉	午	卯	子	酉	午	卯
月煞	丑	戌	未	辰	丑	戌	未	辰	丑	戌	未	辰
月刑	巳	子	辰	申	午	丑	寅	酉	未	亥	卯	戌
月害	巳	辰	卯	寅	丑	子	亥	戌	酉	申	未	午
月厌	戌	酉	申	未	午	巳	辰	卯	寅	丑	子	亥

太岁乙卯干木支木纳音属水

开山立向修方吉

岁德庚　　　岁德合乙　　　岁支德申
阳贵人申　　阴贵人子　　　岁禄卯
岁马巳　　　奏书艮　　　　博士坤

三元紫白

上元	一白坤	六白兑	八白离	九紫坎
中元	一白艮	六白巽	八白乾	九紫兑
下元	一白中	六白坎	八白震	九紫巽

盖山黄道

贪狼乾甲　　巨门离壬寅戌　　武曲坤乙　　文曲巽辛

通天窍

三合前方巽巳　丙午　丁未　　三合后方乾亥　壬子　癸丑
十二吉山宜亥卯未巳酉丑年月日时。

走马六壬

神后庚酉　　功曹乾亥　　天罡癸丑
胜光甲卯　　传送巽巳　　河魁丁未
十二吉山宜亥卯未巳酉丑年月日时。

四利三元

太阳辰　　太阴午　　龙德戌　　福德子

开山立向修方凶

太岁卯　　岁破酉　　三煞申酉戌

坐煞向煞庚辛甲乙　　浮天空亡坎癸

开山凶

年克山家二十四山并无克　　冬至后克乾亥兑丁山

阴府太岁兑乾　　六害辰　　死符申　　灸退午

立向凶

巡山罗睺乙　　病符寅

修方凶

天官符寅	地官符未	大煞卯	大将军子
力士巽	蚕室乾	蚕官戌	蚕命亥
岁刑子	黄幡未	豹尾丑	飞廉巳
丧门巳	吊客亥	白虎亥	金神辰巳
独火坎	五鬼丑	破败五鬼艮	

开山立向修方吉

月	正	二	三	四	五	六	七	八	九	十	十一	十二
天道	南	西南	北	西	西北	东	北	东北	南	东	东南	西
天德	丁	坤	壬	辛	乾	甲	癸	艮	丙	乙	巽	庚
天德合	壬		丁	丙		己	戊		辛	庚		乙
月德	丙	甲	壬	庚	丙	甲	壬	庚	丙	甲	壬	庚
月德合	辛	己	丁	乙	辛	己	丁	乙	辛	己	丁	乙
月空	壬	庚	丙	甲	壬	庚	丙	甲	壬	庚	丙	甲
阳贵人	坤	坎	离	艮	兑	乾	中	坎	离	艮	兑	乾
阴贵人	乾	中	巽	震	坤	坎	离	艮	兑	乾	中	坎

(续表)

月	正	二	三	四	五	六	七	八	九	十	十一	十二
飞天禄	乾	中	坎	离	艮	兑	乾	中	巽	震	坤	坎
飞天马	艮	兑	乾	中	坎	离	艮	兑	乾	中	巽	震
月紫白 一白	兑	艮	离	坎	坤	震	巽	中	乾	兑	艮	离
月紫白 六白	震	巽	中	乾	兑	艮	离	坎	坤	震	巽	中
月紫白 八白	中	乾	兑	艮	离	坎	坤	震	巽	中	乾	兑
月紫白 九紫	乾	兑	艮	离	坎	坤	震	巽	中	乾	兑	艮

	立春	春分	立夏	夏至	立秋	秋分	立冬	冬至
三奇 乙	震	兑	艮	中	兑	震	坤	中
三奇 丙	巽	艮	离	巽	乾	坤	坎	乾
三奇 丁	中	离	坎	震	中	坎	离	兑

开山凶

月	正	二	三	四	五	六	七	八	九	十	十一	十二
月建	寅	卯	辰	巳	午	未	申	酉	戌	亥	子	丑
月破	申	酉	戌	亥	子	丑	寅	卯	辰	巳	午	未
月克山家	乾兑	亥丁	震巳	艮	离丙	壬乙			乾兑	亥丁	水山	土
阴府太岁	坤震	巽艮	乾兑	坤坎	离乾	震坤	艮巽	兑乾	坎坤	乾离	坤震	巽艮

修方凶

月	正	二	三	四	五	六	七	八	九	十	十一	十二
天官符		庚	戌		辰	甲	未	壬	丙	丑	庚	戌
天官符	中	兑	乾	中	巽	震	坤	坎	离	艮	兑	乾
天官符		辛	亥		巳	乙	申	癸	丁	寅	辛	亥
地官符	壬	丙	丑	庚	戌		庚	戌		辰	甲	未
地官符	坎	离	艮	兑	乾	中	兑	乾	中	巽	震	坤
地官符	癸	丁	寅	辛	亥		辛	亥		巳	乙	申

（续表）

月	正	二	三	四	五	六	七	八	九	十	十一	十二
小月建	丙 离 丁	壬 坎 癸	未 坤 申	甲 震 乙	辰 巽 巳	中	戌 乾 亥	庚 兑 辛	丑 艮 寅	丙 离 丁	壬 坎 癸	未 坤 申
大月建	丑 艮 寅	庚 兑 辛	戌 乾 亥	中	辰 巽 巳	甲 震 乙	未 坤 申	壬 坎 癸	丙 离 丁	丑 艮 寅	庚 兑 辛	戌 乾 亥
飞大煞	戌 乾 亥	中	庚 兑 辛	戌 乾 亥	中	辰 巽 巳	甲 震 乙	未 坤 申	壬 坎 癸	丙 离 丁	丑 艮 寅	庚 兑 辛
丙丁独火	巽中	震巽	坤震	坎坤	离坎	艮离	兑艮	乾兑	中乾	中	巽中	震巽
月游火	巽	中	乾	兑	艮	离	坎	坤	震	巽	中	乾
劫煞	亥	申	巳	寅	亥	申	巳	寅	亥	申	巳	寅
灾煞	子	酉	午	卯	子	酉	午	卯	子	酉	午	卯
月煞	丑	戌	未	辰	丑	戌	未	辰	丑	戌	未	辰
月刑	巳	子	辰	申	午	丑	寅	酉	未	亥	卯	戌
月害	巳	辰	卯	寅	丑	子	亥	戌	酉	申	未	午
月厌	戌	酉	申	未	午	巳	辰	卯	寅	丑	子	亥

太岁丙辰干火支土纳音属土

开山立向修方吉

岁德丙　　　岁德合辛　　　岁支德酉

阳贵人酉　　阴贵人亥　　　岁禄巳

岁马寅　　　奏书艮　　　　博士坤

三元紫白

上元	一白震	六白艮	八白坎	九紫坤
中元	一白离	六白中	八白兑	九紫艮
下元	一白乾	六白坤	八白巽	九紫中

盖山黄道

贪狼兑丁巳丑　　巨门震庚亥未　　武曲艮丙　　文曲坎癸申辰

通天窍

三合前方艮寅　甲卯　乙辰　　　三合后方坤申　庚酉　辛戌
十二吉山宜申子辰寅午戌年月日时。

走马六壬

神后坤申　　功曹辛戌　　天罡壬子
胜光艮寅　　传送乙辰　　河魁丙午
十二吉山宜申子辰寅午戌年月日时。

四利三元

太阳巳　　太阴未　　龙德亥　　福德丑

开山立向修方凶

太岁辰　　岁破戌　　三煞巳午未
坐煞向煞丙丁壬癸　　浮天空亡巽辛

开山凶

年克山家甲寅辰巽戌坎辛申丑癸坤庚未山
阴府太岁坎坤　　六害卯　　死符酉　　灸退卯

立向凶

巡山罗睺巽　　病符卯

修方凶

天官符亥　地官符申　大煞子　大将军子
力士巽　蚕室乾　蚕官戌　蚕命亥
岁刑辰　黄幡辰　豹尾戌　飞廉午
丧门午　吊客寅　白虎子　金神寅卯午未子丑
独火巽　五鬼子　破败五鬼坤

开山立向修方吉

月	正	二	三	四	五	六	七	八	九	十	十一	十二
天道	南	西南	北	西	西北	东	北	东北	南	东	东南	西
天德	丁	坤	壬	辛	乾	甲	癸	艮	丙	乙	巽	庚
天德合	壬		丁	丙		己	戊		辛	庚		乙
月德	丙	甲	壬	庚	丙	甲	壬	庚	丙	甲	壬	庚
月德合	辛	己	丁	乙	辛	己	丁	乙	辛	己	丁	乙
月空	壬	庚	丙	甲	壬	庚	丙	甲	壬	庚	丙	甲
阳贵人	震	坤	坎	离	艮	兑	乾	中	坎	离	艮	兑
阴贵人	中	巽	震	坤	坎	离	艮	兑	乾	中	坎	离
飞天禄	艮	兑	乾	中	坎	离	艮	兑	乾	中	巽	震
飞天马	中	坎	离	艮	兑	乾	中	巽	震	坤	坎	离
月紫白 一白	坎	坤	震	巽	中	乾	兑	艮	离	坎	坤	震
月紫白 六白	乾	兑	艮	离	坎	坤	震	巽	中	乾	兑	艮
月紫白 八白	艮	离	坎	坤	震	巽	中	乾	兑	艮	离	坎
月紫白 九紫	离	坎	坤	震	巽	中	乾	兑	艮	离	坎	坤

		立春	春分	立夏	夏至	立秋	秋分	立冬	冬至
三奇	乙	坤	乾	兑	乾	艮	巽	震	巽
	丙	震	兑	艮	中	兑	震	坤	中
	丁	巽	艮	离	巽	乾	坤	坎	乾

开山凶

月	正	二	三	四	五	六	七	八	九	十	十一	十二
月建	寅	卯	辰	巳	午	未	申	酉	戌	亥	子	丑
月破	申	酉	戌	亥	子	丑	寅	卯	辰	巳	午	未
月克山家			乾兑	亥丁	离丙	壬乙	震巳	艮			水山	土
阴府太岁	乾兑	坤坎	离乾	震坤	艮巽	兑乾	坎坤	乾离	坤震	巽艮	乾兑	坤坎

修方凶

月	正	二	三	四	五	六	七	八	九	十	十一	十二
天官符	中	辰巽巳	甲震乙	未坤申	壬坎癸	丙离丁	丑艮寅	庚兑辛	戌乾亥	中	庚兑辛	戌乾亥
地官符	未坤申	壬坎癸	丙离丁	丑艮寅	庚兑辛	戌乾亥	中	庚兑辛	戌乾亥	中	辰巽巳	甲震乙
小月建	中	戌乾亥	庚兑辛	丑艮寅	丙离丁	壬坎癸	未坤申	甲震乙	辰巽巳	中	戌乾亥	庚兑辛
大月建	中	辰巽巳	甲震乙	未坤申	壬坎癸	丙离丁	丑艮寅	庚兑辛	戌乾亥	中	辰巽巳	甲震乙
飞大煞	戌乾亥	中	辰巽巳	甲震乙	未坤申	壬坎癸	丙离丁	丑艮寅	庚兑辛	戌乾亥	中	庚兑辛
丙丁独火	坤震	坎坤	离坎	艮离	兑艮	乾兑	中乾	中	巽申	震巽	坤震	坎坤

（续表）

月	正	二	三	四	五	六	七	八	九	十	十一	十二
月游火	巽	中	乾	兑	艮	离	坎	坤	震	巽	中	乾
劫煞	亥	申	巳	寅	亥	申	巳	寅	亥	申	巳	寅
灾煞	子	酉	午	卯	子	酉	午	卯	子	酉	午	卯
月煞	丑	戌	未	辰	丑	戌	未	辰	丑	戌	未	辰
月刑	巳	子	辰	申	午	丑	寅	酉	未	亥	卯	戌
月害	巳	辰	卯	寅	丑	子	亥	戌	酉	申	未	午
月厌	戌	酉	申	未	午	巳	辰	卯	寅	丑	子	亥

太岁丁巳干火支火纳音属土

开山立向修方吉

岁德壬　　岁德合丁　　岁支德戌
阳贵人亥　阴贵人酉　　岁禄午
岁马亥　　奏书巽　　　博士乾

三元紫白

上元	一白巽	六白离	八白坤	九紫震
中元	一白坎	六白乾	八白艮	九紫离
下元	一白兑	六白震	八白中	九紫乾

盖山黄道

贪狼兑丁巳丑　巨门震庚亥未　武曲艮丙　文曲坎癸申辰

599

通天窍

三合前方乾亥　壬子　癸丑　三合后方巽巳 丙午 丁未
十二吉山宜巳酉丑亥卯未年月日时。

走马六壬

神后丁未　　功曹庚酉　　天罡乾亥
胜光癸丑　　传送甲卯　　河魁巽巳
十二吉山宜巳酉丑亥卯未年月日时。

四利三元

太阳午　　太阴申　　龙德子　　福德寅

开山立向修方凶

太岁巳　　岁破亥　　三煞寅卯辰
坐煞向煞甲乙　庚辛　　浮天空亡震庚

开山凶

年克山家震艮巳山
阴府太岁乾离　　六害寅　　死符戌　　灸退子

立向凶

巡山罗睺丙　　病符辰

修方凶

天官符申　　地官符酉　　大煞酉　　大将军卯
力士坤　　蚕室艮　　蚕官丑　　蚕命寅
岁刑申　　黄幡丑　　豹尾未　　飞廉未
丧门未　　吊客卯　　白虎丑　　金神寅卯戌亥
独火巽　　五鬼亥　　破败五鬼震

开山立向修方吉

月	正	二	三	四	五	六	七	八	九	十	十一	十二
天道	南	西南	北	西	西北	东	北	东北	南	东	东南	西
天德	丁	坤	壬	辛	乾	甲	癸	艮	丙	乙	巽	庚
天德合	壬		丁	丙		己	戊		辛	庚		乙
月德	丙	甲	壬	庚	丙	甲	壬	庚	丙	甲	壬	庚
月德合	辛	己	丁	乙	辛	己	丁	乙	辛	己	丁	乙
月空	壬	庚	丙	甲	壬	庚	丙	甲	壬	庚	丙	甲
阳贵人	中	巽	震	坤	坎	离	艮	兑	乾	中	坎	离
阴贵人	震	坤	坎	离	艮	兑	乾	中	坎	离	艮	兑
飞天禄	离	艮	兑	乾	中	坎	离	艮	兑	乾	中	巽
飞天马	中	巽	震	坤	坎	离	艮	兑	乾	中	坎	离
月紫白 一白	巽	中	乾	兑	艮	离	坎	坤	震	巽	中	乾
月紫白 六白	离	坎	坤	震	巽	中	乾	兑	艮	离	坎	坤
月紫白 八白	坤	震	巽	中	乾	兑	艮	离	坎	坤	震	巽
月紫白 九紫	震	巽	中	乾	兑	艮	离	坎	坤	震	巽	中

	立春	春分	立夏	夏至	立秋	秋分	立冬	冬至
三奇 乙	坎	中	乾	兑	离	中	巽	震
三奇 丙	坤	乾	兑	乾	艮	巽	震	巽
三奇 丁	震	兑	艮	中	兑	震	坤	中

开山凶

月	正	二	三	四	五	六	七	八	九	十	十一	十二
月建	寅	卯	辰	巳	午	未	申	酉	戌	亥	子	丑
月破	申	酉	戌	亥	子	丑	寅	卯	辰	巳	午	未
月克山家			离丙	壬乙	水山	土	震巳	艮				
阴府太岁	离乾	震坤	艮巽	兑乾	坎坤	乾离	坤震	巽艮	乾兑	坤坎	离乾	震坤

修方凶

月	正	二	三	四	五	六	七	八	九	十	十一	十二
天官符	未	壬	丙	丑	庚	戊		庚	戊		辰	甲
	坤	坎	离	艮	兑	乾	中	兑	乾	中	巽	震
	申	癸	丁	寅	辛	亥		辛	亥		巳	乙
地官符	甲	未	壬	丙	丑	庚	戊		庚	戊		辰
	震	坤	坎	离	艮	兑	乾	中	兑	乾	中	巽
	乙	申	癸	丁	寅	辛	亥		辛	亥		巳
小月建	丙	壬	未	甲	辰		戊	庚	丑	丙	壬	未
	离	坎	坤	震	巽	中	乾	兑	艮	离	坎	坤
	丁	癸	申	乙	巳		亥	辛	寅	丁	癸	申
大月建	未	壬	丙	丑	庚	戊		辰	甲	未	壬	丙
	坤	坎	离	艮	兑	乾	中	巽	震	坤	坎	离
	申	癸	丁	寅	辛	亥		巳	乙	申	癸	丁
飞大煞	甲	未	壬	丙	丑	庚	戊		庚	戊		辰
	震	坤	坎	离	艮	兑	乾	中	兑	乾	中	巽
	乙	申	癸	丁	寅	辛	亥		辛	亥		巳
丙丁独火	离坎	艮离	兑艮	乾兑	中乾	中	巽中	震巽	坤震	坎坤	离坎	艮离
月游火	离	坎	坤	震	巽	中	乾	兑	艮	离	坎	坤
劫煞	亥	申	巳	寅	亥	申	巳	寅	亥	申	巳	寅
灾煞	子	酉	午	卯	子	酉	午	卯	子	酉	午	卯
月煞	丑	戌	未	辰	丑	戌	未	辰	丑	戌	未	辰
月刑	巳	子	辰	申	午	丑	寅	酉	未	亥	卯	戌
月害	巳	辰	卯	寅	丑	子	亥	戌	酉	申	未	午
月厌	戌	酉	申	未	午	巳	辰	卯	寅	丑	子	亥

太岁戊午干土支火纳音属火

开山立向修方吉

岁德戊　　　　岁德合癸　　　　岁支德亥

阳贵人丑　　　阴贵人未　　　　岁禄巳

岁马申　　　　奏书巽　　　　　博士乾

三元紫白

上元	一白中	六白坎	八白震	九紫巽
中元	一白坤	六白兑	八白离	九紫坎
下元	一白艮	六白巽	八白乾	九紫兑

盖山黄道

贪狼巽辛　　　巨门艮丙　　　武曲震庚亥未　　　文曲乾甲

通天窍

三合前方坤申　庚酉　辛戌　　　三合后方艮寅　甲卯　乙辰

十二吉山宜寅午戌申子辰年月日时。

走马六壬

神后丙午　　　功曹坤申　　　天罡辛戌

胜光壬子　　　传送艮寅　　　河魁乙辰

十二吉山宜寅午戌申子辰年月日时。

四利三元

太阳未　　　太阴酉　　　龙德丑　　　福德卯

开山立向修方凶

太岁午　　岁破子　　三煞亥子丑

坐煞向煞壬癸丙丁　浮天空亡坤乙

开山凶

年克山家二十四山并无克　冬至后克乾亥兑丁山

阴府太岁坤震　　六害丑　　死符亥　　灸退酉

立向凶

巡山罗睺丁　　病符巳

修方凶

天官符巳　　地官符戌　　大煞午　　　大将军卯

力士坤　　　蚕室艮　　　蚕官丑　　　蚕命寅

岁刑午　　　黄幡戌　　　豹尾辰　　　飞廉寅

丧门申　　　吊客辰　　　白虎寅　　　金神申酉子丑

独火兑　　　五鬼戌　　　破败五鬼离

开山立向修方吉

月	正	二	三	四	五	六	七	八	九	十	十一	十二
天道	南	西南	北	西	西北	东	北	东北	南	东	东南	西
天德	丁	坤	壬	辛	乾	甲	癸	艮	丙	乙	巽	庚
天德合	壬		丁	丙		己	戊		辛	庚		乙
月德	丙	甲	壬	庚	丙	甲	壬	庚	丙	甲	壬	庚
月德合	辛	己	丁	乙	辛	己	丁	乙	辛	己	丁	乙
月空	壬	庚	丙	甲	壬	庚	丙	甲	壬	庚	丙	甲
阳贵人	兑	乾	中	巽	震	坤	坎	离	艮	兑	乾	中
阴贵人	坎	离	艮	兑	乾	中	坎	离	艮	兑	乾	中

604

（续表）

月	正	二	三	四	五	六	七	八	九	十	十一	十二
飞天禄	艮	兑	乾	中	坎	离	艮	兑	乾	中	巽	震
飞天马	坤	坎	离	艮	兑	乾	中	坎	离	艮	兑	乾
月紫白 一白	兑	艮	离	坎	坤	震	巽	中	乾	兑	艮	离
月紫白 六白	震	巽	中	乾	兑	艮	离	坎	坤	震	巽	中
月紫白 八白	中	乾	兑	艮	离	坎	坤	震	巽	中	乾	兑
月紫白 九紫	乾	兑	艮	离	坎	坤	震	巽	中	乾	兑	艮

	立春	春分	立夏	夏至	立秋	秋分	立冬	冬至
三奇 乙	离	巽	中	艮	坎	乾	中	坤
三奇 丙	坎	中	乾	兑	离	中	巽	震
三奇 丁	坤	乾	兑	乾	艮	巽	震	巽

开山凶

月	正	二	三	四	五	六	七	八	九	十	十一	十二
月建	寅	卯	辰	巳	午	未	申	酉	戌	亥	子	丑
月破	申	酉	戌	亥	子	丑	寅	卯	辰	巳	午	未
月克山家	震巳	艮	离丙	壬乙			水山	土	震巳	艮		
阴府太岁	艮巽	兑乾	坎坤	乾离	坤震	巽艮	乾兑	坤坎	离乾	震坤	艮巽	兑乾

修方凶

月	正	二	三	四	五	六	七	八	九	十	十一	十二
天官符	丑	庚	戌		庚	戌		辰	甲	未	壬	丙
天官符	艮	兑	乾	中	兑	乾	中	巽	震	坤	坎	离
天官符	寅	辛	亥		辛	亥		巳	乙	申	癸	丁
地官符	辰	甲	未	壬	丙	丑	庚	戌		庚	戌	
地官符	巽	震	坤	坎	离	艮	兑	乾	中	兑	乾	中
地官符	巳	乙	申	癸	丁	寅	辛	亥		辛	亥	

（续表）

月	正	二	三	四	五	六	七	八	九	十	十一	十二
小月建	中	戊乾亥	庚兑辛	丑艮寅	丙离丁	壬坎癸	未坤申	甲震乙	辰巽巳	中	戊乾亥	庚兑辛
大月建	丑艮寅	庚兑辛	戊乾亥	中	辰巽巳	甲震乙	未坤甲	壬坎癸	丙离丁	丑艮寅	庚兑辛	戊乾亥
飞大煞	丙离丁	丑艮寅	庚兑辛	戊乾亥	中	庚兑辛	戊乾亥	中	辰巽巳	甲震乙	未坤申	壬坎癸
丙丁独火	兑艮	乾兑	中乾	中	巽中	震巽	坤震	坎坤	离坎	艮离	兑艮	乾兑
月游火	坤	震	巽	中	乾	兑	艮	离	坎	坤	震	巽
劫煞	亥	申	巳	寅	亥	申	巳	寅	亥	申	巳	寅
灾煞	子	酉	午	卯	子	酉	午	卯	子	酉	午	卯
月煞	丑	戌	未	辰	丑	戌	未	辰	丑	戌	未	辰
月刑	巳	子	辰	申	午	丑	寅	酉	未	亥	卯	戌
月害	巳	辰	卯	寅	丑	子	亥	戌	酉	申	未	午
月厌	戌	酉	申	未	午	巳	辰	卯	寅	丑	子	亥

太岁己未干土支土纳音属火

开山立向修方吉

岁德甲　　　　岁德合己　　　　岁支德子

阳贵人子　　　阴贵人申　　　　岁禄午

岁马巳　　　　奏书巽　　　　　博士乾

三元紫白

上元	一白乾	六白坤	八白巽	九紫中
中元	一白震	六白艮	八白坎	九紫坤
下元	一白离	六白中	八白兑	九紫艮

盖山黄道

贪狼坤乙　　巨门坎癸申辰　　武曲乾甲　　文曲震庚亥未

通天窍

三合前方巽巳　丙午　丁未　　三合后方乾亥　壬子　癸丑
十二吉山宜亥卯未巳酉丑年月日时。

走马六壬

神后巽巳　　功曹丁未　　天罡庚酉
胜光乾亥　　传送癸丑　　河魁甲卯
十二吉山宜亥卯未巳酉丑年月日时。

四利三元

太阳申　　太阴戌　　龙德寅　　福德辰

开山立向修方凶

太岁未　　岁破丑　　三煞申酉戌
坐煞向煞庚辛　甲乙　　浮天空亡乾甲

开山凶

年克山家乾亥兑丁山
阴府太岁巽艮　　六害子　　死符子　　灸退午

立向凶

巡山罗睺坤　　病符午

修方凶

天官符寅　　地官符亥　　大煞卯　　　大将军卯

力士坤　　　蚕室艮　　　蚕官丑　　　蚕命寅

岁刑丑　　　黄幡未　　　豹尾丑　　　飞廉卯

丧门酉　　　吊客巳　　　白虎卯　　　金神午未申酉

独火离　　　五鬼酉　　　破败五鬼坎

开山立向修方吉

月	正	二	三	四	五	六	七	八	九	十	十一	十二
天道	南	西南	北	西	西北	东	北	东北	南	东	东南	西
天德	丁	坤	壬	辛	乾	甲	癸	艮	丙	乙	巽	庚
天德合	壬		丁	丙		己	戊		辛	庚		乙
月德	丙	甲	壬	庚	丙	甲	壬	庚	丙	甲	壬	庚
月德合	辛	己	丁	乙	辛	己	丁	乙	辛	己	丁	乙
月空	壬	庚	丙	甲	壬	庚	丙	甲	壬	庚	丙	甲
阳贵人	乾	中	巽	震	坤	坎	离	艮	兑	乾	中	坎
阴贵人	坤	坎	离	艮	兑	乾	中	坎	离	艮	兑	乾
飞天禄	离	艮	兑	乾	中	坎	离	艮	兑	乾	中	巽
飞天马	艮	兑	乾	中	坎	离	艮	兑	乾	中	巽	震
月紫白 一白	坎	坤	震	巽	中	乾	兑	艮	离	坎	坤	震
月紫白 六白	乾	兑	艮	离	坎	坤	震	巽	中	乾	兑	艮
月紫白 八白	艮	离	坎	坤	震	巽	中	乾	兑	艮	离	坎
月紫白 九紫	离	坎	坤	震	巽	中	乾	兑	艮	离	坎	坤

	立春	春分	立夏	夏至	立秋	秋分	立冬	冬至
三奇 乙	离	巽	中	艮	坎	乾	中	坤
三奇 丙	离	巽	中	艮	坎	乾	中	坤
三奇 丁	坎	中	乾	兑	离	中	巽	震

开山凶

月	正	二	三	四	五	六	七	八	九	十	十一	十二
月建	寅	卯	辰	巳	午	未	申	酉	戌	亥	子	丑
月破	申	酉	戌	亥	子	丑	寅	卯	辰	巳	午	未
月克山家	乾兑	亥丁	震巳	艮			水山	土	乾兑	亥丁	离丙	壬乙
阴府太岁	坎坤	乾离	坤震	巽艮	乾兑	坤坎	离乾	震坤	艮巽	兑乾	坎坤	乾离

修方凶

月		正	二	三	四	五	六	七	八	九	十	十一	十二
天官符			庚	戌		辰	甲	未	壬	丙	丑	庚	戊
		中	兑	乾	中	巽	震	坤	坎	离	艮	兑	乾
			辛	亥		巳	乙	申	癸	丁	寅	辛	亥
地官符			辰	甲	未	壬	丙	丑	庚	戌		庚	戊
		中	巽	震	坤	坎	离	艮	兑	乾	中	兑	乾
			巳	乙	申	癸	丁	寅	辛	亥		辛	亥
小月建		丙	壬	未	甲	辰		戌	庚	丑	丙	壬	未
		离	坎	坤	震	巽	中	乾	兑	艮	离	坎	坤
		丁	癸	申	乙	巳		亥	辛	寅	丁	癸	申
大月建			辰	甲	未	壬	丙	丑	庚	戌		辰	甲
		中	巽	震	坤	坎	离	艮	兑	乾	中	巽	震
			巳	乙	申	癸	丁	寅	辛	亥		巳	乙
飞大煞		戊		庚	戌		辰	甲	未	壬	丙	丑	庚
		乾	中	兑	乾	中	巽	震	坤	坎	离	艮	兑
		亥		辛	亥		巳	乙	申	癸	丁	寅	辛
丙丁独火		中乾	中	巽中	震巽	坤震	坎坤	离坎	艮离	兑艮	乾兑	中乾	中

（续表）

月	正	二	三	四	五	六	七	八	九	十	十一	十二
月游火	坤	震	巽	中	乾	兑	艮	离	坎	坤	震	巽
劫煞	亥	申	巳	寅	亥	申	巳	寅	亥	申	巳	寅
灾煞	子	酉	午	卯	子	酉	午	卯	子	酉	午	卯
月煞	丑	戌	未	辰	丑	戌	未	辰	丑	戌	未	辰
月刑	巳	子	辰	申	午	丑	寅	酉	未	亥	卯	戌
月害	巳	辰	卯	寅	丑	子	亥	戌	酉	申	未	午
月厌	戌	酉	申	未	午	巳	辰	卯	寅	丑	子	亥

太岁庚申干金支金纳音属木

开山立向修方吉

岁德庚　　　　岁德合乙　　　　岁支德丑
阳贵人丑　　　阴贵人未　　　　岁禄申
岁马寅　　　　奏书坤　　　　　博士艮

三元紫白

上元	一白兑	六白震	八白中	九紫乾
中元	一白巽	六白离	八白坤	九紫震
下元	一白坎	六白乾	八白艮	九紫离

盖山黄道

贪狼坤乙　　　巨门坎癸申辰　　　武曲乾甲　　　文曲震庚亥未

通天窍

三合前方艮寅　甲卯　乙辰　　　三合后方坤申　庚酉　辛戌
十二吉山宜申子辰寅午戌年月日时。

走马六壬

神后乙丑　　功曹丙午　　天罡坤申
胜光辛戌　　传送壬子　　河魁艮寅
十二吉山宜申子辰寅午戌年月日时。

四利三元

太阳酉　　太阴亥　　龙德卯　　福德巳

开山立向修方凶

太岁申　　岁破寅　　三煞巳午未
坐煞向煞丙丁　壬癸　浮天空亡兑丁

开山凶

年克山家离壬丙乙山
阴府太岁乾兑　　六害亥　　死符丑　　灸退卯

立向凶

巡山罗睺庚　　病符未

修方凶

天官符亥	地官符子	大煞子	大将军午
力士乾	蚕室巽	蚕官辰	蚕命巳
岁刑寅	黄幡辰	豹尾戌	飞廉辰
丧门戌	吊客午	白虎辰	金神辰巳
独火离	五鬼申	破败五鬼兑	

611

开山立向修方吉

月	正	二	三	四	五	六	七	八	九	十	十一	十二
天道	南	西南	北	西	西北	东	北	东北	南	东	东南	西
天德	丁	坤	壬	辛	乾	甲	癸	艮	丙	乙	巽	庚
天德合	壬		丁	丙		己	戊		辛	庚		乙
月德	丙	甲	壬	庚	丙	甲	壬	庚	丙	甲	壬	庚
月德合	辛	己	丁	乙	辛	己	丁	乙	辛	己	丁	乙
月空	壬	庚	丙	甲	壬	庚	丙	甲	壬	庚	丙	甲
阳贵人	兑	乾	中	巽	震	坤	坎	离	艮	兑	乾	中
阴贵人	坎	离	艮	兑	乾	中	坎	离	艮	兑	乾	中
飞天禄	坤	坎	离	艮	兑	乾	中	坎	离	艮	兑	乾
飞天马	中	坎	离	艮	兑	乾	中	巽	震	坤	坎	离
月紫白 一白	巽	中	乾	兑	艮	离	坎	坤	震	巽	中	乾
月紫白 六白	离	坎	坤	震	巽	中	乾	兑	艮	离	坎	坤
月紫白 八白	坤	震	巽	中	乾	兑	艮	离	坎	坤	震	巽
月紫白 九紫	震	巽	中	乾	兑	艮	离	坎	坤	震	巽	中

	立春	春分	立夏	夏至	立秋	秋分	立冬	冬至
三奇 乙	艮	离	巽	离	坤	兑	乾	坎
三奇 丙	离	巽	中	艮	坎	乾	中	坤
三奇 丁	坎	中	乾	兑	离	中	巽	震

开山凶

月	正	二	三	四	五	六	七	八	九	十	十一	十二
月建	寅	卯	辰	巳	午	未	申	酉	戌	亥	子	丑
月破	申	酉	戌	亥	子	丑	寅	卯	辰	巳	午	未
月克山家	乾兑	亥丁	震巳	艮	离丙	壬乙			乾兑	亥丁	水山	土
阴府太岁	坤震	巽艮	乾兑	坤坎	离坎	震乾	艮巽	兑乾	坎坤	乾离	坤震	巽艮

修方凶

月	正	二	三	四	五	六	七	八	九	十	十一	十二
天官符		辰	甲	未	壬	丙	丑	庚	戌		庚	戌
	中	巽	震	坤	坎	离	艮	兑	乾	中	兑	乾
		巳	乙	申	癸	丁	寅	辛	亥		辛	亥
地官符	戊		辰	甲	未	壬	丙	丑	庚	戌		庚
	乾	中	巽	震	坤	坎	离	艮	兑	乾	中	兑
	亥		巳	乙	申	癸	丁	寅	辛	亥		辛
小月建		戊	庚	丑	丙	壬	未	甲	辰		戊	庚
	中	乾	兑	艮	离	坎	坤	震	巽	中	乾	兑
		亥	辛	寅	丁	癸	申	乙	巳		亥	辛
大月建	未	壬	丙	丑	庚	戌		辰	甲	未	壬	丙
	坤	坎	离	艮	兑	乾	中	巽	震	坤	坎	离
	甲	癸	丁	寅	辛	亥		巳	乙	申	癸	丁
飞大煞	戊		辰	甲	未	壬	丙	丑	庚	戌		庚
	乾	中	巽	震	坤	坎	离	艮	兑	乾	中	兑
	亥		巳	乙	申	癸	丁	寅	辛	亥		辛
丙丁独火	巽中	震巽	坤震	坎坤	离坎	艮离	兑艮	乾兑	中乾	中	巽中	震巽
月游火	兑	艮	离	坎	坤	震	巽	中	乾	兑	艮	离
劫煞	亥	申	巳	寅	亥	申	巳	寅	亥	申	巳	寅
灾煞	子	酉	午	卯	子	酉	午	卯	子	酉	午	卯
月煞	丑	戌	未	辰	丑	戌	未	辰	丑	戌	未	辰
月刑	巳	子	辰	申	午	丑	寅	酉	未	亥	卯	戌
月害	巳	辰	卯	寅	丑	子	亥	戌	酉	申	未	午
月厌	戌	酉	申	未	午	巳	辰	卯	寅	丑	子	亥

太岁辛酉干金支金纳音属木

开山立向修方吉

岁德丙　　　　岁德合辛　　　　岁支德寅

阳贵人寅　　　阴贵人午　　　　岁禄酉

岁马亥　　　　奏书坤　　　　　博士艮

三元紫白

上元	一白艮	六白巽	八白乾	九紫兑
中元	一白中	六白坎	八白震	九紫巽
下元	一白坤	六白兑	八白离	九紫坎

盖山黄道

贪狼离壬寅戌　　巨门乾甲　　武曲坎癸申辰　　文曲艮丙

通天窍

三合前方乾亥　壬子　癸丑　三合后方巽巳　丙午　丁未

十二吉山宜巳酉丑亥卯未年月日时。

走马六壬

神后甲卯　　功曹巽巳　　天罡丁未

胜光庚酉　　传送乾亥　　河魁癸丑

十二吉山宜巳酉丑亥卯未年月日时。

四利三元

太阳戌　　太阴子　　龙德辰　　福德午

开山立向修方凶

太岁酉　　岁破卯　　三煞寅卯辰

坐煞向煞甲乙庚辛　　浮天空亡艮丙

开山凶

年克山家二十四山并无克　冬至后克乾亥兑丁山

阴府太岁坤坎　　六害戌　　死符寅　　灸退子

立向凶

巡山罗睺辛　　病符申

修方凶

天官符申　　地官符丑　　大煞酉　　　　大将军午

力士乾　　　蚕室巽　　　蚕官辰　　　　蚕命巳

岁刑酉　　　黄幡丑　　　豹尾未　　　　飞廉亥

丧门亥　　　吊客未　　　白虎巳　　　　金神寅卯午未子丑

独火坤　　　五鬼未　　　破败五鬼乾

开山立向修方吉

月	正	二	三	四	五	六	七	八	九	十	十一	十二
天道	南	西南	北	西	西北	东	北	东北	南	东	东南	西
天德	丁	坤	壬	辛	乾	甲	癸	艮	丙	乙	巽	庚
天德合	壬		丁	丙		己	戊		辛	庚		乙
月德	丙	甲	壬	庚	丙	甲	壬	庚	丙	甲	壬	庚
月德合	辛	己	丁	乙	辛	己	丁	乙	辛	己	丁	乙
月空	壬	庚	丙	甲	壬	庚	丙	甲	壬	庚	丙	甲
阳贵人	中	坎	离	艮	兑	乾	中	巽	震	坤	坎	离
阴贵人	离	艮	兑	乾	中	坎	离	艮	兑	乾	中	巽

（续表）

月	正	二	三	四	五	六	七	八	九	十	十一	十二
飞天禄	震	坤	坎	离	艮	兑	乾	中	坎	离	艮	兑
飞天马	中	巽	震	坤	坎	离	艮	兑	乾	中	坎	离
月紫白 一白	兑	艮	离	坎	坤	震	巽	中	乾	兑	艮	离
月紫白 六白	震	巽	中	乾	兑	艮	离	坎	坤	震	巽	中
月紫白 八白	中	乾	兑	艮	离	坎	坤	震	巽	中	乾	兑
月紫白 九紫	乾	兑	艮	离	坎	坤	震	巽	中	乾	兑	艮

三奇	立春	春分	立夏	夏至	立秋	秋分	立冬	冬至
乙	兑	坤	震	坎	震	艮	兑	离
丙	艮	震	巽	离	坤	兑	乾	坎
丁	离	巽	中	艮	坎	乾	中	坤

开山凶

月	正	二	三	四	五	六	七	八	九	十	十一	十二
月建	寅	卯	辰	巳	午	未	申	酉	戌	亥	子	丑
月破	申	酉	戌	亥	子	丑	寅	卯	辰	巳	午	未
月克山家				乾兑	亥丁	离丙	壬乙	震巳	艮		水山	土山
阴府太岁	乾兑	坤坎	离乾	震坤	艮巽	兑乾	坎坤	乾离	坤震	巽艮	乾兑	坤坎

修方凶

月	正	二	三	四	五	六	七	八	九	十	十一	十二
天官符	未	壬	丙	丑	庚	戌		庚	戌		辰	申
天官符	坤	坎	离	艮	兑	乾	中	兑	乾	中	巽	震
天官符	申	癸	丁	寅	辛	亥		辛	亥		巳	乙
地官符	庚	戌		辰	甲	未	壬	丙	丑	庚	戌	
地官符	兑	乾	中	巽	震	坤	坎	离	艮	兑	乾	中
地官符	辛	亥		巳	乙	申	癸	丁	寅	辛	亥	

（续表）

月	正	二	三	四	五	六	七	八	九	十	十一	十二
小月建	丙离丁	壬坎癸	未坤申	甲震乙	辰巽巳	中	戊乾亥	庚兑辛	丑艮寅	丙离丁	壬坎癸	未坤申
大月建	丑艮寅	庚兑辛	戌乾亥	辰巽巳	中	甲震乙	未坤申	壬坎癸	丙离丁	丑艮寅	庚兑辛	戌乾亥
飞大煞	甲震乙	未坤申	壬坎癸	丙离丁	丑艮寅	庚兑辛	戌乾亥	中	庚兑辛	戌乾亥	中	辰巽巳
丙丁独火	坤震	坎坤	离坎	艮离	兑艮	乾兑	中乾	中	巽中	震巽	坤震	坎坤
月游火	乾	兑	艮	离	坎	坤	震	巽	中	乾	兑	艮
劫煞	亥	申	巳	寅	亥	申	巳	寅	亥	申	巳	寅
灾煞	子	酉	午	卯	子	酉	午	卯	子	酉	午	卯
月煞	丑	戌	未	辰	丑	戌	未	辰	丑	戌	未	辰
月刑	巳	子	辰	申	午	丑	寅	酉	未	亥	卯	戌
月害	巳	辰	卯	寅	丑	子	亥	戌	酉	申	未	午
月厌	戌	酉	申	未	午	巳	辰	卯	寅	丑	子	亥

太岁壬戌干水支土纳音属水

开山立向修方吉

岁德壬　　　　岁德合丁　　　　岁支德卯

阳贵人卯　　　阴贵人巳　　　　岁禄亥

岁马申　　　　奏书坤　　　　　博士艮

三元紫白

上元	一白离	六白中	八白兑	九紫艮
中元	一白乾	六白坤	八白巽	九紫中
下元	一白震	六白艮	八白坎	九紫坤

盖山黄道

贪狼坎癸申辰　　巨门坤乙　　武曲离壬寅戌　　文曲兑丁巳丑

通天窍

三合前方坤申　庚酉　辛戌　　三合后方艮寅　甲卯　乙辰
十二吉山宜寅午戌申子辰年月日时。

走马六壬

神后艮寅　　功曹乙辰　　天罡丙午
胜光坤申　　传送辛戌　　河魁壬子
十二吉山宜寅午戌申子辰年月日时。

四利三元

太阳亥　　太阴丑　　龙德巳　　福德未

开山立向修方凶

太岁戌　　岁破辰　　三煞亥子丑
坐煞向煞壬癸　丙丁　　浮天空亡乾甲

开山凶

年克山家甲寅辰巽戌坎辛申丑癸坤庚未山
阴府太岁离乾　　六害酉　　死符卯　　灸退酉

立向凶

巡山罗睺乾　　病符酉

修方凶

天官符巳	地官符寅	大煞午	大将军午
力士乾	蚕室巽	蚕官辰	蚕命巳
岁刑未	黄幡戌	豹尾辰	飞廉子
丧门子	吊客申	白虎午	金神寅卯戌亥
独火乾	五鬼午	破败五鬼巽	

开山立向修方吉

月	正	二	三	四	五	六	七	八	九	十	十一	十二
天道	南	西南	北	西	西北	东	北	东北	南	东	东南	西
天德	丁	坤	壬	辛	乾	甲	癸	艮	丙	乙	巽	庚
天德合	壬		丁	丙		己	戊		辛	庚		乙
月德	丙	甲	壬	庚	丙	甲	壬	庚	丙	甲	壬	庚
月德合	辛	己	丁	乙	辛	己	丁	乙	辛	己	丁	乙
月空	壬	庚	丙	甲	壬	庚	丙	甲	壬	庚	丙	甲
阳贵人	乾	中	坎	离	艮	兑	乾	中	巽	震	坤	坎
阴贵人	艮	兑	乾	中	坎	离	艮	兑	乾	中	巽	震
飞天禄	中	巽	震	坤	坎	离	艮	兑	乾	中	坎	离
飞天马	坤	坎	离	艮	兑	乾	中	坎	离	艮	兑	乾
月紫白 一白	坎	坤	震	巽	中	乾	兑	艮	离	坎	坤	震
月紫白 六白	乾	兑	艮	离	坎	坤	震	巽	中	乾	兑	艮
月紫白 八白	艮	离	坎	坤	震	巽	中	乾	兑	艮	离	坎
月紫白 九紫	离	坎	坤	震	巽	中	乾	兑	艮	离	坎	坤

		立春	春分	立夏	夏至	立秋	秋分	立冬	冬至
三奇	乙	乾	坎	坤	坤	巽	离	艮	艮
三奇	丙	兑	坤	震	坎	震	艮	兑	离
三奇	丁	艮	震	巽	离	坤	兑	乾	坎

开山凶

月	正	二	三	四	五	六	七	八	九	十	十一	十二
月建	寅	卯	辰	巳	午	未	申	酉	戌	亥	子	丑
月破	申	酉	戌	亥	子	丑	寅	卯	辰	巳	午	未
月克山家			离丙	壬乙	水山	土	震巳	艮				
阴府太岁	离乾	震坤	艮巽	兑乾	坎坤	乾离	坤震	巽艮	乾兑	坤坎	离乾	震坤

修方凶

月	正	二	三	四	五	六	七	八	九	十	十一	十二
天官符	丑	庚	戌		庚	戌		辰	甲	未	壬	丙
	艮	兑	乾	中	兑	乾	中	巽	震	坤	坎	离
	寅	辛	亥		辛	亥		巳	乙	申	癸	丁
地官符		庚	戌		辰	甲	未	壬	丙	丑	庚	戌
	中	兑	乾	中	巽	震	坤	坎	离	艮	兑	乾
		辛	亥		巳	乙	申	癸	丁	寅	辛	亥
小月建		戌	庚	丑	丙	壬	未	甲	辰		戌	庚
	中	乾	兑	艮	离	坎	坤	震	巽	中	乾	兑
		亥	辛	寅	丁	癸	申	乙	巳		亥	辛
大月建		辰	甲	未	壬	丙	丑	庚	戌		辰	甲
	中	巽	震	坤	坎	离	艮	兑	乾	中	巽	震
		巳	乙	申	癸	丁	寅	辛	亥		巳	乙
飞大煞	丙	丑	庚	戌		庚	戌		辰	甲	未	壬
	离	艮	兑	乾	中	兑	乾	中	巽	震	坤	坎
	丁	寅	辛	亥		辛	亥		巳	乙	申	癸
丙丁独火	离	艮	兑	乾	中	中	巽	震	坤	坎	离	艮
	坎	离	艮	兑	乾		中	巽	震	坤	坎	离

（续表）

月	正	二	三	四	五	六	七	八	九	十	十一	十二
月游火	乾	兑	艮	离	坎	坤	震	巽	中	乾	兑	艮
劫煞	亥	申	巳	寅	亥	申	巳	寅	亥	申	巳	寅
灾煞	子	酉	午	卯	子	酉	午	卯	子	酉	午	卯
月煞	丑	戌	未	辰	丑	戌	未	辰	丑	戌	未	辰
月刑	巳	子	辰	申	午	丑	寅	酉	未	亥	卯	戌
月害	巳	辰	卯	寅	丑	子	亥	戌	酉	申	未	午
月厌	戌	酉	申	未	午	巳	辰	卯	寅	丑	子	亥

太岁癸亥干水支水纳音属水

开山立向修方吉

岁德戊　　　　岁德合癸　　　　岁支德辰

阳贵人巳　　　阴贵人卯　　　　岁禄子

岁马巳　　　　奏书乾　　　　　博士巽

三元紫白

上元	一白坎	六白乾	八白艮	九紫离
中元	一白兑	六白震	八白中	九紫乾
下元	一白巽	六白离	八白坤	九紫震

盖山黄道

贪狼坎癸申辰　　巨门坤乙　　武曲离壬寅戌　　文曲兑丁巳丑

621

通天窍

三合前方巽巳　丙午　丁未　　三合后方乾亥　壬子　癸丑
十二吉山宜亥卯未巳酉丑年月日时。

走马六壬

神后癸丑　　功曹甲卯　　天罡巽巳
胜光丁未　　传送庚酉　　河魁乾亥
十二吉山宜亥卯未巳酉丑年月日时。

四利三元

太阳子　　太阴寅　　龙德午　　福德申

开山立向修方凶

太岁亥　　岁破巳　　三煞申酉戌
坐煞向煞庚辛　甲乙　　浮天空亡坤乙

开山凶

年克山家震艮巳山
阴府太岁震坤　　六害申　　死符辰　　灸退午

立向凶

巡山罗睺壬　　病符戌

修方凶

天官符寅	地官符卯	大煞卯	大将军酉
力士艮	蚕室坤	蚕官未	蚕命申
岁刑亥	黄幡未	豹尾丑	飞廉丑
丧门丑	吊客酉	白虎未	金神申酉子丑
独火乾	五鬼巳	破败五鬼艮	

开山立向修方吉

月	正	二	三	四	五	六	七	八	九	十	十一	十二
天道	南	西南	北	西	西北	东	北	东北	南	东	东南	西
天德	丁	坤	壬	辛	乾	甲	癸	艮	丙	乙	巽	庚
天德合	壬		丁	丙		己	戊		辛	庚		乙
月德	丙	甲	壬	庚	丙	甲	壬	庚	丙	甲	壬	庚
月德合	辛	己	丁	乙	辛	己	丁	乙	辛	己	丁	乙
月空	壬	庚	丙	甲	壬	庚	丙	甲	壬	庚	丙	甲
阳贵人	艮	兑	乾	中	坎	离	艮	兑	乾	中	巽	震
阴贵人	乾	中	坎	离	艮	兑	乾	中	巽	震	坤	坎
飞天禄	乾	中	巽	震	坤	坎	离	艮	兑	乾	中	坎
飞天马	艮	兑	乾	中	坎	离	艮	兑	乾	中	巽	震
月紫白 一白	巽	中	乾	兑	艮	离	坎	坤	震	巽	中	乾
月紫白 六白	离	坎	坤	震	巽	中	乾	兑	艮	离	坎	坤
月紫白 八白	坤	震	巽	中	乾	兑	艮	离	坎	坤	震	巽
月紫白 九紫	震	巽	中	乾	兑	艮	离	坎	坤	震	巽	中

		立春	春分	立夏	夏至	立秋	秋分	立冬	冬至
三奇	乙	中	离	坎	震	中	坎	离	兑
三奇	丙	乾	坎	坤	坤	巽	离	艮	艮
三奇	丁	兑	坤	震	坎	震	艮	兑	离

开山凶

月	正	二	三	四	五	六	七	八	九	十	十一	十二
月建	寅	卯	辰	巳	午	未	申	酉	戌	亥	子	丑
月破	申	酉	戌	亥	子	丑	寅	卯	辰	巳	午	未
月克山家	震巳	艮	离丙	壬乙			水山	土	震巳	艮		
阴府太岁	艮巽	兑乾	坎坤	乾离	坤震	巽艮	乾兑	坤坎	离乾	震坤	艮巽	兑乾

修方凶

月	正	二	三	四	五	六	七	八	九	十	十一	十二
天官符		庚	戊		辰	甲	未	壬	丙	丑	庚	戊
	中	兑	乾	中	巽	震	坤	坎	离	艮	兑	乾
		辛	亥		巳	乙	申	癸	丁	寅	辛	亥
地官符	戊		庚	戊		辰	甲	未	壬	丙	丑	庚
	乾	中	兑	乾	中	巽	震	坤	坎	离	艮	兑
	亥		辛	亥		巳	乙	申	癸	丁	寅	辛
小月建	丙	壬	未	甲	辰		戊	庚	丑	丙	壬	未
	离	坎	坤	震	巽	中	乾	兑	艮	离	坎	坤
	丁	癸	申	乙	巳		亥	辛	寅	丁	癸	申
大月建	未	壬	丙	丑	庚	戊		辰	甲	未	壬	丙
	坤	坎	离	艮	兑	乾	中	巽	震	坤	坎	离
	申	癸	丁	寅	辛	亥		巳	乙	申	癸	丁
飞大煞	戊		庚	戊		辰	甲	未	壬	丙	丑	庚
	乾	中	兑	乾	中	巽	震	坤	坎	离	艮	兑
	亥		辛	亥		巳	乙	申	癸	丁	寅	辛
丙丁独火	兑艮	乾兑	中乾	中	巽中	震巽	坤震	坎坤	离坎	艮离	兑艮	乾兑
月游火	坎	坤	震	巽	中	乾	兑	艮	离	坎	坤	震
劫煞	亥	申	巳	寅	亥	申	巳	寅	亥	申	巳	寅
灾煞	子	酉	午	卯	子	酉	午	卯	子	酉	午	卯
月煞	丑	戌	未	辰	丑	戌	未	辰	丑	戌	未	辰
月刑	巳	子	辰	申	午	丑	寅	酉	未	亥	卯	戌
月害	巳	辰	卯	寅	丑	子	亥	戌	酉	申	未	午
月厌	戌	酉	申	未	午	巳	辰	卯	寅	丑	子	亥

（钦定协纪辨方书卷十九）

钦定四库全书·钦定协纪辨方书卷二十

月表一

岁有十二月,月有六十日,神煞随月转换。盖月三十日者朔会之常期,而章蔀既周,则日法必得六十甲子也。今逐月逐日推排吉、凶神而分列宜、忌于下,随事选用,展卷了然。作《月表》。

月表

正月

正月	甲己年 建丙寅	乙庚年 建戊寅	丙辛年 建庚寅	丁壬年 建壬寅	戊癸年 建甲寅

立春正月节,天道南行,宜向南行,宜修造南方。

天德在丁,天德合在壬,月德在丙,月德合在辛,月空在壬,宜修造、取土。

月建在寅,月破在申,月厌在戌,月刑在巳,月害在巳,劫煞在亥,灾煞在子,月煞在丑,忌修造、取土。

初七日长星,二十一日短星。

立冬前一日四绝,后七日往亡。

雨水正月中,日躔在亥宫为正月将,宜用甲丙庚壬时。

孟 年	白	绿	碧	仲 年	黄	白	紫	季 年	黑	赤	白
	白	黑	赤		碧	白	绿		紫	黄	白
	白	紫	黄		赤	白	黑		绿	碧	白

甲子海中金义开日

吉神：天恩、母仓、时阳、生气、益后、青龙。

凶神：灾煞、天火、四忌、八龙、复日。

　　宜祭祀、入学、沐浴。
　　忌冠带、结婚姻、纳采问名、嫁娶、进人口、求医疗病、经络、酝酿、开仓库、出货财、伐木、畋猎、取鱼、破土、安葬、启攒。

乙丑海中金制闭日

吉神：天恩、续世、明堂。

凶神：月煞、月虚、血支、天贼、五虚、土符、归忌、血忌。

　　诸事不宜。

丙寅炉中火义建日

吉神：月德、天恩、月恩、四相、王日、天仓、不将、要安、五合、鸣吠对。

凶神：月建、小时、土府、往亡、天刑。

　　宜会亲友、结婚姻、纳采问名、解除、裁衣、竖柱上梁、立券、交易、纳财、开仓库、出货财、牧养、纳畜、安葬、启攒。
　　忌祭祀、上册受封、上表章、出行、上官赴任、临政亲民、嫁娶、进人口、移徙、求医疗病、筑堤防、修造动土、修仓库、修置产室、开渠穿井、安碓硙、补垣、修饰垣墙、平治道涂、破屋坏垣、伐木、捕捉、畋猎、取鱼、栽种、破土。

丁卯炉中火义除日

吉神：天德、天恩、四相、官日、吉期、不将、玉宇、五合、鸣吠对。

凶神：大时、大败、咸池、朱雀。

宜祭祀、祈福、求嗣、上册受封、上表章、袭爵受卦、会亲友、出行、上官赴任、临政亲民、结婚姻、纳采问名、嫁娶、移徙、解除、沐浴、整手足甲、求医疗病、裁衣、修造动土、竖柱上梁、修仓库、立券、交易、纳财、开仓库、出货财、扫舍宇、栽种、牧养、纳畜、破土、安葬、启攒。

忌剃头、穿井、畋猎、取鱼。

戊辰大林木专满日

吉神：天恩、守日、天巫、福德、六仪、金堂、金匮。

凶神：厌对、招摇、九空、九坎、九焦。

宜祭祀、祈福、上册受封、上表章、会亲友、裁衣、经络。

忌袭爵受封、上官赴任、临政亲民、结婚姻、纳采问名、嫁娶、进人口、求医疗病、修仓库、鼓铸、开市、立券、交易、纳财、开仓库、出货财、补垣塞穴、取鱼、乘船渡水、栽种。

己巳大林木义平日

吉神：相日、宝光。

凶神：天罡、死神、月刑、月害、游祸、五虚、重日。

宜平治道涂。

忌祈福、求嗣、上册受封、上表章、袭爵受封、会亲友、冠带、出行、上官赴任、临政亲民、结婚姻、纳采问名、嫁娶、进人口、移徙、安床、解除、剃头、整手足甲、求医疗病、裁衣、筑堤防、修造动土、竖柱上梁、修仓库、鼓铸、经络、酝酿、开市、立券、交易、纳财、开仓库、出货财、修置产室、开渠穿井、安碓硙、补垣塞穴、修饰垣墙、破屋坏垣、栽种、牧养、纳畜、破土、安葬、启攒。

庚午路傍土伐定日

吉神：时德、民日、三合、临日、天马、时阴、鸣吠。

凶神：死气、地囊、白虎。

宜祭祀、祈福、求嗣、上册受封、上表章、袭爵受封、会亲友、冠带、出行、上官赴任、临政亲民、结婚姻、纳采问名、嫁娶、进人口、移徙、裁衣、竖柱上梁、酝酿、开市、立券、交易、纳财、开仓库、出货财、牧养、纳畜、安葬。

忌解除、求医疗病、筑提防、修造动土、修仓库、苫盖、经络、修置产室、开渠穿井、安碓硙、补垣、修饰垣墙、平治道除、破屋坏垣、栽种、破土。

辛未路傍土义执日

吉神：月德合、敬安、玉堂。

凶神：小耗。

宜祭祀、祈福、求嗣、上册受封、上表章、袭爵受封、会亲友、出行、上官赴任、临政新民、结婚姻、纳采问名、嫁娶、移徙、解除、裁衣、修造动土、竖柱上梁、修仓库、捕捉、栽种、牧养、纳畜、安葬。

忌求医疗病、酝酿、畋猎、取鱼。

壬申剑锋金义破日

吉神：天德合、月空、驿马、天后、普护、解神、除神、鸣吠。

凶神：月破、大耗、五离、天牢。

宜祭祀、解除、沐浴、求医疗病、扫舍宇、破屋坏垣。

忌祈福、求嗣、上册受封、上表章、袭爵受封、会亲友、冠带、出行、上官赴任、临政亲民、结婚姻、纳采问名、嫁娶、进人口、移徙、安床、剃头、整手足甲、裁衣、筑堤防、修造动土、竖柱上梁、修仓库、鼓铸、经络、酝酿、开市、立券、交易、纳财、开仓库、出货财、修置产室、开渠穿井、安碓硙、补垣塞穴、修饰垣墙、伐木、畋猎、取鱼、栽种、牧养、纳畜、破土、安葬、启攒。

癸酉剑锋金义危日

吉神：阴德、福生、除神、鸣吠。

凶神：天吏、致死、五虚、五离、元武。

　　宜祭祀、沐浴、剃头、整手足甲、扫舍宇、取鱼、破土、安葬。

　　忌祈福、求嗣、上册受封、上表章、袭爵受封、会亲友、冠带、出行、上官赴任、临政亲民、结婚姻、纳采问名、嫁娶、进人口、移徙、安床、解除、求医疗病、筑堤防、修造动土、竖柱上梁、修仓库、开市、立券、交易、纳财、开仓库、出货财、修置产室、栽种、牧养、纳畜。

甲戌山头火制成日

吉神：阳德、三合、天喜、天医、司命。

凶神：月厌、地火、四击、大煞、复日、大会。

　　诸事不宜。

乙亥山头火义收日

吉神：母仓、天愿、六合、五富、圣心。

凶神：河魁、劫煞、四穷、八龙、重日、勾陈。

　　宜祭祀、祈福、求嗣、上册受封、上表章、袭爵受封、会亲友、出行、上官赴任、临政亲民、结婚姻、纳采问名、进人口、移徙、沐浴、裁衣、修造动土、竖柱上梁、修仓库、经络、酝酿、开市、立券、交易、纳财、开仓库、出货财、捕捉、取鱼、牧养、纳畜。

　　忌嫁娶、求医疗病、栽种。

丙子涧下水伐开日

吉神：月德、母仓、月恩、四相、时阳、生气、不将、益后、青龙、鸣吠对。

凶神：灾煞、天火、触水龙。

　　宜祭祀、祈福、求嗣、上册受封、上表章、袭爵受封、会亲友、入学、出行、上官赴任、临政亲民、结婚姻、纳采问名、嫁娶、移徙、解除、沐浴、裁衣、修造动土、竖柱上梁、修仓库、开市、纳财、开仓库、出货财、修置产室、开渠穿井、安碓硙、栽种、牧养、纳畜。

　　忌求医疗病、伐木、畋猎、取鱼、乘船渡水。

丁丑涧下水宝闭日

吉神：天德、四相、不将、续世、明堂。

凶神：月煞、月虚、血支、天贼、五虚、八风、土符、归忌、血忌。

　　宜祭祀。

　　忌祈福、求嗣、上册受封、上表章、袭爵受封、会亲友、冠带、出行、上官赴任、临政亲民、结婚姻、纳采问名、嫁娶、进人口、移徙、远回、安床、解除、剃头、整手足甲、求医疗病、疗目、针刺、裁衣、筑堤防、修造动土、竖柱上梁、修仓库、鼓铸、经络、酝酿、开市、立券、交易、纳财、开仓库、出货财、修置产室、开渠穿井、安碓硙、补垣塞穴、修饰垣墙、平治道涂、破屋坏垣、畋猎、取鱼、栽种、牧养、纳畜、破土、安葬、启攒。

戊寅城头土伐建日

吉神：天赦、王日、天仓、要安、五合。

凶神：月建、小时、土府、往亡、天刑。

　　宜会亲友、结婚姻、纳采问名、解除、裁衣、竖柱上梁、立券、交易、纳财、牧养、纳畜、安葬。

　　忌祭祀、上册受封、上表章、出行、上官赴任、临政亲民、嫁娶、进入口、移徙、求医疗病、筑堤防、修造动土、修仓库、修置产室、开渠穿井、安碓硙、补垣、修饰垣墙、平治道涂、破屋坏垣、伐木、捕捉、畋猎、取鱼、栽种、破土。

己卯城头土伐除日

吉神：天恩、官日、吉期、不将、玉宇、五合。

宜袭爵受封、会亲友、出行、上官赴任、临政亲民、结婚姻、嫁娶、解除、沐浴、剃头、整手足甲、求医疗病、立券、交易、扫舍宇。
忌穿井。

凶神：大时、大败、咸池、朱雀。

庚辰白镴金义满日

吉神：天恩、守日、天巫、福德、六仪、金堂、金匮。

宜祭祀、祈福、上册受封、上表章、会亲友、裁衣。
忌袭爵受封、上官赴任、临政亲民、结婚姻、纳采问名、嫁娶、进人口、求医疗病、修仓库、鼓铸、经络、开市、立券、交易、纳财、开仓库、出货财、补垣塞穴、取鱼、乘船渡水、栽种。

凶神：厌对、招摇、九空、九坎、九焦。

辛巳白镴金伐平日

吉神：月德合、天恩、相日、宝光。

宜祭祀、平治道涂。
忌祈福、求嗣、出行、解除、剃头、整手足甲、求医疗病、酝酿、畋猎、取鱼。

凶神：天罡、死神、月刑、月害、游祸、五虚、重日。

壬午杨柳木制定日

吉神：天德合、月空、天恩、时德、民日、三合、临日、天马、时阴、鸣吠。

凶神：死气、白虎。

宜祭祀、祈福、求嗣、上册受封、上表章、袭爵受封、会亲友、冠带、出行、上官赴任、临政亲民、结婚姻、纳采问名、嫁娶、进人口、移徙、解除、裁衣、修造动土、竖柱上梁、修仓库、经络、酝酿、开市、立券、交易、纳财、开仓库、出货财、安碓硙、栽种、牧养、纳畜、破土、安葬。

忌求医疗病、苫盖、开渠、畋猎、取鱼。

癸未杨柳木伐执日

吉神：天恩、敬安、玉堂。

凶神：小耗、触水龙。

宜会亲友、捕捉。

忌求医疗病、修仓库、开市、立券、交易、纳财、开仓库、出货财、取鱼、乘船渡水。

甲申井泉水伐破日

吉神：驿马、天后、普护、解神、除神、鸣吠。

凶神：月破、大耗、复日、五离、天牢。

宜祭祀、解除、沐浴、求医疗病、扫舍宇、破屋坏垣。

忌祈福、求嗣、上册受封、上表章、袭爵受封、会亲友、冠带、出行、上官赴任、临政亲民、结婚姻、纳采问名、嫁娶、进人口、移徙、安床、剃头、整手足甲、裁衣、筑堤防、修造动土、竖柱上梁、修仓库、鼓铸、经络、酝酿、开市、立券、交易、纳财、开仓库、出货财、修置产室、开渠穿井、安碓硙、补垣塞穴、修饰垣墙、伐木、栽种、牧养、纳畜、破土、安葬、启攒。

乙酉井泉水伐危日

吉神：阴德、福生、除神、鸣吠。 **凶神**：天吏、致死、五虚、五离、元武。	宜祭祀、沐浴、整手足甲、扫舍宇、取鱼、破土、安葬。 忌祈福、求嗣、上册受封、上表章、袭爵受封、会亲友、冠带、出行、上官赴任、临政亲民、结婚姻、纳采问名、嫁娶、进人口、移徙、安床、解除、求医疗病、筑堤防、修造动土、竖柱上梁、修仓库、开市、立券、交易、纳财、开仓库、出货财、修置产室、栽种、牧养、纳畜。

丙戌屋上土宝成日

吉神：月德、月恩、四相、阳德、三合、天喜、天医、司命。 **凶神**：月厌、地火、四击、大煞。	宜祭祀、祈福、求嗣、上册受封、上表章、会亲友、入学、进人口、解除、裁衣、筑堤防、修造动土、竖柱上梁、修仓库、经络、酝酿、开市、立券、交易、纳财、开仓库、出货财、安碓硙、牧养、纳畜、安葬。 忌出行、上官赴任、临政亲民、结婚姻、纳采问名、嫁姻、移徙、远回、求医疗病、畋猎、取鱼、栽种。

丁亥屋上土伐收日

吉神：天德、母仓、四相、六合、五富、不将、圣心。 **凶神**：河魁、劫煞、重日、勾陈。	宜祭祀、祈福、求嗣、上册受封、上表章、袭爵受封、会亲友、出行、上官赴任、临政亲民、结婚姻、纳采问名、进人口、移徙、解除、沐浴、裁衣、修造动土、竖柱上梁、修仓库、经络、酝酿、开市、立券、交易、纳财、开仓库、出货财、捕捉、栽种、牧养、纳畜。 忌嫁娶、剃头、求医疗病、畋猎、取鱼。

戊子霹雳火制开日

吉神：母仓、时阳、生气、益后、青龙。

凶神：灾煞、天火。

宜祭祀、入学、沐浴。

忌冠带、结婚姻、纳采问名、嫁娶、进人口、求医疗病、经络、酝酿、伐木、畋猎、取鱼、破土、安葬、启攒。

己丑霹雳火专闭日

吉神：不将、续世、明堂。

凶神：月煞、月虚、血支、天贼、五虚、土符、归忌、血忌。

诸事不宜。

庚寅松柏木制建日

吉神：王日、天仓、不将、要安、五合、鸣吠对。

凶神：月建、小时、土府、往亡、天刑。

宜会亲友、裁衣、立券、交易、纳财、纳畜。

忌祭祀、祈福、求嗣、上册受封、上表章、出行、上官赴任、临政亲民、结婚姻、纳采问名、嫁娶、进人口、移徙、解除、剃头、整手足甲、求医疗病、筑堤防、修造动土、竖柱上梁、修仓库、经络、开仓库、出货财、修置产室、开渠穿井、安碓硙、补垣、修饰垣墙、平治道涂、破屋坏垣、伐木、捕捉、畋猎、取鱼、栽种、破土、安葬、启攒。

辛卯松柏木制除日

吉神：月德合、官日、吉期、不将、玉宇、五合、鸣吠对。

凶神：大时、大败、咸池、朱雀。

宜祭祀、祈福、求嗣、上册受封、上表章、袭爵受封、会亲友、出行、上官赴任、临政亲民、结婚姻、纳采问名、嫁娶、移徙、解除、沐浴、剃头、整手足甲、求医疗病、裁衣、修造动土、竖柱上梁、修仓库、立券、交易、扫舍宇、栽种、牧养、纳畜、破土、安葬、启攒。

忌酝酿、穿井、畋猎、取鱼。

壬辰长流水伐满日

吉神：天德合、月空、守日、天巫、福德、六仪、金堂、金匮。

凶神：厌对、招摇、九空、九坎、九焦。

宜祭祀、祈福、求嗣、上册受封、上表章、袭爵受封、会亲友、出行、上官赴任、临政亲民、结婚姻、纳采问名、嫁娶、进入口、移徙、解除、求医疗病、裁衣、修造动土、竖柱上梁、修仓库、经络、开市、立券、交易、纳财、开仓库、出货财、牧养、纳畜、安葬。

忌鼓铸、开渠、补垣塞穴、畋猎、取鱼、乘船渡水、栽种。

癸巳长流水制平日

吉神：相日、宝光。

凶神：天罡、死神、月刑、月害、游祸、五虚、重日。

宜平治道涂。

忌祈福、求嗣、上册受封、上表章、袭爵受封、会亲友、冠带、出行、上官赴任、临政亲民、结婚姻、纳采问名、嫁娶、进人口、移徙、安床、解除、剃头、整手足甲、求医疗病、裁衣、筑堤防、修造动土、竖柱上梁、修仓库、鼓铸、经络、酝酿、开市、立券、交易、纳财、开仓库、出货财、修置产室、开渠穿井、安碓硙、补垣塞穴、修饰垣墙、破屋坏垣、栽种、牧养、纳畜、安葬、破土、启攒。

甲午砂石金宝定日

吉神：时德、民日、三合、临日、天马、时阴、鸣吠。

凶神：死气、复日、白虎。

宜祭祀、祈福、求嗣、上册受封、上表章、袭爵受封、会亲友、冠带、出行、上官赴任、临政亲民、结婚姻、纳采问名、嫁娶、进入口、移徙、裁衣、修造动土、竖柱上梁、修仓库、经络、酝酿、开市、立券、交易、纳财、安碓硙、牧养、纳畜。

忌解除、求医疗病、苫盖、开仓库、出货财、修置产室、栽种、破土、安葬、启攒。

乙未砂石金制执日

吉神：敬安、玉堂。

凶神：小耗、五墓。

宜捕捉、取鱼。

忌冠带、出行、上官赴任、临政亲民、结婚姻、纳采问名、嫁娶、进人口、移徙、安床、解除、求医疗病、修造动土、竖柱上梁、修仓库、开市、立券、交易、纳财、开仓库、出货财、修置产室、栽种、牧养、纳畜、破土、安葬、启攒。

丙申山下火制破日

吉神：月德、月恩、四相、驿马、天后、普护、解神、除神、鸣吠。

凶神：月破、大耗、五离、天牢。

宜祭祀、解除、沐浴、求医疗病、扫舍宇、破屋坏垣。

忌祈福、求嗣、上册受封、上表章、袭爵受封、会亲友、冠带、出行、上官赴任、临政亲民、结婚姻、纳采问名、嫁娶、进人口、移徙、安床、剃头、整手足甲、裁衣、筑堤防、修造动土、竖柱上梁、修仓库、鼓铸、经络、酝酿、开市、立券、交易、纳财、开仓库、出货财、修置产室、开渠穿井、安碓硙、补垣塞穴、修饰垣墙、伐木、畋猎、取鱼、栽种、牧养、纳畜、破土、安葬、启攒。

丁酉山下火制危日

吉神：天德、四相、阴德、福生、除神、鸣吠。

凶神：天吏、致死、五虚、五离、元武。

　　宜祭祀、祈福、求嗣、上册受封、上表章、袭爵受封、出行、上官赴任、临政亲民、结婚姻、纳采问名、嫁娶、移徙、安床、解除、沐浴、整手足甲、裁衣、修造动土、竖柱上梁、修仓库、纳财、开仓库、出货财、扫舍宇、栽种、牧养、纳畜、破土、安葬。
　　忌会亲友、剃头、求医疗病、畋猎、取鱼。

戊戌平地木专成日

吉神：阳德、三合、天喜、天医、司命。

凶神：月厌、地火、四击、大煞。

　　宜入学。
　　忌祈福、求嗣、上册受封、上表章、袭爵受封、会亲友、冠带、出行、上官赴任、临政亲民、结婚姻、纳采问名、嫁娶、进人口、移徙、远回、安床、解除、剃头、整手足甲、求医疗病、裁衣、筑堤防、修造动土、竖柱上梁、修仓库、鼓铸、经络、酝酿、开市、立券、交易、纳财、开仓库、出货财、修置产室、开渠穿井、安碓磑、补垣塞穴、修饰垣墙、平治道涂、破屋坏垣、伐木、栽种、牧养、纳畜、破土、安葬、启攒。

己亥平地木制收日

吉神：母仓、六合、五富、不将、圣心。

凶神：河魁、劫煞、重日、勾陈。

　　宜祭祀、祈福、会亲友、结婚姻、进人口、沐浴、经络、酝酿、开市、立券、交易、纳财、开仓库、出货财、捕捉、取鱼、栽种、牧养、纳畜。
　　忌嫁娶、求医疗病、破土、安葬、启攒。

庚子壁上土宝开日

吉神：母仓、时阳、生气、不将、益后、青龙、鸣吠对。

凶神：灾煞、天火、地囊。

宜祭祀、入学、沐浴。

忌冠带、结婚姻、纳采问名、进人口、求医疗病、筑堤防、修造动土、修仓库、经络、酝酿、修置产室、开渠穿井、安碓硙、补垣、修饰垣墙、平治道涂、破屋坏垣、伐木、畋猎、取鱼、栽种、破土。

辛丑壁上土义闭日

吉神：月德合、不将、续世、明堂。

凶神：月煞、月虚、血支、天贼、五虚、土符、归忌、血忌。

宜祭祀。

忌祈福、求嗣、上册受封、上表章、袭爵受封、会亲友、冠带、出行、上官赴任、临政亲民、结婚姻、纳采问名、嫁娶、进人口、移徙、远回、安床、解除、剃头、整手足甲、求医疗病、疗目、针刺、裁衣、筑堤防、修造动土、竖柱上梁、修仓库、鼓铸、经络、酝酿、开市、立券、交易、纳财、开仓库、出货财、修置产室、开渠穿井、安碓硙、补垣塞穴、修饰垣墙、破屋坏垣、平治道涂、破屋坏垣、畋猎、取鱼、栽种、牧养、纳畜、破土、安葬、启攒。

壬寅金箔金宝建日

吉神：天德合、月空、王日、天仓、要安、五合、鸣吠对。

凶神：月建、小时、土府、往亡、天刑。

宜会亲友、结婚姻、纳采问名、解除、裁衣、竖柱上梁、立券、交易、纳财、牧养、纳畜、安葬、启攒。

忌祭祀、上册受封、上表章、出行、上官赴任、临政亲民、嫁娶、进人口、移徙、求医疗病、筑堤防、修造动土、修仓库、修置产室、开渠穿井、安碓硙、补垣、修饰垣墙、平治道涂、破屋坏垣、伐木、捕捉、畋猎、取鱼、栽种、破土。

癸卯金箔金宝除日

吉神：官日、吉期、玉宇、五合、鸣吠对。

凶神：大时、大败、咸池、朱雀。

宜袭爵受封、会亲友、出行、上官赴任、临政亲民、结婚姻、解除、沐浴、剃头、整手足甲、求医疗病、立券、交易、扫舍宇、破土、启攒。

忌穿井。

甲辰覆灯火制满日

吉神：守日、天巫、福德、六仪、金堂、金匮。

凶神：厌对、招摇、九空、九坎、九焦、复日。

宜祭祀、祈福、上册受封、上表章、会亲友、裁衣、经络。

忌袭爵受封、上官赴任、临政亲民、结婚姻、纳采问名、嫁娶、进人口、求医疗病、修仓库、鼓铸、开市、立券、交易、纳财、开仓库、出货财、补垣塞穴、取鱼、乘船渡水、栽种、破土、安葬、启攒。

乙巳覆灯火宝平日

吉神：相日、宝光。

凶神：天罡、死神、月刑、月害、游祸、五虚、重日。

宜平治道涂。

忌祈福、求嗣、上册受封、上表章、袭爵受封、会亲友、冠带、出行、上官赴任、临政亲民、结婚姻、纳采问名、嫁娶、进人口、移徙、安床、解除、剃头、整手足甲、求医疗病、裁衣、筑堤防、修造动土、竖柱上梁、修仓库、鼓铸、经络、酝酿、开市、立券、交易、纳财、开仓库、出货财、修置产室、开渠穿井、安碓硙、补垣塞穴、修饰垣墙、破屋坏垣、栽种、牧养、纳畜、破土、安葬、启攒。

丙午天河水专定日

吉神：月德、月恩、四相、时德、民日、三合、临日、天马、时阴、鸣吠。 **凶神**：死气、白虎。	宜祭祀、祈福、求嗣、上册受封、上表章、袭爵受封、会亲友、冠带、出行、上官赴任、临政亲民、结婚姻、纳采问名、嫁娶、进人口、移徙、解除、裁衣、修造动土、竖柱上梁、修仓库、经络、酝酿、开市、立券、交易、纳财、开仓库、出货财、安碓硙、栽种、牧养、纳畜、破土、安葬。 忌求医疗病、苫盖、畋猎、取鱼。

丁未天河水宝执日

吉神：天德、四相、敬安、玉堂。 **凶神**：小耗、八专。	宜祭祀、祈福、求嗣、上册受封、上表章、袭爵受封、会亲友、出行、上官赴任、临政亲民、移徙、解除、裁衣、修造动土、竖柱上梁、修仓库、纳财、开仓库、出货财、捕捉、栽种、牧养、纳畜、安葬。 忌结婚姻、纳采问名、嫁娶、剃头、求医疗病、畋猎、取鱼。

戊申大驿土宝破日

吉神：驿马、天后、普护、解神、除神。 **凶神**：月破、大耗、五离、天牢。	宜祭祀、解除、沐浴、求医疗病、扫舍宇、破屋坏垣。 忌祈福、求嗣、上册受封、上表章、袭爵受封、会亲友、冠带、出行、上官赴任、临政亲民、结婚姻、纳采问名、嫁娶、进人口、移徙、安床、剃头、整手足甲、裁衣、筑堤防、修造动土、竖柱上梁、修仓库、鼓铸、经络、酝酿、开市、立券、交易、纳财、开仓库、出货财、修置产室、开渠穿井、安碓硙、补垣塞穴、修饰垣墙、伐木、栽种、牧养、纳畜、破土、安葬、启攒。

己酉大驿土宝危日

吉神：天恩、阴德、福生、除神、鸣吠。

凶神：天吏、致死、五虚、五离、元武。

宜祭祀、沐浴、剃头、整手足甲、扫舍宇、取鱼、破土、安葬。

忌祈福、求嗣、上册受封、上表章、袭爵受封、会亲友、冠带、出行、上官赴任、临政亲民、结婚姻、纳采问名、嫁娶、进人口、移徙、安床、解除、求医疗病、筑堤防、修造动土、竖柱上梁、修仓库、开市、立券、交易、纳财、开仓库、出货财、修置产室、栽种、牧养、纳畜。

庚戌钗钏金义成日

吉神：天恩、阳德、三合、天喜、天医、司命。

凶神：月厌、地火、四击、大煞、阴错。

宜入学。

忌祈福、求嗣、上册受封、上表章、袭爵受封、会亲友、冠带、出行、上官赴任、临政亲民、结婚姻、纳采问名、嫁娶、进人口、移徙、远回、安床、解除、剃头、整手足甲、求医疗病、裁衣、筑堤防、修造动土、竖柱上梁、修仓库、鼓铸、经络、酝酿、开市、立券、交易、纳财、开仓库、出货财、修置产室、开渠穿井、安碓硙、补垣塞穴、修饰垣墙、平治道涂、破屋坏垣、伐木、栽种、牧养、纳畜、破土、安葬、启攒。

辛亥钗钏金宝收日

吉神：月德合、天恩、母仓、六合、五富、不将、圣心。

凶神：河魁、劫煞、重日、勾陈。

宜祭祀、祈福、求嗣、上册受封、上表章、袭爵受封、会亲友、出行、上官赴任、临政亲民、结婚姻、纳采问名、进人口、移徙、解除、沐浴、裁衣、修造动土、竖柱上梁、修仓库、经络、开市、立券、交易、纳财、开仓库、出货财、捕捉、栽种、牧养、纳畜。

忌嫁娶、求医疗病、酝酿、畋猎、取鱼。

壬子桑柘木专开日

吉神：天德合、月空、天恩、母仓、时阳、生气、益后、青龙、鸣吠对。

凶神：灾煞、天火、四耗。

　　宜祭祀、祈福、求嗣、上册受封、上表章、袭爵受封、会亲友、入学、出行、上官赴任、临政亲民、结婚姻、纳采问名、嫁娶、移徙、解除、沐浴、裁衣、修造动土、竖柱上梁、修仓库、开市、纳财、修置产室、安碓硙、栽种、牧养、纳畜。

　　忌求医疗病、开渠、伐木、畋猎、取鱼。

癸丑桑柘木伐闭日

吉神：天恩、续世、明堂。

凶神：月煞、月虚、血支、天贼、五虚、土符、归忌、血忌、八专、触水龙。

　　诸事不宜。

甲寅大溪水专建日

吉神：王日、天仓、要安、五合、鸣吠对。

凶神：月建、小时、土府、往亡、复日、八专、天刑、阳错。

　　宜会亲友、裁衣、立券、交易、纳财、纳畜。

　　忌祭祀、祈福、求嗣、上册受封、上表章、出行、上官赴任、临政亲民、结婚姻、纳采问名、嫁娶、进人口、移徙、解除、剃头、整手足甲、求医疗病、筑堤防、修造动土、竖柱上梁、修仓库、开仓库、出货财、修置产室、开渠穿井、安碓硙、补垣、修饰垣墙、平治道涂、破屋坏垣、伐木、捕捉、畋猎、取鱼、栽种、破土、安葬、启攒。

乙卯大溪水专除日

吉神：官日、吉期、玉宇、五合、鸣吠对。

凶神：大时、大败、咸池、朱雀。

宜袭爵受封、会亲友、出行、上官赴任、临政亲民、结婚姻、解除、沐浴、剃头、整手足甲、求医疗病、立券、交易、扫舍宇、破土、启攒。

忌穿井、栽种。

丙辰沙中土宝满日

吉神：月德、月恩、四相、守日、天巫、福德、六仪、金堂、金匮。

凶神：厌对、招摇、九空、九坎、九焦。

宜祭祀、祈福、求嗣、上册受封、上表章、袭爵受封、会亲友、出行、上官赴任、临政亲民、结婚姻、纳采问名、嫁娶、进人口、移徙、解除、求医疗病、裁衣、修造动土、竖柱上梁、修仓库、经络、开市、立券、交易、纳财、开仓库、出货财、牧养、纳畜、安葬。

忌鼓铸、补垣塞穴、畋猎、取鱼、乘船渡水、栽种。

丁巳沙中土专平日

吉神：天德、四相、相日、宝光。

凶神：天罡、死神、月刑、月害、游祸、五虚、八风、重日。

宜祭祀、平治道涂。

忌祈福、求嗣、出行、解除、剃头、整手足甲、求医疗病、畋猎、取鱼。

戊午天上火义定日

吉神：时德、民日、三合、临日、天马、时阴。

凶神：死气、白虎。

　　宜祭祀、祈福、求嗣、上册受封、上表章、袭爵受封、会亲友、冠带、出行、上官赴任、临政亲民、结婚姻、纳采问名、嫁娶、进人口、移徙、裁衣、修造动土、竖柱上梁、修仓库、经络、酝酿、开市、立券、交易、纳财、开仓库、出货财、安碓硙、牧养、纳畜。
　　忌解除、求医疗病、苫盖、修置产室、栽种。

己未天上火专执日

吉神：敬安、玉堂。

凶神：小耗、八专。

　　宜捕捉、取鱼。
　　忌结婚姻、纳采问名、嫁娶、求医疗病、修仓库、开市、立券、交易、纳财、开仓库、出货财。

庚申石榴木专破日

吉神：驿马、天后、普护、解神、除神、鸣吠。

凶神：月破、大耗、四废、五离、八专、天牢。

　　诸事不宜。

辛酉石榴木专危日	
吉神：月德合、阴德、福生、除神、鸣吠。 凶神：天吏、致死、四废、五虚、五离、元武、三阴。	诸事不宜。

壬戌大海水伐收日	
吉神：天德合、月空、阳德、三合、天喜、天医、司命。 凶神：月厌、地火、四击、大煞。	宜祭祀、祈福、求嗣、上册受封、上表章、会亲友、入学、进人口、解除、裁衣、筑堤防、修造动土、竖柱上梁、修仓库、经络、酝酿、开市、立券、交易、纳财、安碓硙、牧养、纳畜、安葬。 忌出行、上官赴任、临政亲民、结婚姻、纳采问名、嫁娶、移徙、远回、求医疗病、开渠、畋猎、取鱼、栽种。

癸亥大海水专收日	
吉神：母仓、六合、五富、圣心。 凶神：河魁、劫煞、重日、勾陈。	宜祭祀、沐浴。 忌嫁娶、求医疗病、破土、安葬、启攒。

右六十干支,从建寅者,始立春,终雨水,其神煞吉凶,用事宜忌,具于表。

（钦定协纪辨方书卷二十）

钦定四库全书·钦定协纪辨方书卷二十一

月表二

二 月

二月	甲己年 建丁卯	乙庚年 建己卯	丙辛年 建辛卯	丁壬年 建癸卯	戊癸年 建乙卯

惊蛰二月节,天道西南行,宜向西南行,宜修造西南维。

天德在坤,月德在甲,月德合在己,月空在庚,宜修造、取土。

月建在卯,月破在酉,月厌在酉,月刑在子,月害在辰,劫煞在申,灾煞在酉,月煞在戌,宜修造、取土。

初四日长星,十九日短星。

惊蛰后十四日往亡,春分前一日四离。

春分二月中,日躔在戌宫为二月将,宜用艮巽坤乾时。

孟 年	赤 黄 紫	碧 白 白	黑 白 绿	仲 年	绿 黑 白	紫 赤 黄	白 碧 白	季 年	白 白 碧	白 绿 黑	黄 紫 赤

甲子海中金义收日

吉神：月德、天恩、母仓、阳德、司命。

凶神：天罡、月刑、大时、大败、咸池、天贼、四忌、八龙。

宜祭祀、沐浴、捕捉。

忌祈福、求嗣、上册受封、上表章、袭爵受封、会亲友、冠带、出行、上官赴任、临政亲民、结婚姻、纳采问名、嫁娶、进人口、移徙、安床、解除、剃头、整手足甲、求医疗病、裁衣、筑堤防、修造动土、竖柱上梁、修仓库、鼓铸、经络、酝酿、开市、立券、交易、纳财、开仓库、出货财、修置产室、开渠穿井、安碓硙、补垣塞穴、修饰垣墙、破屋坏垣、畋猎、取鱼、乘船渡水、栽种、牧养、纳畜、破土、安葬、启攒。

乙丑海中金制开日

吉神：天恩、时阳、生气、天仓、不将、敬安。

凶神：五虚、九空、九坎、九焦、复日、勾陈。

宜祭祀、祈福、求嗣、上册受封、上表章、袭爵受封、会亲友、入学、出行、上官赴任、临政亲民、嫁娶、移徙、解除、求医疗病、裁衣、修造动土、竖柱上梁、修置产室、开渠穿井、安碓硙、牧养、纳畜。

忌冠带、进人口、修仓库、鼓铸、开市、立券、交易、纳财、开仓库、出货财、补垣塞穴、伐木、畋猎、取鱼、乘船渡水、栽种、破土、安葬、启攒。

丙寅炉中火义闭日

吉神：天恩、四相、王日、五富、不将、普护、五合、青龙、鸣吠对。

凶神：游祸、血支、归忌。

宜裁衣、筑堤防、修仓库、经络、酝酿、立券、交易、纳财、补垣塞穴、栽种、牧养、纳畜、破土、启攒。

忌祭祀、祈福、求嗣、上册受封、上表章、袭爵受封、会亲友、出行、上官赴任、临政亲民、结婚姻、纳采问名、嫁娶、进人口、移徙、远回、安床、解除、求医疗病、疗目、针刺、修造动土、竖柱上梁、开市、开仓库、出货财、修置产室、开渠穿井。

丁卯炉中火义建日

吉神：天恩、月恩、四相、官日、六仪、福生、五合、明堂、鸣吠对。

凶神：月建、小时、土府、厌对、招摇。

宜祭祀、祈福、求嗣、袭爵受封、会亲友、出行、上官赴任、临政亲民、结婚姻、纳采问名、嫁娶、进人口、移徙、解除、求医疗病、裁衣、竖柱上梁、立券、交易、纳财、开仓库、出货财、牧养、启攒。

忌嫁娶、剃头、筑堤防、修造动土、修仓库、修置产室、开渠穿井、安碓硙、补垣、修饰垣墙、平治道涂、破屋坏墙、伐木、取鱼、乘船渡水、栽种、破土。

戊辰大林木专除日

吉神：天恩、守日、吉期。

凶神：月官、天刑。

宜袭爵受封、出行、上官赴任、临政亲民、解除、沐浴、剃头、整手足甲、扫舍宇。

忌祈福、求嗣、上册受封、上表章、会亲友、结婚姻、纳采问名、嫁娶、进人口、求医疗病、修仓库、经络、酝酿、开市、立券、交易、纳财、开仓库、出货财、修置产室、牧养、纳畜、安葬、启攒。

己巳大林木义满日

吉神：月德合、相日、驿马、天后、天巫、福德、圣心。

凶神：五虚、土符、大煞、往亡、重日、朱雀。

宜祭祀、祈福、求嗣、会亲友、结婚姻、纳采问名、解除、裁衣、竖柱上梁、经络、开市、立券、交易、纳财、开仓库、出货财、牧养、纳畜。

忌上册受封、上表章、出行、上官赴任、临政亲民、嫁娶、进人口、移徙、求医疗病、筑堤防、修造动土、修仓库、修置产室、开渠穿井、安碓硙、补垣、修饰垣墙、平治道涂、破屋坏垣、捕捉、畋猎、取鱼、栽种、破土。

庚午路傍土伐平日

吉神：月空、时德、民日、益后、金匮、鸣吠。 凶神：河魁、死神、天吏、致死。	宜祭祀、修饰垣墙、平治道涂。 忌祈福、求嗣、上册受封、上表章、袭爵受封、会亲友、冠带、出行、上官赴任、临政亲民、结婚姻、纳采问名、嫁娶、进人口、移徙、安床、解除、求医疗病、裁衣、筑堤防、修造动土、竖柱上梁、修仓库、鼓铸、苫盖、经络、酝酿、开市、立券、交易、纳财、开仓库、出货财、修置产室、开渠穿井、栽种、牧养、纳畜、破土、安葬、启攒。

辛未路傍土义定日

吉神：阴德、三合、时阴、续世、宝光。 凶神：死气、血忌。	宜祭祀、祈福、求嗣、会亲友、冠带、结婚姻、纳采问名、嫁娶、进人口、裁衣、修造动土、竖柱上梁、修仓库、经络、立券、交易、纳财、安碓硙、纳畜。 忌解除、求医疗病、针刺、酝酿、修置产室、栽种。

壬申剑锋金义执日

吉神：天马、要安、解神、鸣吠。 凶神：劫煞、小耗、五离、白虎。	宜沐浴、扫舍宇、捕捉、取鱼。 忌祈福、求嗣、上册受封、上表章、袭爵受封、会亲友、冠带、出行、上官赴任、临政亲民、结婚姻、纳采问名、嫁娶、进人口、移徙、安床、解除、剃头、整手足甲、求医疗病、裁衣、筑堤防、修造动土、竖柱上梁、修仓库、鼓铸、经络、酝酿、开市、立券、交易、纳财、开仓库、出货财、修置产室、开渠穿井、安碓硙、补垣塞穴、修饰垣墙、破屋坏垣、栽种、牧养、纳畜、破土、安葬、启攒。

癸酉剑锋金义破日

吉神：玉宇、除神、玉堂、鸣吠。 **凶神**：月破、大耗、灾煞、天火、月厌、地火、五虚、五离。	诸事不宜。

甲戌山头火制危日

吉神：月德、天愿、六合、金堂。 **凶神**：月煞、月虚、四击、天牢。	**宜**祭祀、祈福、求嗣、上册受封、上表章、袭爵受封、会亲友、出行、上官赴任、临政亲民、结婚姻、纳采问名、嫁娶、进人口、移徙、安床、解除、裁衣、修造动土、竖柱上梁、修仓库、经络、酝酿、开市、立券、交易、纳财、栽种、纳畜、安葬。

乙亥山头火义成日

吉神：母仓、三合、临日、天喜、天医不将。 **凶神**：四穷、八龙、复日、重日、元武。	**宜**上册受封、上表章、袭爵受封、会亲友、入学、出行、上官赴任、临政亲民、移徙、沐浴、求医疗病、裁衣、修造动土、筑堤防、竖柱上梁、经络、酝酿、安碓硙、牧养、纳畜。 **忌**结婚姻、纳采问名、嫁娶、进人口、修仓库、开市、立券、交易、纳财、开仓库、出货财、栽种、破土、安葬、启攒。

丙子涧下水伐收日

吉神：母仓、四相、阳德、不将、司命、鸣吠对。

凶神：天罡、月刑、大时、大败、咸池、天贼、触水龙。

诸事不宜。

丁丑涧下水宝开日

吉神：月恩、四相、时阳、生气、天仓、不将、敬安。

凶神：五虚、八风、九空、九坎、九焦、勾陈。

宜祭祀、祈福、求嗣、上册受封、上表章、龙爵受封、会亲友、入学、出行、上官赴任、临政亲民、结婚姻、纳采问名、嫁娶、移徙、解除、求医疗病、裁衣、修造动土、竖柱上梁、修置产室、开渠穿井、安碓硙、牧养、纳畜。

忌冠带、进人口、剃头、修仓库、鼓铸、开市、立券、交易、纳财、开仓库、出货财、补垣塞穴、伐木、畋猎、取鱼、乘船渡水、栽种。

戊寅城头土伐闭日

吉神：天赦、王日、五富、普护、五合、青龙。

凶神：游祸、血支、归忌。

宜裁衣、筑堤防、修仓库、经络、酝酿、立券、交易、纳财、补垣塞穴、栽种、牧养、纳畜、安葬。

忌祭祀、祈福、求嗣、移徙、远回、解除、求医疗病、疗目、针刺、畋猎、取鱼。

己卯城头土伐建日

吉神：月德合、天恩、官日、六仪、福生、五合、明堂。 凶神：月建、小时、土府、厌对、扫摇、小会。	诸事不宜。

庚辰白镴金义除日

吉神：月空、天恩、守日、吉期。 凶神：月害、天刑。	**宜**袭爵受封、出行、上官赴任、临政亲民、解除、沐浴、剃头、整手足甲、扫舍宇。 **忌**祈福、求嗣、上册受封、上表章、会亲友、结婚姻、纳采问名、嫁娶、进人口、求医疗病、修仓库、经络、酝酿、开市、立券、交易、纳财、开仓库、出货财、修置产室、牧养、纳畜、破土、安葬、启攒。

辛巳白镴金伐满日

吉神：天恩、相日、驿马、天后、天巫、福德、圣心。 凶神：五虚、土符、大煞、往亡、重日、朱雀。	**宜**祭祀、祈福、会亲友、裁衣、经络、开市、立券、交易、纳财。 **忌**上册受封、上表章、袭爵受封、出行、上官赴任、临政亲民、结婚姻、纳采问名、嫁娶、进人口、求医疗病、筑堤防、修造动土、修仓库、酝酿、开仓库、出货财、修置产室、开渠穿井、安碓硙、补垣、修饰垣墙、平治道涂、破屋坏垣、捕捉、畋猎、取鱼、栽种、破土、安葬、启攒。

壬午杨柳木制平日

吉神：天恩、时德、民日、益后、金匮、鸣吠。

凶神：河魁、死神、天吏、致死。

宜祭祀、修饰垣墙、平治道涂。

忌祈福、求嗣、上册受封、上表章、袭爵受封、会亲友、冠带、出行、上官赴任、临政亲民、结婚姻、纳采问名、嫁娶、进人口、移徙、安床、解除、求医疗病、裁衣、筑堤防、修造动土、竖柱上梁、修仓库、鼓铸、苫盖、经络、酝酿、开市、立券、交易、纳财、开仓库、出货财、修置产室、开渠穿井、栽种、牧养、纳畜、破土、安葬、启攒。

癸未杨柳木伐定日

吉神：天恩、阴德、三合、时阴、续世、宝光。

凶神：死气、血忌、触水龙。

宜祭祀、祈福、求嗣、会亲友、冠带、结婚姻、纳采问名、嫁娶、进人口、裁衣、修造动土、竖柱上梁、修仓库、经络、酝酿、立券、交易、纳财、开仓库、出货财、安碓硙、纳畜。

忌解除、求医疗病、针刺、修置产室、取鱼、乘船渡水、栽种。

甲申井泉水伐执日

吉神：月德、天马、要安、解神、除神、鸣吠。

凶神：劫煞、小耗、五离、白虎。

宜祭祀、沐浴、扫舍宇、捕捉。

忌安床、求医疗病、修仓库、开市、立券、交易、纳财、开仓库、出货财、畋猎、取鱼。

乙酉井泉水伐破日	
吉神：玉宇、除神、玉堂、鸣吠。 **凶神**：月破、大耗、灾煞、天火、月厌、地火、五虚、复日、五离、大会。	诸事不宜。

丙戌屋上土宝危日	
吉神：四相、六合、不将、金堂。 **凶神**：月煞、月虚、四击、天牢。	宜祭祀、取鱼。 忌上册受封、上表章。

丁亥屋上土伐成日	
吉神：母仓、月恩、四相、三合、临日、天喜、天医、不将。 **凶神**：重日、元武。	宜祭祀、祈福、求嗣、上册受封、上表章、袭爵受封、会亲友、入学、出行、上官赴任、临政亲民、结婚姻、纳采问名、进人口、移徙、解除、沐浴、求医疗病、裁衣、筑堤防、修造动土、竖柱上梁、修仓库、经络、酝酿、开市、立券、交易、纳财、开仓库、出货财、安碓硙、栽种、牧养、纳畜。 忌嫁娶、剃头、破土、安葬、启攒。

戊子霹雳火制收日

吉神：母仓、阳德、司命。

凶神：天罡、月刑、大时、大败、咸池、天贼。

诸事不宜。

己丑霹雳火专开日

吉神：月德合、时阳、生气、天仓、不将、敬安。

凶神：五虚、九空、九坎、九焦、勾陈。

宜祭祀、祈福、求嗣、上册受封、上表章、袭爵受封、会亲友、入学、出行、上官赴任、临政亲民、结婚姻、纳采问名、嫁娶、进人口、移徙、解除、求医疗病、裁衣、修造动土、竖柱上梁、修仓库、开市、纳财、修置产室、开渠穿井、安碓硙、牧养、纳畜。

忌冠带、鼓铸、补垣塞穴、畋猎、取鱼、乘船渡水、栽种。

庚寅松柏木制闭日

吉神：月空、王日、五富、不将、普护、五合、青龙、鸣吠对。

凶神：游祸、血支、归忌。

宜裁衣、筑堤防、酝酿、立券、交易、纳财、补垣塞穴、栽种、牧养、纳畜、破土、启攒。

忌祭祀、祈福、求嗣、上册受封、上表章、袭爵受封、会亲友、出行、上官赴任、临政亲民、结婚姻、纳采问名、嫁娶、进人口、移徙、远回、安床、解除、求医疗病、疗目、针刺、修造动土、竖柱上梁、经络、开市、开仓库、出货财、修置产室、开渠穿井。

辛卯松柏木制建日

吉神：官日、六仪、福生、五合、明堂、鸣吠对。

凶神：月建、小时、土府、厌对、招摇。

宜祭祀、袭爵受封、会亲友、出行、上官赴任、临政亲民、立券、交易。

忌祈福、求嗣、上册受封、上表章、结婚姻、纳采问名、嫁娶、解除、剃头、整手足甲、求医疗病、筑堤防、修造动土、竖柱上梁、修仓库、酝酿、开仓库、出货财、修置产室、开渠穿井、安碓硙、补垣、修饰垣墙、平治道涂、破屋坏垣、伐木、取鱼、乘船渡水、栽种、破土、安葬、启攒。

壬辰长流水伐除日

吉神：守日、吉期。

凶神：月害、天刑。

宜袭爵受封、出行、上官赴任、临政新民、解除、沐浴、剃头、整手足甲、扫舍宇。

忌祈福、求嗣、上册受封、上表章、会亲友、结婚姻、纳采问名、嫁娶、进人口、求医疗病、修仓库、经络、酝酿、开市、立券、交易、纳财、开仓库、出货财、修置产室、开渠、牧养、纳畜、破土、安葬、启攒。

癸巳长流水制满日

吉神：相日、驿马、天后、天巫、福德、圣心。

凶神：五虚、土符、大煞、往亡、重日、朱雀。

宜祭祀、祈福、会亲友、裁衣、经络、开市、立券、交易、纳财。

忌上册受封、上表章、袭爵受封、出行、上官赴任、临政亲民、结婚姻、纳采问名、嫁娶、进人口、移徙、求医疗病、筑堤防、修造动土、修仓库、开仓库、出货财、修置产室、开渠穿井、安碓硙、补垣、修饰垣墙、平治道涂、破屋坏垣、畋猎、取鱼、栽种、破土、安葬、启攒。

甲午砂石金宝平日

吉神：月德、时德、民日、益后、金匮、鸣吠。	宜祭祀、修饰垣墙、平治道涂。 忌求医疗病、苫盖、开仓库、出货财、畋猎、取鱼。
凶神：河魁、死神、天吏、致死。	

乙未砂石金制定日

吉神：阴德、三合、时阴、续世、宝光。	宜祭祀、祈福、求嗣、会亲友、裁衣、经络、酝酿、纳财。 忌冠带、出行、上官赴任、临政亲民、结婚姻、纳采问名、嫁娶、进人口、移徙、安床、解除、求医疗病、针刺、筑堤防、修造动土、竖柱上梁、修仓库、开市、立券、交易、修置产室、开渠穿井、安碓硙、补垣、修饰垣墙、平治道涂、破屋坏垣、栽种、牧养、纳畜、破土、安葬、启攒。
凶神：死气、五墓、地囊、血忌、复日。	

丙申山下火制执日

吉神：四相、天马、要安、解神、除神、鸣吠。	宜祭祀、沐浴、扫舍宇、捕捉、取鱼。 忌祈福、求嗣、上册受封、上表章、袭爵受封、会亲友、冠带、出行、上官赴任、临政亲民、结婚姻、纳采问名、嫁娶、进人口、移徙、安床、解除、剃头、整手足甲、求医疗病、筑堤防、裁衣、筑堤防、修造动土、竖柱上梁、修仓库、鼓铸、经络、酝酿、开市、立券、交易、纳财、开仓库、出货财、修置产室、开渠穿井、安碓硙、补垣塞穴、修饰垣墙、破屋坏垣、栽种、牧养、纳畜、破土、安葬、启攒。
凶神：劫煞、小耗、五离、白虎。	

丁酉山下火制破日

吉神：月恩、四相、玉宇、除神、玉堂、鸣吠。

凶神：月破、大耗、灾煞、天火、月厌、地火、五虚、五离。

诸事不宜。

戊戌平地木专危日

吉神：六合、金堂。

凶神：月煞、月虚、四击、天牢。

宜取鱼。

忌祈福、求嗣、上册受封、上表章、袭爵受封、出行、上官赴任、临政亲民、解除、剃头、整手足甲、求医疗病、裁衣、筑堤防、修造动土、竖柱上梁、修仓库、鼓铸、修置产室、开渠穿井、安碓硙、补垣塞穴、修饰垣墙、破屋坏垣、栽种、牧养。

己亥平地木制成日

吉神：月德合、母仓、三合、临日、天喜、天医、不将。

凶神：重日、元武。

宜祭祀、祈福、求嗣、上册受封、上表章、袭爵受封、会亲友、入学、出行、上官赴任、临政亲民、结婚姻、纳采问名、进人口、移徙、解除、沐浴、求医疗病、裁衣、筑堤防、修造动土、竖柱上梁、修仓库、经络、酝酿、开市、立券、交易、纳财、安碓硙、栽种、牧养、纳畜。

忌嫁娶、畋猎、取鱼。

庚子壁上土宝收日

吉神：月空、母仓、阳德、不将、司命、鸣吠对。 **凶神**：天罡、月刑、大时、大败、咸池、天贼。	诸事不宜。

辛丑壁上土义开日

吉神：时阳、生气、天仓、敬安。 **凶神**：五虚、九空、九坎、九焦、勾陈。	宜祭祀、祈福、求嗣、上册受封、上表章、袭爵受封、会亲友、入学、出行、上官放任、临政亲民、移徙、解除、求医疗病、裁衣、修造动土、竖柱上梁、修置产室、开渠穿井、安碓硙、牧养、纳畜。 忌冠带、进人口、修仓库、鼓铸、酝酿、开市、立券、交易、纳财、开仓库、出货财、补垣塞穴、伐木、畋猎、取鱼、乘船渡水、栽种。

壬寅金箔金宝闭日

吉神：王日、五富、普护、五合、青龙、鸣吠对。 **凶神**：游祸、血支、归忌。	宜裁衣、筑堤防、经络、酝酿、立券、交易、纳财、补垣塞穴、栽种、牧养、纳畜、破土、启攒。 忌祭祀、祈福、求嗣、上册受封、上表章、袭爵受封、会亲友、出行、上官赴任、临政亲民、结婚姻、纳采问名、嫁娶、进人口、移徙、远回、安床、解除、求医疗病、疗目、针刺、修造动土、竖柱上梁、开市、开仓库、出货财、修置产室、开渠穿井。

癸卯金箔金宝建日

吉神：官日、六仪、福生、五合、明堂、鸣吠对。

凶神：月建、小时、土府、厌对、招摇。

宜祭祀、袭爵受封、会亲友、出行、上官赴任、临政亲民、立券、交易。

忌祈福、求嗣、上册受封、上表章、结婚姻、纳采问名、嫁娶、解除、剃头、整手足甲、求医疗病、筑堤防、修造动土、竖柱上梁、修仓库、开仓库、出货财、修置产室、开渠穿井、安碓硙、修饰垣墙、平治道涂、破屋坏垣、伐木、取鱼、乘船渡水、栽种、破土、安葬、启攒。

甲辰覆灯火制除日

吉神：月德、守日、吉期。

凶神：月害、天刑。

宜祭祀、祈福、求嗣、上册受封、上表章、袭爵受封、会亲友、出行、上官赴任、临政亲民、结婚姻、纳采问名、嫁娶、移徙、解除、沐浴、剃头、整手足甲、裁衣、修造动土、竖柱上梁、修仓库、扫舍宇、栽种、牧养、纳畜、安葬。

忌求医疗病、开仓库、出货财、畋猎、取鱼。

乙巳覆灯火宝满日

吉神：相日、驿马、天后、天巫、福德、圣心。

凶神：五虚、土符、大煞、往亡、复日、重日、朱雀。

宜祭祀、祈福、会亲友、裁衣、经络、开市、立券、交易、纳财。

忌上册受封、上表章、袭爵受封、出行、上官赴任、临政亲民、结婚姻、纳采问名、嫁娶、进人口、移徙、求医疗病、筑堤防、修造动土、修仓库、开仓库、出货财、修置产室、开渠穿井、安碓硙、补垣、修饰垣墙、平治道涂、破屋坏垣、捕捉、畋猎、取鱼、栽种、破土、安葬、启攒。

丙午天河水专平日

吉神：四相、时德、民日、益后、金匮、鸣吠。

凶神：河魁、死神、天吏、致死。

宜祭祀、修饰垣墙、平治道涂。

忌祈福、求嗣、上册受封、上表章、袭爵受封、会亲友、冠带、出行、上官赴任、临政亲民、结婚姻、纳采问名、嫁娶、进人口、移徙、安床、解除、求医疗病、裁衣、筑堤防、修造动土、竖柱上梁、修仓库、鼓铸、苫盖、经络、酝酿、开市、立券、交易、纳财、开仓库、出货财、修置产室、开渠穿井、栽种、牧养、纳畜、破土、安葬、启攒。

丁未天河水宝定日

吉神：月恩、四相、阴德、三合、时阴、续世、宝光。

凶神：死气、血忌、八专。

宜祭祀、祈福、求嗣、袭爵受封、会亲友、冠带、出行、上官赴任、临政亲民、进人口、移徙、裁衣、修造动土、竖柱上梁、修仓库、经络、酝酿、立券、交易、纳财、开仓库、出货财、安碓硙、牧养、纳畜。

忌结婚姻、纳采问名、嫁娶、解除、剃头、求医疗病、针刺、修置产室、栽种。

戊申大驿土宝执日

吉神：天马、要安、解神、除神。

凶神：劫煞、小耗、五离、白虎。

宜沐浴、扫舍宇、捕捉、取鱼。

忌祈福、求嗣、上册受封、上表章、袭爵受封、会亲友、冠带、出行、上官赴任、临政亲民、结婚姻、纳采问名、嫁娶、进人口、移徙、安床、解除、剃头、整手足甲、求医疗病、裁衣、筑堤防、修造动土、竖柱上梁、修仓库、鼓铸、经络、酝酿、开市、立券、交易、纳财、开仓库、出货财、修置产室、开渠穿井、安碓硙、补垣塞穴、修饰垣墙、破屋坏垣、栽种、牧养、纳畜、破土、安葬、启攒。

己酉大驿土宝破日

吉神：月德合、天恩、玉宇、除神、玉堂、鸣吠。

凶神：月破、大耗、灾煞、天火、月厌、地火、五虚、五离、阴道冲阳。

诸事不宜。

庚戌钗钏金义危日

吉神：月空、天恩、六合、不将、金堂。

凶神：月煞、月虚、四击、天牢。

宜取鱼。

忌祈福、求嗣、袭爵受封、上官赴任、临政亲民、解除、剃头、整手足甲、求医疗病、裁衣、筑堤防、修造动土、竖柱上梁、修仓库、鼓铸、经络、修置产室、开渠穿井、安碓硙、补垣塞穴、修饰垣墙、破屋坏垣、栽种、牧养。

辛亥钗钏金宝成日

吉神：天恩、母仓、三合、临日、天喜、天医。

凶神：重日、元武。

宜上册受封、上表章、袭爵受封、会亲友、入学、出行、上官赴任、临政亲民、结婚姻、纳采问名、进人口、移徙、沐浴、求医疗病、裁衣、筑堤防、修造动土、竖柱上梁、修仓库、经络、开市、立券、交易、纳财、安碓硙、栽种、牧养、纳畜。

忌嫁娶、酝酿、破土、安葬、启攒。

壬子桑柘木专收日

吉神：天恩、母仓、阳德、司命、鸣吠对。

凶神：天罡、月刑、大时、大财、咸池、天贼、四耗。

诸事不宜。

癸丑桑柘木伐开日

吉神：天恩、时阳、生气、天仓、敬安。

凶神：五虚、九空、九坎、九焦、地囊、八专、触水龙、勾陈。

忌祭祀、祈福、求嗣、上册受封、上表章、袭爵受封、会亲友、入学、出行、上官赴任、临政亲民、移徙、解除、求医疗病、裁衣、竖柱上梁、牧养、纳畜。

忌冠带、结婚姻、纳采问名、嫁娶、进人口、筑堤防、修造动土、修仓库、鼓铸、开市、立券、交易、纳财、开仓库、出货财、修置产室、开渠穿井、安碓硙、补垣塞穴、修饰垣墙、平治道涂、破屋坏垣、伐木、畋猎、取鱼、乘船渡水、栽种、破土。

甲寅大溪水专闭日

吉神：月德、王日、五富、普护、五合、青龙、鸣吠对。

凶神：游祸、血支、归忌、八专。

宜裁衣、筑堤防、修仓库、经络、酝酿、立券、交易、纳财、补垣塞穴、栽种、牧养、纳畜、破土、安葬、启攒。

忌祭祀、祈福、求嗣、结婚姻、纳采问名、嫁娶、移徙、远回、求医疗病、疗目、针刺、畋猎、取鱼。

乙卯大溪水专建日

吉神：官日、六仪、福生、五合、明堂、鸣吠对。

凶神：月建、小时、土府、厌对、招摇、复日、阳错。

宜祭祀、袭爵受封、会亲友、出行、上官赴任、临政亲民、裁衣、立券、交易。

忌祈福、求嗣、上册受封、上表章、结婚姻、纳采问名、嫁娶、解除、剃头、整手足甲、求医疗病、筑堤防、修造动土、竖柱上梁、修仓库、开仓库、出货财、修置产室、开渠穿井、安碓硙、补垣、修饰垣墙、平治道涂、破屋坏垣、伐木、取鱼、乘船渡水、栽种、破土安葬、启攒。

丙辰沙中土宝除日

吉神：四相、守日、吉期。

凶神：月害、天刑。

宜祭祀、袭爵受封、出行、上官赴任、临政亲民、移徙、解除、沐浴、剃头、整手足甲、裁衣、修造动土、竖柱上梁、扫舍宇、栽种。

忌祈福、求嗣、上册受封、上表章、会亲友、结婚姻、纳采问名、嫁娶、进人口、求医疗病、修仓库、经络、酝酿、开市、立券、交易、纳财、开仓库、出货财、修置产室、牧养、纳畜、破土、安葬、启攒。

丁巳沙中土专满日

吉神：月恩、四相、相日、驿马、天后、天巫、福德、圣心。

凶神：五虚、八风、土符、大煞、往日、重日、朱雀。

宜祭祀、祈福、求嗣、会亲友、结婚姻、纳采问名、解除、裁衣、竖柱上梁、经络、开市、立券、交易、纳财、牧养。

忌上册受封、上表章、出行、上官赴任、临政亲民、嫁娶、进人口、移徙、求医疗病、筑堤防、修造动土、修仓库、开仓库、出货财、修置产室、开渠穿井、安碓硙、补垣、修饰垣墙、平治道涂、破屋坏垣、捕捉、畋猎、取鱼、乘船渡水、栽种、破土、安葬、启攒。

戊午天上火义平日

吉神：时德、民日、益后、金匮。

凶神：河魁、死神、天吏、致死。

宜祭祀、修饰垣墙、平治道涂。

忌祈福、求嗣、上册受封、上表章、袭爵受封、会亲友、冠带、出行、上官赴任、临政亲民、结婚姻、纳采问名、嫁娶、进人口、移徙、安床、解除、求医疗病、裁衣、筑堤防、修造动土、竖柱上梁、修仓库、鼓铸、苫盖、经络、酝酿、开市、立券、交易、纳财、开仓库、出货财、修置产室、开渠穿井、栽种、牧养、纳畜、破土、安葬、启攒。

己未天上火专定日

吉神：月德合、阴德、三合、时阴、续世、宝光。

凶神：死气、血忌、八专。

宜祭祀、祈福、求嗣、上册受封、上表章、袭爵受封、会亲友、冠带、出行、上官赴任、临政亲世、进人口、移徙、解除、裁衣、修造动土、竖柱上梁、修仓库、经络、酝酿、立券、交易、纳财、安碓硙、栽种、牧养、纳畜、安葬。

忌结婚姻、纳采问名、嫁娶、求医疗病、针刺、畋猎、取鱼。

庚申石榴木专执日

吉神：月空、天马、要安、解神、除神、鸣吠。

凶神：劫煞、小耗、四废、五离、八专、白虎。

宜沐浴、扫舍宇、捕捉、取鱼。

忌祈福、求嗣、上册受封、上表章、袭爵受封、会亲友、冠带、出行、上官赴任、临政亲民、结婚姻、纳采问名、嫁娶、进人口、移徙、安床、解除、剃头、整手足甲、求医疗病、裁衣、筑堤防、修造动土、竖柱上梁、修仓库、鼓铸、经络、酝酿、开市、立券、交易、纳财、开仓库、出货财、修置产室、开渠穿井、安碓硙、补垣塞穴、修饰垣墙、破屋坏垣、栽种、牧养、纳畜、破土、安葬、启攒。

辛酉石榴木专破日

吉神：玉宇、除神、玉堂、鸣吠。	诸事不宜。
凶神：月破、大耗、灾煞、天火、月厌、地火、四废、五虚、五离、阴错。	

壬戌大海水伐危日

吉神：六合、金堂。	宜取鱼。 忌祈福、求嗣、上册受封、上表章、袭爵受封、出行、上官赴任、临政亲民、解除、剃头、整手足甲、求医疗病、裁衣、筑堤防、修造动土、竖柱上梁、修仓库、鼓铸、修置产室、开渠穿井、安碓硙、补垣塞穴、修饰垣墙、破屋坏垣、栽种、牧养。
凶神：月煞、月虚、四击、天牢。	

癸亥大海水专成日

吉神：母仓、三合、临日、天喜、天医。	宜沐浴。 忌嫁娶、破土、安葬、启攒。
凶神：重日、元武。	

　　右六十干支,从建卯者,始惊蛰,终春分,其神煞吉凶,用事宜忌,具于表。

（钦定协纪辨方书卷二十一）

钦定四库全书·钦定协纪辨方书卷二十二

月表三

三　月

三月	甲己年 建戊辰	乙庚年 建庚辰	丙辛年 建壬辰	丁壬年 建甲辰	戊癸年 建丙辰

清明三月节,天道北行,宜向北行,宜修造北方。

天德在壬,天德合在丁,月德在壬,月德合在丁,月空在丙,宜修造、取土。

月建在辰,月破在戊,月厌在申,月刑在辰,月害在卯,劫煞在巳,灾煞在午,月煞在未,忌修造、取土。

初一日长星,十六日短星,清明后二十一日往亡。

土王用事后忌修造动土,巳、午日添母仓。

谷雨三月中,日躔在酉宫为三月将,宜用癸乙丁辛时。

孟 年	白 绿 白	黑 紫 赤	白 黄 碧	仲 年	碧 白 黄	白 白 绿	赤 黑 紫	季 年	紫 赤 黑	黄 碧 白	绿 白 白

甲子海中金义成日

吉神：天恩、母仓、三合、天喜、天医、天仓、不将、圣心。

凶神：四忌、八龙、地囊、归忌、天牢。

宜祭祀、祈福、袭爵受封、会亲友、入学、出行、上官赴任、临政亲民、进人口、沐浴、求医疗病、裁衣、竖柱上梁、经络、酝酿、开市、立券、交易、纳财、牧养、纳畜。

忌结婚姻、纳采问名、嫁娶、移徙、远回、筑堤防、修造动土、修仓库、开仓库、出货财、修置产室、开渠穿井、安碓硙、补垣、修饰垣墙、平治道涂、破屋坏垣、栽种、破土、安葬。

乙丑海中金制收日

吉神：天恩、不将、益后。

凶神：河魁、五虚、元武。

宜祭祀、进人口、纳财、捕捉、取鱼、纳畜。

忌祈福、求嗣、上册受封、上表章、袭爵受封、会亲友、冠带、出行、上官赴任、临政亲民、结婚姻、纳采问名、嫁娶、移徙、安床、解除、求医疗病、裁衣、筑堤防、修造动土、竖柱上梁、修仓库、鼓铸、经络、酝酿、开市、立券、交易、开仓库、出货财、修置产室、开渠穿井、栽种、破土、安葬、启攒。

丙寅炉中火义开日

吉神：月空、天恩、四相、阳德、王日、驿马、天后、时阳、生气、六仪、续世、五合、司命、鸣吠对。

凶神：厌对、招摇、血忌。

宜上册受封、上表章、袭爵受封、会亲友、入学、出行、上官赴任、临政亲民、结婚姻、纳采问名、移徙、解除、求医疗病、裁衣、修造动土、竖柱上梁、开市、立券、交易、纳财、开仓库、出货财、修置产室、开渠穿井、安碓硙、栽种、牧养。

忌祭祀、嫁娶、针刺、伐木、畋猎、取鱼、乘船渡水。

丁卯炉中火义闭日

吉神：天德合、月德合、天恩、四相、官日、要安、五合、鸣吠对。 **凶神**：月害、天吏、致死、血支、勾陈。	**宜**祭祀、裁衣、补垣塞穴。 **忌**剃头、求医疗病、疗目、针刺、穿井、畋猎、取鱼。

戊辰大林木专建日

吉神：天恩、守日、玉宇、青龙。 **凶神**：月建、小时、土府、月刑、五墓、复日、小会、单阴。	诸事不宜。

己巳大林木义除日

吉神：阴德、相日、吉期、五富、金堂、明堂。 **凶神**：劫煞、五虚、重日。	**宜**沐浴、扫舍宇。 **忌**祈福、求嗣、上册受封、上表章、会亲友、冠带、出行、结婚姻、纳采问名、嫁娶、进人口、移徙、安床、求医疗病、裁衣、筑堤防、修造动土、竖柱上梁、修仓库、鼓铸、修置产室、开渠穿井、安碓硙、补垣塞穴、修饰垣墙、破屋坏垣、破土、安葬、启攒。

庚午路傍土伐满日

吉神：月恩、时德、民日、天巫、福德、鸣吠。 **凶神**：灾煞、天火、大煞、天刑。	宜祭祀。 忌祈福、求嗣、上册受封、上表章、袭爵受封、会亲友、冠带、出行、上官赴任、临政亲民、结婚姻、纳采问名、嫁娶、进人口、移徙、安床、解除、剃头、整手足甲、求医疗病、裁衣、筑堤防、修造动土、竖柱上梁、修仓库、鼓铸、苫盖、经络、酝酿、开市、立券、交易、纳财、开仓库、出货财、修置产室、开渠穿井、安碓硙、补垣塞穴、修饰垣墙、破屋坏垣、栽种、牧养、纳畜、破土、安葬、启攒。

辛未路傍土义平日

凶神：天罡、死神、月煞、月虚、朱雀。	诸事不宜。

壬申剑锋金义定日

吉神：天德、月德、三合、临日、时阴、敬安、除神、金匮、鸣吠。 **凶神**：月厌、地火、死气、往亡、五离、孤辰。	宜祭祀、沐浴、扫舍宇。 忌上册受封、上表章、出行、上官赴任、临政亲民、结婚姻、纳采问名、嫁娶、进人口、移徙、远回、安床、求医疗病、开渠、伐木、捕捉、畋猎、取鱼、栽种。

癸酉剑锋金义执日

吉神：六合、普护、除神、宝光、鸣吠。

凶神：大时、大败、咸池、小耗、五虚、土符、五离。

宜祭祀、祈福、结婚姻、嫁娶、进人口、解除、沐浴、剃头、整手足甲、求医疗病、经络、酝酿、扫舍宇、捕捉、取鱼、纳畜、安葬。

忌会亲友、筑堤防、修造动土、修仓库、开市、立券、交易、纳财、开仓库、出货财、修置产室、开渠穿井、安碓硙、补垣、修饰垣墙、平治道涂、破屋坏垣、栽种、破土。

甲戌山头火制破日

吉神：天马、不将、福生、解神。

凶神：月破、大耗、四击、九空、九坎、九焦、白虎。

宜祭祀、解除、沐浴、求医疗病、破屋坏垣。

忌祈福、求嗣、上册受封、上表章、袭爵受封、会亲友、冠带、出行、上官赴任、临政亲民、结婚姻、纳采问名、嫁娶、进人口、移徙、安床、剃头、整手足甲、裁衣、筑堤防、修造动土、竖柱上梁、修仓库、鼓铸、经络、酝酿、开市、立券、交易、纳财、开仓库、出货财、修置产室、开渠穿井、安碓硙、补垣塞穴、修饰垣墙、伐木、取鱼、乘船渡水、栽种、牧养、纳畜、破土、安葬、启攒。

乙亥山头火义危日

吉神：母仓、不将、玉堂。

凶神：游祸、天贼、四穷、八龙、重日。

宜安床、沐浴、取鱼、牧养、纳畜。

忌祈福、求嗣、出行、结婚姻、纳采问名、嫁娶、进人口、解除、求医疗病、修仓库、开市、立券、交易、纳财、开仓库、出货财、栽种、破土、安葬、启攒。

丙子涧下水伐成日

吉神：月空、母仓、四相、三合、天喜、天医、天仓、不将、圣心、鸣吠对。 凶神：归忌、触水龙、天牢。	宜祭祀、祈福、求嗣、上表章、袭爵受封、会亲友、入学、出行、上官赴任、临政亲民、结婚姻、纳采问名、嫁娶、进人口、解除、沐浴、求医疗病、裁衣、筑堤防、修造动土、竖柱上梁、修仓库、经络、酝酿、开市、立券、交易、纳财、开仓库、出货财、安碓硙、栽种、牧养、纳畜、破土、启攒。 忌移徙、远回、取鱼、乘船渡水。

丁丑涧下水宝收日

吉神：天德合、月德合、四相、不将、益后。 凶神：河魁、五虚、八风、元武。	宜祭祀、祈福、求嗣、上册受封、上表章、袭爵受封、会亲友、出行、上官赴任、临政亲民、结婚姻、纳采问名、嫁娶、进人口、移徙、解除、裁衣、修造动土、竖柱上梁、修仓库、纳财、开仓库、出货财、捕捉、栽种、牧养、纳畜、安葬。 忌冠带、剃头、求医疗病、畋猎、取鱼。

戊寅城头土伐开日

吉神：天赦、阳德、王日、驿马、天后、时阳、生气、六仪、续世、五合、司命。 凶神：厌对、招摇、血忌、复日。	宜上册受封、上表章、袭爵受封、会亲友、入学、出行、上官赴任、临政亲民、结婚姻、纳采问名、嫁娶、移徙、解除、求医疗病、裁衣、修造动土、竖柱上梁、修仓库、开市、立券、交易、修置产室、开渠穿井、安碓硙、栽种、牧养、纳畜。 忌祭祀、针刺、伐木、畋猎、取鱼。

己卯城头土伐闭日

吉神：天恩、官日、要安、五合。

凶神：月害、天吏、致死、血支、勾陈。

宜补垣塞穴。

忌祈福、求嗣、上册受封、上表章、袭爵受封、会亲友、冠带、出行、上官赴任、临政亲民、结婚姻、纳采问名、嫁娶、进人口、移徙、安床、求医疗病、疗目、针刺、筑堤防、修造动土、竖柱上梁、修仓库、经络、酝酿、开市、立券、交易、纳财、开仓库、出货财、修置产室、开渠穿井、栽种、牧养、纳畜、破土、安葬、启攒。

庚辰白镴金义建日

吉神：天恩、月恩、守日、玉宇、青龙。

凶神：月建、小时、土府、月刑、阴位。

诸事不宜。

辛巳白镴金伐除日

吉神：天恩、阴德、相日、吉期、五富、金堂、明堂。

凶神：劫煞、五虚、重日。

宜沐浴、扫舍宇。

忌祈福、求嗣、上册受封、上表章、冠带、出行、结婚姻、纳采问名、嫁娶、进人口、移徙、安床、求医疗病、裁衣、筑堤防、修造动土、竖柱上梁、修仓库、鼓铸、酝酿、修置产室、开渠穿井、安碓硙、补垣塞穴、修饰垣墙、破屋坏垣、破土、安葬、启攒。

壬午杨柳木制满日

吉神：天德、月德、天恩、时德、民日、天巫、福德、鸣吠。

凶神：灾煞、天火、地囊、大煞、天刑。

宜祭祀、祈福、求嗣、上册受封、上表章、袭爵受封、会亲友、出行、上官赴任、临政亲民、结婚姻、纳采问名、嫁娶、进人口、移徙、解除、裁衣、竖柱上梁、经络、开市、立券、交易、纳财、开仓库、出货财、牧养、纳畜、安葬。

忌求医疗病、筑堤防、修造动土、修仓库、苫盖、修置产室、开渠穿井、安碓硙、补垣、修饰垣墙、平治道涂、破屋坏垣、畋猎、取鱼、栽种、破土。

癸未杨柳木伐平日

吉神：天恩。

凶神：天罡、死神、月煞、月虚、触水龙、朱雀。

诸事不宜。

甲申井泉水伐定日

吉神：三合、临日、时阴、敬安、除神、金匮、鸣吠。

凶神：月厌、地火、死气、往亡、五离、行狼。

宜沐浴、扫舍宇。

忌祈福、求嗣、上册受封、上表章、袭爵受封、会亲友、冠带、出行、上官赴任、临政亲民、结婚姻、纳采问名、嫁娶、进人口、移徙、安床、解除、剃头、整手足甲、求医疗病、裁衣、筑堤防、修造动土、竖柱上梁、修仓库、鼓铸、经络、酝酿、开市、立券、交易、纳财、开仓库、出货财、修置产室、开渠穿井、安碓硙、补垣塞穴、修饰垣墙、平治道涂、破屋坏垣、伐木、捕捉、畋猎、取鱼、栽种、牧养、纳畜、破土、安葬、启攒。

乙酉井泉水伐执日

吉神：天愿、六合、不将、普护、除神、宝光、鸣吠。

凶神：大时、大败、咸池、小耗、五虚、土符、五离。

宜祭祀、祈福、求嗣、上册受封、上表章、袭爵受封、出行、上官赴任、临政亲民、结婚姻、纳采问名、嫁娶、进人口、移徙、解除、沐浴、剃头、整手足甲、求医疗病、裁衣、竖柱上梁、经络、酝酿、开市、立券、交易、纳财、扫舍宇、捕捉、取鱼、牧养、纳畜、安葬。

忌会亲友、筑堤防、修造动土、修仓库、修置产室、开渠穿井、安碓硙、补垣、修饰垣墙、平治道涂、破屋坏垣、栽种、破土。

丙戌屋上土宝破日

吉神：月空、四相、天马、不将、福生、解神。

凶神：月破、大耗、四击、九空、九坎、九焦、白虎。

宜祭祀、解除、沐浴、求医疗病、破屋坏垣。

忌祈福、求嗣、上册受封、上表章、袭爵受封、会亲友、冠带、出行、上官赴任、临政亲民、结婚姻、纳采问名、嫁娶、进人口、移徙、安床、剃头、整手足甲、裁衣、筑堤防、修造动土、竖柱上梁、修仓库、鼓铸、经络、酝酿、开市、立券、交易、纳财、开仓库、出货财、修置产室、开渠穿井、安碓硙、补垣塞穴、修饰垣墙、伐木、取鱼、乘船渡水、栽种、牧养、纳畜、破土、安葬、启攒。

丁亥屋上土伐危日

吉神：天德合、月德合、母仓、四相、不将、玉堂。

凶神：游祸、天贼、重日。

宜祭祀、上册受封、上表章、袭爵受封、会亲友、上官赴任、临政亲民、结婚姻、纳采问名、移徙、安床、沐浴、裁衣、修造动土、竖柱上梁、纳财、栽种、牧养、纳畜。

忌祈福、求嗣、出行、嫁娶、解除、剃头、求医疗病、修仓库、开仓库、出货财、畋猎、取鱼。

戊子霹雳火制成日

吉神：母仓、三合、天喜、天匮、天仓、圣心。

凶神：归忌、复日、天牢。

　　宜祭祀、祈福、袭爵受封、会亲友、入学、出行、上官赴任、临政亲民、结婚姻、纳采问名、嫁娶、进人口、沐浴、求医疗病、裁衣、筑堤防、修造动土、竖柱上梁、修仓库、经络、酝酿、开市、立券、交易、纳财、安碓硙、栽种、牧养、纳畜。
　　忌移徙、远回、破土、安葬、启攒。

己丑霹雳火专收日

吉神：不将、益后。

凶神：河魁、五虚、元武。

　　宜祭祀、进人口、纳财、捕捉、取鱼、纳畜。
　　忌祈福、求嗣、上册受封、上表章、袭爵受封、会亲友、冠带、出行、上官赴任、临政亲民、结婚姻、纳采问名、嫁娶、移徙、安床、解除、求医疗病、裁衣、筑堤防、修造动土、竖柱上梁、修仓库、鼓铸、经络、酝酿、开市、立券、交易、开仓库、出货财、修置产室、开渠穿井、破土、安葬、启攒。

庚寅松柏木制开日

吉神：月恩、阳德、王日、驿马、天后、时阳、生气、六仪、续世、五合、司命、鸣吠对。

凶神：厌对、招摇、血忌。

　　宜上册受封、上表章、袭爵受封、会亲友、入学、出行、上官赴任、临政亲民、结婚姻、纳采问名、移徙、解除、求医疗病、裁衣、修造动土、竖柱上梁、开市、立券、交易、纳财、开仓库、出货财、修置产室、开渠穿井、安碓硙、栽种、牧养。
　　忌祭祀、嫁娶、针刺、经络、伐木、畋猎、取鱼、乘船渡水。

辛卯松柏木制闭日

吉神：官日、要安、五合、鸣吠对。

凶神：月害、天吏、致死、血支、勾陈。

宜补垣塞穴。

忌祈福、求嗣、上册受封、上表章、袭爵受封、会亲友、冠带、出行、上官赴任、临政亲民、结婚姻、纳采问名、嫁娶、进人口、移徙、安床、解除、求医疗病、疗目、针刺、筑堤防、修造动土、竖柱上梁、修仓库、经络、酝酿、开市、立券、交易、纳财、开仓库、出货财、修置产室、开渠穿井、栽种、牧养、纳畜、破土、安葬、启攒。

壬辰长流水伐建日

吉神：天德、月德、守日、玉宇、青龙。

凶神：月建、小时、土府、月刑。

宜祭祀。

忌求医疗病、筑堤防、修造动土、修仓库、修置产室、开渠穿井、安碓硙、补垣、修饰垣墙、平治道涂、破屋坏垣、伐木、畋猎、取鱼、栽种、破土。

癸巳长流水制除日

吉神：阴德、相日、吉期、五富、金堂、明堂。

凶神：劫煞、五虚、重日。

宜沐浴、扫舍宇。

忌祈福、求嗣、上册受封、上表章、会亲友、冠带、出行、结婚姻、纳采问名、嫁娶、进人口、移徙、安床、求医疗病、裁衣、筑堤防、修造动土、竖柱上梁、修仓库、鼓铸、修置产室、开渠穿井、安碓硙、补垣塞穴、修饰垣墙、破屋坏垣、破土、安葬、启攒。

甲午砂石金宝满日

吉神：时德、民日、天巫、福德、鸣吠。

凶神：灾煞、天火、大煞、天刑。

宜祭祀。

忌祈福、求嗣、上册受封、上表章、袭爵受封、会亲友、冠带、出行、上官赴任、临政亲民、结婚姻、纳采问名、嫁娶、进人口、移徙、安床、解除、剃头、整手足甲、求医疗病、裁衣、筑堤防、修造动土、竖柱上梁、修仓库、鼓铸、苫盖、经络、酝酿、开市、立券、交易、纳财、开仓库、出货财、修置产室、开渠穿井、安碓硙、补垣塞穴、修饰垣墙、破屋坏垣、栽种、牧养、纳畜、破土、安葬、启攒。

乙未砂石金制平日

凶神：天罡、死神、月煞、月虚、朱雀。

诸事不宜。

丙申山下火制定日

吉神：月空、四相、三合、临日、时阴、敬安、除神、金匮、鸣吠。

凶神：月厌、地火、死气、往亡、五离、了戾。

宜祭祀、沐浴、扫舍宇。

忌祈福、求嗣、上册受封、上表章、袭爵受封、会亲友、冠带、出行、上官赴任、临政亲民、结婚姻、纳采问名、嫁娶、进人口、移徙、远回、安床、解除、剃头、整手足甲、求医疗病、裁衣、筑堤防、修造动土、竖柱上梁、修仓库、鼓铸、经络、酝酿、开市、立券、交易、纳财、开仓库、出货财、修置产室、开渠穿井、安碓硙、补垣塞穴、修饰垣墙、平治道涂、破屋坏垣、伐木、捕捉、畋猎、取鱼、栽种、牧养、纳畜、破土、安葬、启攒。

丁酉山下火制执日

吉神：天德合、月德合、四相、六合、不将、普护、除神、宝光、鸣吠。

凶神：大时、大败、咸池、小耗、五虚、土符、五离。

宜祭祀、祈福、求嗣、上册受封、上表章、袭爵受封、出行、上官赴任、临政亲民、结婚姻、纳采问名、嫁娶、进人口、解除、沐浴、整手足甲、求医疗病、裁衣、竖柱上梁、经络、酝酿、立券、交易、纳财、开仓库、出货财、扫舍宇、捕捉、牧养、纳畜、安葬。

忌会亲友、剃头、筑堤防、修造动土、修仓库、修置产室、开渠穿井、安碓硙、补垣、修饰垣墙、平治道涂、破屋坏垣、畋猎、取鱼、栽种、破土。

戊戌平地木专破日

吉神：天马、福生、解神。

凶神：月破、大耗、四击、九空、九坎、九焦、复日、白虎。

宜祭祀、解除、沐浴、求医疗病、破屋坏垣。

忌祈福、求嗣、上册受封、上表章、袭爵受封、会亲友、冠带、出行、上官赴任、临政亲民、结婚姻、纳采问名、嫁娶、进人口、移徙、安床、剃头、整手足甲、裁衣、筑堤防、修造动土、竖柱上梁、修仓库、鼓铸、经络、酝酿、开市、立券、交易、纳财、开仓库、出货财、修置产室、开渠穿井、安碓硙、补垣塞穴、修饰垣墙、伐木、取鱼、乘船渡水、栽种、牧养、纳畜、破土、安葬、启攒。

己亥平地木制危日

吉神：母仓、不将、玉堂。

凶神：游祸、天贼、重日。

宜安床、沐浴、纳财、取鱼、栽种、牧养、纳畜。

忌祈福、求嗣、出行、嫁娶、解除、求医疗病、修仓库、开仓库、出货财、破土、安葬、启攒。

庚子壁上土宝成日

吉神：母仓、月恩、三合、天喜、天医、天仓、圣心、鸣吠对。

凶神：归忌、天牢。

宜祭祀、祈福、求嗣、袭爵受封、会亲友、入学、出行、上官赴任、临政亲民、结婚姻、嫁娶、进人口、解除、沐浴、求医疗病、裁衣、筑堤防、修造动土、竖柱上梁、修仓库、酝酿、开市、立券、交易、纳财、开仓库、出货财、安碓硙、栽种、牧养、纳畜、破土、启攒。

忌移徙、远回、经络。

辛丑壁上土义收日

吉神：益后。

凶神：河魁、五虚、元武。

宜祭祀、进人口、纳财、捕捉、取鱼、纳畜。

忌祈福、求嗣、上册受封、上表章、袭爵受封、会亲友、冠带、出行、上官赴任、临政亲民、结婚姻、纳采问名、嫁娶、移徙、安床、解除、求医疗病、裁衣、筑堤防、修造动土、竖柱上梁、修仓库、鼓铸、经络、酝酿、开市、立券、交易、开仓库、出货财、修置产室、开渠穿井、破土、安葬、启攒。

壬寅金箔金宝开日

吉神：天德、月德、阳德、王日、驿马、天后、时阳、生气、六仪、续世、五合、司命、鸣吠对。

凶神：厌对、招摇、血忌。

宜上册受封、上表章、袭爵受封、会亲友、入学、出行、上官赴任、临政亲民、结婚姻、纳采问名、嫁娶、移徙、求医疗病、裁衣、修造动土、竖柱上梁、修仓库、开市、立券、交易、修置产室、安碓硙、栽种、牧养、纳畜。

忌祭祀、针刺、开渠、伐木、畋猎、取鱼。

癸卯金箔金宝闭日

吉神：官日、要安、五合、鸣吠对。

凶神：月害、天吏、致死、血支、勾陈。

宜补垣塞穴。

忌祈福、求嗣、上册受封、上表章、袭爵受封、会亲友、冠带、出行、上官赴任、临政亲民、结婚姻、纳采问名、嫁娶、进人口、移徙、安床、解除、求医疗病、疗目、针刺、筑堤防、修造动土、竖柱上梁、修仓库、经络、酝酿、开市、立券、交易、纳财、开仓库、出货财、修置产室、开渠穿井、栽种、牧养、纳畜、破土、安葬、启攒。

甲辰覆灯火制建日

吉神：守日、玉宇、青龙。

凶神：月建、小时、土府、月刑、阳错。

忌祈福、求嗣、上册受封、上表章、袭爵受封、会亲友、冠带、出行、上官赴任、临政亲民、结婚姻、纳采问名、嫁娶、进人口、移徙、安床、解除、剃头、整手足甲、求医疗病、裁衣、筑堤防、修造动土、竖柱上梁、修仓库、鼓铸、经络、酝酿、开市、立券、交易、纳财、开仓库、出货财、修置产室、开渠穿井、安碓硙、补垣塞穴、修饰垣墙、平治道涂、破屋坏垣、伐木、栽种、牧养、纳畜、破土、安葬、启攒。

乙巳覆灯火宝除日

吉神：阴德、相日、吉期、五富、金堂、明堂。

凶神：劫煞、五虚、重日。

宜沐浴、扫舍宇。

忌祈福、求嗣、上册受封、上表章、会亲友、冠带、出行、结婚姻、纳采问名、嫁娶、进人口、移徙、安床、求医疗病、裁衣、筑堤防、修造动土、竖柱上梁、修仓库、鼓铸、修置产室、开渠穿井、安碓硙、补垣塞穴、修饰垣墙、破屋坏垣、栽种、破土、安葬、启攒。

丙午天河水专满日

吉神：月空、四相、时德、民日、天巫、福德、鸣吠。

凶神：灾煞、天火、大煞、天刑。

宜祭祀。

忌祈福、求嗣、上册受封、上表章、袭爵受封、会亲友、冠带、出行、上官赴任、临政亲民、结婚姻、纳采问名、嫁娶、进人口、移徙、安床、解除、剃头、整手足甲、求医疗病、裁衣、筑堤防、修造动土、竖柱上梁、修仓库、鼓铸、苫盖、经络、酝酿、开市、立券、交易、纳财、开仓库、出货财、修置产室、开渠穿井、安碓硙、补垣塞穴、修饰垣墙、破屋坏垣、栽种、牧养、纳畜、破土、安葬、启攒。

丁未天河水宝平日

吉神：天德合、月德合、四相。

凶神：天罡、死神、月煞、月虚、八专、朱雀。

宜祭祀、平治道涂。

忌祈福、求嗣、上册受封、上表章、袭爵受封、会亲友、冠带、出行、上官赴任、临政亲民、结婚姻、纳采问名、嫁娶、进人口、移徙、安床、解除、剃头、整手足甲、求医疗病、裁衣、筑堤防、修造动土、竖柱上梁、修仓库、鼓铸、经络、酝酿、开市、立券、交易、纳财、开仓库、出货财、修置产室、开渠穿井、安碓硙、补垣塞穴、修饰垣墙、破屋坏垣、畋猎、取鱼、栽种、牧养、纳畜、破土、安葬、启攒。

戊申大驿土宝定日

吉神：三合、临日、时阴、敬安、除神、金匮。

凶神：月厌、地火、死气、往亡、复日、五离、孤辰。

宜沐浴、扫舍宇。

忌祈福、求嗣、上册受封、上表章、袭爵受封、会亲友、冠带、出行、上官赴任、临政亲民、结婚姻、纳采问名、嫁娶、进人口、移徙、远回、安床、解除、剃头、整手足甲、求医疗病、裁衣、筑堤防、修造动土、竖柱上梁、修仓库、鼓铸、经络、酝酿、开市、立券、交易、纳财、开仓库、出货财、修置产室、开渠穿井、安碓硙、补垣塞穴、修饰垣墙、平治道涂、破屋坏垣、伐木、捕捉、畋猎、取鱼、栽种、牧养、纳畜、破土、安葬、启攒。

己酉大驿土宝执日

吉神：天恩、六合、不将、普护、除神、宝光、鸣吠。

凶神：大时、大败、咸池、小耗、五虚、土符、五离。

宜祭祀、祈福、结婚姻、嫁娶、进人口、解除、沐浴、剃头、整手足甲、求医疗病、经络、酝酿、扫舍宇、捕捉、取鱼、纳畜、安葬。

忌会亲友、筑堤防、修造动土、修仓库、开市、立券、交易、纳财、开仓库、出货财、修置产室、开渠穿井、安碓硙、补垣、修饰垣墙、平治道涂、破屋坏垣、栽种、破土。

庚戌钗钏金义破日

吉神：天恩、月恩、天马、福生、解神。

凶神：月破、大耗、四击、九空、九坎、九焦、白虎。

宜祭祀、解除、沐浴、求医疗病、破屋坏垣。

忌祈福、求嗣、上册受封、上表章、袭爵受封、会亲友、冠带、出行、上官赴任、临政亲民、结婚姻、纳采问名、嫁娶、进人口、移徙、安床、剃头、整手足甲、裁衣、筑堤防、修造动土、竖柱上梁、修仓库、鼓铸、经络、酝酿、开市、立券、交易、纳财、开仓库、出货财、修置产室、开渠穿井、安碓硙、补垣塞穴、修饰垣墙、伐木、取鱼、乘船渡水、栽种、牧养、纳畜、破土、安葬、启攒。

辛亥钗钏金宝危日

吉神：天恩、母仓、玉堂。

凶神：游祸、天贼、重日。

宜会亲友、安床、沐浴、纳财、取鱼、栽种、牧养、纳畜。

忌祈福、求嗣、出行、嫁娶、解除、求医疗病、修仓库、酝酿、开仓库、出货财、破土、安葬、启攒。

壬子桑柘木专成日

吉神：天德、月德、天恩、母仓、三合、天喜、天医、天仓、圣心、鸣吠对。

凶神：四耗、归忌、天牢。

宜祭祀、祈福、求嗣、上册受封、上表章、袭爵受封、会亲友、入学、出行、上官赴任、临政亲民、结婚姻、纳采问名、嫁娶、进人口、解除、沐浴、求医疗病、裁衣、筑堤防、修造动土、竖柱上梁、修仓库、经络、酝酿、开市、立券、交易、纳财、安碓硙、栽种、牧养、纳畜、破土、安葬、启攒。

忌移徙、远回、开渠、畋猎、取鱼。

癸丑桑柘木伐收日

吉神：天恩、益后。

凶神：河魁、五虚、八专、触水龙、元武。

宜祭祀、进人口、纳财、捕捉、纳畜。

忌祈福、求嗣、上册受封、上表章、袭爵受封、会亲友、冠带、出行、上官赴任、临政亲民、结婚姻、纳采问名、嫁娶、移徙、安床、解除、求医疗病、裁衣、筑堤防、修造动土、竖柱上梁、修仓库、鼓铸、经络、酝酿、开市、立券、交易、开仓库、出货财、修置产室、开渠穿井、取鱼、乘船渡水、破土、安葬、启攒。

甲寅大溪水专开日

吉神：阳德、王日、驿马、天后、时阳、生气、六仪、续世、五合、司命、鸣吠对。

凶神：厌对、招摇、血忌、八专。

宜上册受封、上表章、袭爵受封、会亲友、入学、出行、上官赴任、临政亲民、移徙、解除、求医疗病、裁衣、修造动土、竖柱上梁、开市、立券、交易、修置产室、开渠穿井、安碓硙、栽种、牧养。

忌祭祀、结婚姻、纳采问名、嫁娶、针刺、开仓库、出货财、伐木、畋猎、取鱼、乘船渡水。

乙卯大溪水专闭日

吉神：官日、要安、五合、鸣吠对。

凶神：月害、天吏、致死、血支、勾陈。

宜补垣塞穴。

忌祈福、求嗣、上册受封、上表章、袭爵受封、会亲友、冠带、出行、上官赴任、临政亲民、结婚姻、纳采问名、嫁娶、进人口、移徙、安床、解除、求医疗病、疗目、针刺、筑堤防、修造动土、竖柱上梁、修仓库、经络、酝酿、开市、立券、交易、纳财、开仓库、出货财、修置产室、开渠穿井、栽种、牧养、纳畜、破土、安葬、启攒。

丙辰沙中土宝建日

吉神：月空、四相、守日、玉宇、青龙。

凶神：月建、小时、土府、月刑。

宜祭祀。

忌祈福、求嗣、上册受封、上表章、袭爵受封、会亲友、冠带、出行、上官赴任、临政亲民、结婚姻、纳采问名、嫁娶、进人口、移徙、安床、解除、剃头、整手足甲、求医疗病、裁衣、筑堤防、修造动土、竖柱上梁、修仓库、鼓铸、经络、酝酿、开市、立券、交易、纳财、开仓库、出货财、修置产室、开渠穿井、安碓硙、补垣塞穴、修饰垣墙、平治道涂、破屋坏垣、伐木、栽种、牧养、纳畜、破土、安葬、启攒。

丁巳沙中土专除日

吉神：天德合、月德合、四相、阴德、相日、吉期、五富、金堂、明堂。

凶神：劫煞、五虚、八风、重日。

宜祭祀、祈福、求嗣、上册受封、上表章、袭爵受封、会亲友、上官赴任、临政亲民、结婚姻、纳采问名、嫁娶、移徙、解除、沐浴、整手足甲、裁衣、修造动土、竖柱上梁、修仓库、经络、酝酿、开市、立券、交易、纳财、开仓库、出货财、扫舍宇、栽种、牧养、纳畜。

忌出行、剃头、求医疗病、畋猎、取鱼。

戊午天上火义满日

吉神：时德、民日、天巫、福德。

凶神：灾煞、天火、大煞、复日、天刑。

宜祭祀。

忌祈福、求嗣、上册受封、上表章、袭爵受封、会亲友、冠带、出行、上官赴任、临政亲民、结婚姻、纳采问名、嫁娶、进人口、移徙、安床、解除、剃头、整手足甲、求医疗病、裁衣、筑堤防、修造动土、竖柱上梁、修仓库、鼓铸、苫盖、经络、酝酿、开市、立券、交易、纳财、开仓库、出货财、修置产室、开渠穿井、安碓硙、补垣塞穴、修饰垣墙、破屋坏垣、栽种、牧养、纳畜、破土、安葬、启攒。

己未天上火专平日

凶神：天罡、死神、月煞、月虚、八专、朱雀。

诸事不宜。

庚申石榴木专定日

吉神：月恩、三合、临日、时阴、敬安、除神、金匮、鸣吠。

凶神：月厌、地火、死气、四废、往亡、五离、八专、孤辰、阴错。

宜祭祀、沐浴、扫舍宇。

忌祈福、求嗣、上册受封、上表章、袭爵受封、会亲友、冠带、出行、上官赴任、临政亲民、结婚姻、纳采问名、嫁娶、进人口、移徙、远回、安床、解除、剃头、整手足甲、求医疗病、裁衣、筑堤防、修造动土、竖柱上梁、修仓库、鼓铸、经络、酝酿、开市、立券、交易、纳财、开仓库、出货财、修置产室、开渠穿井、安碓硙、补垣塞穴、修饰垣墙、平治道涂、破屋坏垣、栽种、牧养、纳畜、破土、安葬、启攒。

辛酉石榴木专执日

吉神：六合、普护、除神、宝光、鸣吠。

凶神：大时、大败、咸池、小耗、四废、五虚、土符、五离。

宜祭祀、沐浴、剃头、整手足甲、扫舍宇、捕捉。

忌祈福、求嗣、上册受封、上表章、袭爵受封、会亲友、冠带、出行、上官赴任、临政亲民、结婚姻、纳采问名、嫁娶、进人口、移徙、安床、解除、求医疗病、裁衣、筑堤防、修造动土、竖柱上梁、修仓库、鼓铸、经络、酝酿、开市、立券、交易、纳财、开仓库、出货财、修置产室、开渠穿井、安碓硙、补垣塞穴、修饰垣墙、平治道涂、破屋坏垣、取鱼、乘船渡水、栽种、牧养、纳畜、破土、安葬、启攒。

壬戌大海水伐破日

吉神：天德、月德、天马、福生、解神。

凶神：月破、大耗、四击、九空、九坎、九焦、白虎。

宜祭祀、解除、沐浴、求医疗病、破屋坏垣。

忌祈福、求嗣、上册受封、上表章、袭爵受封、会亲友、冠带、出行、上官赴任、临政亲民、结婚姻、纳采问名、嫁娶、进人口、移徙、安床、剃头、整手足甲、裁衣、筑堤防、修造动土、竖柱上梁、修仓库、鼓铸、经络、酝酿、开市、立券、交易、纳财、开仓库、出货财、修置产室、开渠穿井、安碓硙、补垣塞穴、修饰垣墙、伐木、畋猎、取鱼、乘船渡水、栽种、牧养、纳畜、破土、安葬、启攒。

癸亥大海水专危日

吉神：母仓、玉堂。

凶神：游祸、天贼、重日。

宜沐浴。

忌祈福、求嗣、出行、嫁娶、解除、求医疗病、修仓库、开仓库、出货财、破土、安葬、启攒。

右六十干支，从建辰者，始清明，终谷雨，其神煞吉凶，用事宜忌，具于表。

（钦定协纪辨方书卷二十二）

钦定四库全书·钦定协纪辨方书卷二十三

月表四

四　月

四月	甲己年 建己巳	乙庚年 建辛巳	丙辛年 建癸巳	丁壬年 建乙巳	戊癸年 建丁巳

立夏四月节,天道西行,宜向西行,宜修造西方。

天德在辛,天德合在丙,月德在庚,月德合在乙,月空在甲,宜修造、取土。

月建在巳,月破在亥,月厌在未,月刑在申,月害在寅,劫煞在寅,灾煞在卯,月煞在辰,忌修造、取土。

初九日长星,二十五日短星。

立夏前一日四绝,后八日往亡。

小满四月中,日躔在申宫为四月将,宜用甲丙庚壬时。

孟 年	黄	白	紫	仲 年	黑	赤	白	季 年	白	绿	碧
	碧	白	绿		紫	黄	白		白	黑	赤
	赤	白	黑		绿	碧	白		白	紫	黄

甲子海中金义危日

吉神：月空、天恩、天马、不将。

凶神：天吏、致死、五虚、白虎。

　　宜会亲友、沐浴。
　　忌祈福、求嗣、上册受封、上表章、袭爵受封、冠带、出行、上官赴任、临政亲民、结婚姻、纳采问名、嫁娶、进人口、移徙、安床、解除、求医疗病、筑堤防、修造动土、竖柱上梁、修仓库、开市、立券、交易、纳财、开仓库、出货财、修置产室、栽种、牧养、纳畜。

乙丑海中金制成日

吉神：月德合、天恩、三合、临日、天喜、天医、六仪、玉堂。

凶神：厌对、招摇、四击、归忌。

　　宜祭祀、祈福、求嗣、上册受封、上表章、袭爵受封、会亲友、入学、出行、上官赴任、临政亲民、结婚姻、纳采问名、嫁娶、进人口、解除、求医疗病、裁衣、筑堤防、修造动土、竖柱上梁、修仓库、经络、酝酿、开市、立券、交易、纳财、安碓硙、牧养、纳畜、安葬。
　　忌冠带、移徙、远回、畋猎、取鱼、栽种。

丙寅炉中火义收日

吉神：天德合、天恩、母仓、敬安、五合、鸣吠对。

凶神：天罡、劫煞、月害、土符、复日、天牢。

　　宜上册受封、上表章、袭爵受封、会亲友、出行、上官赴任、临政亲民、结婚姻、纳采问名、嫁娶、进人口、移徙、解除、裁衣、竖柱上梁、立券、交易、纳财、捕捉、牧养、纳畜。
　　忌祭祀、求医疗病、筑堤防、修造动土、修仓库、修置产室、开渠穿井、安碓硙、补垣、修饰垣墙、平治道涂、破屋坏垣、畋猎、取鱼、栽种、破土。

丁卯炉中火义开日

吉神：天恩、母仓、阴德、时阳、生气、普护、五合、鸣吠对。 **凶神**：灾煞、天火、元武。	**宜**祭祀、入学。 **忌**剃头、求医疗病、经络、酝酿、穿井、伐木、畋猎、取鱼。

戊辰大林木专闭日

吉神：天恩、四相、时德、阳德、福生、司命。 **凶神**：月煞、月虚、血支、五虚、绝阴。	诸事不宜。

己巳大林木义建日

吉神：月恩、四相、王日。 **凶神**：月建、小时、土府、重日、勾陈、小会、纯阳、阳错。	诸事不宜。

庚午路傍土伐除日

吉神：月德、官日、吉期、圣心、青龙、鸣吠。

凶神：大时、大败、咸池。

　　宜祭祀、祈福、求嗣、上册受封、上表章、袭爵受封、会亲友、出行、上官赴任、临政亲民、结婚姻、纳采问名、嫁娶、移徙、解除、剃头、整手足甲、求医疗病、裁衣、修造动土、竖柱上梁、修仓库、扫舍宇、栽种、牧养、纳畜、破土、安葬。
　　忌苫盖、经络、畋猎、取鱼。

辛未路傍土义满日

吉神：天德、守日、天巫、福德、益后、明堂。

凶神：月厌、地火、九空、九坎、九焦、大煞、孤辰。

　　宜祭祀。
　　忌冠带、出行、上官赴任、临政亲民、结婚姻、纳采问名、嫁娶、移徙、远回、求医疗病、鼓铸、酝酿、补垣塞穴、伐木、畋猎、取鱼、乘船渡水、栽种。

壬申剑锋金义平日

吉神：相日、六合、五富、续世、除神、鸣吠。

凶神：河魁、死神、月刑、游祸、五虚、血忌、五离、天刑。

　　宜祭祀、沐浴、扫舍宇、平治道涂。
　　忌祈福、求嗣、上册受封、上表章、出行、安床、解除、求医疗病、针刺、筑堤防、修造动土、竖柱上梁、修仓库、鼓铸、修置产室、开渠穿井、安碓磑、补垣塞穴、破屋坏垣。

癸酉剑锋金义定日

吉神：民日、三合、时阴、要安、除神、鸣吠。

凶神：死气、五离、朱雀。

　　宜袭爵受封、冠带、出行、上官赴任、临政亲民、结婚姻、纳采问名、嫁娶、进人口、移徙、沐浴、剃头、整手足甲、裁衣、修造动土、竖柱上梁、修仓库、经络、酝酿、开市、立券、交易、纳财、安碓硙、扫舍宇、牧养、纳畜、破土、安葬。

　　忌会亲友、解除、求医疗病、修置产室、栽种。

甲戌山头火制执日

吉神：月空、不将、玉宇、解神、金匮。

凶神：小耗、天贼。

　　宜上表章、嫁娶、解除、沐浴、剃头、整手足甲、求医疗病、捕捉。

　　忌出行、修仓库、开市、立券、交易、纳财、开仓库、出货财。

乙亥山头火义破日

吉神：月德合、驿马、天后、天仓、不将、金堂、宝光。

凶神：月破、大耗、往亡、重日。

　　宜祭祀、解除、沐浴、破屋坏垣。

　　忌祈福、求嗣、上册受封、上表章、袭爵受封、会亲友、冠带、出行、上官赴任、临政亲民、结婚姻、纳采问名、嫁娶、进人口、移徙、安床、剃头、整手足甲、求医疗病、裁衣、筑堤防、修造动土、竖柱上梁、修仓库、鼓铸、经络、酝酿、开市、立券、交易、纳财、开仓库、出货财、修置产室、开渠穿井、安碓硙、补垣塞穴、修饰垣墙、伐木、捕捉、畋猎、取鱼、栽种、牧养、纳畜、破土、安葬、启攒。

丙子涧下水伐危日

吉神：天德合、天马、不将、鸣吠对。

凶神：天吏、致死、四忌、七鸟、五虚、复日、触水龙、白虎。

宜祭祀、祈福、求嗣、上册受封、上表章、袭爵受封、会亲友、出行、上官赴任、临政亲民、移徙、安床、解除、沐浴、裁衣、修造动土、竖柱上梁、修仓库、栽种、牧养、纳畜。

忌结婚姻、纳采问名、嫁娶、求医疗病、畋猎、取鱼、乘船渡水、安葬。

丁丑涧下水宝成日

吉神：三合、临日、天喜、天医、六仪、玉堂。

凶神：厌对、招摇、四击、归忌。

宜上册受封、上表章、袭爵受封、会亲友、入学、出行、上官赴任、临政亲民、结婚姻、纳采问名、进人口、求医疗病、裁衣、筑堤防、修造动土、竖柱上梁、修仓库、经络、酝酿、开市、立券、交易、纳财、安碓硙、纳畜。

忌冠带、嫁娶、移徙、远回、剃头、取鱼、乘船渡水。

戊寅城头土伐收日

吉神：母仓、四相、敬安、五合。

凶神：天罡、劫煞、月害、土符、天牢。

宜捕捉。

忌祭祀、祈福、求嗣、上册受封、上表章、袭爵受封、会亲友、冠带、出行、上官赴任、临政亲民、结婚姻、纳采问名、嫁娶、进人口、移徙、安床、解除、剃头、整手足甲、求医疗病、裁衣、筑堤防、修造动土、竖柱上梁、修仓库、鼓铸、经络、酝酿、开市、立券、交易、纳财、开仓库、出货财、修置产室、开渠穿井、安碓硙、补垣塞穴、修饰垣墙、平治道涂、破屋坏垣、栽种、牧养、纳畜、破土、安葬、启攒。

己卯城头土伐开日

吉神：天恩、母仓、月恩、四相、阴德、时阳、生气、普护、五合。

凶神：灾煞、天火、地囊、元武。

宜祭祀、入学。

忌求医疗病、筑堤防、修造动土、修仓库、修置产室、开渠穿井、安碓硙、补垣、修饰垣墙、平治道涂、破屋坏垣、伐木、畋猎、取鱼、栽种、破土、安葬、启攒。

庚辰白镴金义闭日

吉神：月德、天恩、时德、阳德、福生、司命。

凶神：月煞、月虚、血支、五虚。

宜祭祀。

忌祈福、求嗣、上册受封、上表章、袭爵受封、会亲友、冠带、出行、上官赴任、临政亲民、结婚姻、纳采问名、嫁娶、进人口、移徙、安床、解除、剃头、整手足甲、求医疗病、疗目、针刺、裁衣、筑堤防、修造动土、竖柱上梁、修仓库、鼓铸、经络、酝酿、开市、立券、交易、纳财、开仓库、出货财、修置产室、开渠穿井、安碓硙、补垣塞穴、修饰垣墙、破屋坏垣、畋猎、取鱼、栽种、牧养、纳畜、破土、安葬、启攒。

辛巳白镴金伐建日

吉神：天德、天恩、王日。

凶神：月建、小时、土府、重日、勾陈。

宜祭祀、祈福、求嗣、上册受封、上表章、袭爵受封、会亲友、上官赴任、临政亲民、结婚姻、纳采问名、嫁娶、移徙、解除、求医疗病、裁衣、竖柱上梁、牧养、纳畜。

忌出行、筑堤防、修造动土、修仓库、酝酿、修置产室、开渠穿井、安碓硙、修饰垣墙、平治道涂、破屋坏垣、伐木、畋猎、取鱼、栽种、破土。

壬午杨柳木制除日

吉神：天恩、官日、吉期、圣心、青龙、鸣吠。	宜祭祀、祈福、袭爵受封、会亲友、出行、上官赴任、临政亲民、解除、沐浴、剃头、整手足甲、求医疗病、扫舍宇、破土、安葬。 忌苫盖、开渠。
凶神：大时、大败、咸池。	

癸未杨柳木伐满日

吉神：天恩、守日、天巫、福德、益后、明堂。	宜祭祀。 忌祈福、求嗣、上册受封、上表章、袭爵受封、会亲友、冠带、出行、上官赴任、临政亲民、结婚姻、纳采问名、嫁娶、进人口、移徙、远回、安床、解除、剃头、整手足甲、求医疗病、裁衣、筑堤防、修造动土、竖柱上梁、修仓库、鼓铸、经络、酝酿、开市、立券、交易、纳财、开仓库、出货财、修置产室、开渠穿井、安碓硙、补垣塞穴、修饰垣墙、平治道涂、破屋坏垣、伐木、取鱼、乘船渡水、栽种、牧养、纳畜、破土、安葬、启攒。
凶神：月厌、地火、九空、九坎、九焦、大煞、触水龙、孤辰。	

甲申井泉水伐平日

吉神：月空、相日、六合、五富、不将、续世、除神、鸣吠。	宜祭祀、沐浴、扫舍、平治道涂。 忌祈福、求嗣、出行、安床、解除、求医疗病、针刺、裁衣、筑堤防、修造动土、竖柱上梁、修仓库、鼓铸、开仓库、出货财、修置产室、开渠穿井、安碓硙、补垣塞穴、破屋坏垣、取鱼、乘船渡水。
凶神：河魁、死神、月刑、游祸、五虚、八风、血忌、五离、天刑。	

乙酉井泉水伐定日

吉神：月德合、民日、三合、时阴、不将、要安、除神、鸣吠。

凶神：死气、五离、朱雀。

宜祭祀、祈福、求嗣、上册受封、上表章、袭爵受封、冠带、出行、上官赴任、临政亲民、结婚姻、纳采问名、嫁娶、进人口、移徙、解除、沐浴、剃头、整手足甲、裁衣、修造动土、竖柱上梁、修仓库、经络、酝酿、开市、立券、交易、纳财、出货财、安碓硙、扫舍宇、牧养、纳畜、破土、安葬。

忌会亲友、求医疗病、畋猎、取鱼、栽种。

丙戌屋上土宝执日

吉神：天德合、不将、玉宇、解神、金匮。

凶神：小耗、天贼、五墓、复日。

宜祭祀、祈福、求嗣、上册受封、上表章、袭爵受封、会亲友、沐浴、剃头、整手足甲、裁衣、捕捉。

忌冠带、出行、上官赴任、临政亲民、结婚姻、纳采问名、嫁娶、进人口、移徙、安床、解除、求医疗病、修造动土、竖柱上梁、修仓库、开市、立券、交易、开仓库、出货财、修置产室、畋猎、取鱼、栽种、牧养、纳畜、破土、安葬、启攒。

丁亥屋上土伐破日

吉神：驿马、天后、天仓、不将、金堂、宝光。

凶神：月破、大耗、四穷、七鸟、往亡、重日。

宜沐浴、破屋坏垣。

忌祈福、求嗣、上册受封、上表章、袭爵受封、会亲友、冠带、出行、上官赴任、临政亲民、结婚姻、纳采问名、嫁娶、进人口、移徙、安床、剃头、整手足甲、求医疗病、裁衣、筑堤防、修造动土、竖柱上梁、修仓库、鼓铸、经络、酝酿、开市、立券、交易、纳财、开仓库、出货财、修置产室、开渠穿井、安碓硙、补垣塞穴、修饰垣墙、伐木、捕捉、畋猎、取鱼、栽种、牧养、纳畜、破土、安葬、启攒。

戊子霹雳火制危日

吉神：四相、天马、不将。

凶神：天吏、致死、五虚、五虎。

宜祭祀、会亲友、沐浴、裁衣。
忌祈福、求嗣、上册受封、上表章、袭爵受封、冠带、出行、上官赴任、临政亲民、结婚姻、纳采问名、嫁娶、进人口、移徙、安床、解除、求医疗病、筑堤防、修造动土、竖柱上梁、修仓库、开市、立券、交易、纳财、开仓库、出货财、修置产室、栽种、牧养、纳畜。

己丑霹雳火专成日

吉神：月恩、四相、三合、临日、天喜、天医、六仪、玉堂。

凶神：厌对、招摇、四击、归忌。

宜祭祀、祈福、求嗣、上册受封、上表章、袭爵受封、会亲友、入学、出行、上官赴任、临政亲民、结婚姻、纳采问名、进人口、解除、求医疗病、裁衣、筑堤防、修造动土、竖柱上梁、修仓库、经络、酝酿、开市、立券、交易、纳财、开仓库、出货财、安碓硙、栽种、牧养、纳畜。
忌冠带、嫁娶、移徙、远回、取鱼、乘船渡水。

庚寅松柏木制收日

吉神：月德、母仓、敬安、五合、鸣吠对。

凶神：天罡、劫煞、月害、土符、天牢。

宜上册受封、上表章、袭爵受封、会亲友、出行、上官赴任、临政亲民、结婚姻、纳采问名、嫁娶、进人口、移徙、解除、裁衣、竖柱上梁、立券、交易、纳财、捕捉、牧养、纳畜、安葬、启攒。
忌祭祀、求医疗病、筑堤防、修造动土、修仓库、经络、修置产室、开渠穿井、安碓硙、补垣、修饰垣墙、平治道涂、破屋坏垣、畋猎、取鱼、栽种、破土。

辛卯松柏木制开日

吉神：天德、母仓、阴德、时阳、生气、普护、五合、鸣吠对。

凶神：灾煞、天火、元武。

　　宜祭祀、祈福、求嗣、上册受封、上表章、袭爵受封、会亲友、入学、出行、上官赴任、临政亲民、结婚姻、纳采问名、嫁娶、移徙、解除、裁衣、修造动土、竖柱上梁、修仓库、开市、立券、交易、纳财、修置产室、安碓硙、栽种、牧养、纳畜。
　　忌求医疗病、酝酿、穿井、伐木、畋猎、取鱼。

壬辰长流水伐闭日

吉神：时德、阳德、福生、司命。

凶神：月煞、月虚、血支、五虚。

　　诸事不宜。

癸巳长流水制建日

吉神：王日。

凶神：月建、小时、土府、重日、勾陈。

　　宜袭爵受封、会亲友、上官赴任、临政亲民、裁衣。
　　忌祈福、求嗣、上册受封、上表章、出行、结婚姻、纳采问名、解除、剃头、整手足甲、求医疗病、筑堤防、修造动土、竖柱上梁、修仓库、开仓库、出货财、修置产室、开渠穿井、安碓硙、补垣、修饰垣墙、平治道涂、破屋坏垣、伐木、栽种、破土、安葬、启攒。

甲午砂石金宝除日

吉神：月空、天赦、官日、吉期、圣心、青龙、鸣吠。 **凶神**：大时、大败、咸池。	**宜**祭祀、祈福、求嗣、上册受封、上表章、袭爵受封、会亲友、出行、上官赴任、临政亲民、结婚姻、纳采问名、嫁娶、移徙、解除、沐浴、剃头、整手足甲、求医疗病、裁衣、修造动土、竖柱上梁、扫舍宇、栽种、牧养、纳畜、破土、安葬。 **忌**苫盖、开仓库、出货财、畋猎、取鱼。

乙未砂石金制满日

吉神：月德合、守日、天巫、福德、益后、明堂。 **凶神**：月厌、地火、九空、九坎、九焦、大煞、行狠。	**宜**祭祀。 **忌**冠带、出行、上官赴任、临政亲民、结婚姻、纳采问名、嫁娶、移徙、远回、求医疗病、鼓铸、补垣塞穴、伐木、畋猎、取鱼、乘船渡水、栽种。

丙申山下火制平日

吉神：天德合、天愿、相日、六合、五富、不将、续世、除神、鸣吠。 **凶神**：河魁、死神、月刑、游祸、五虚、血忌、复日、五离、天刑。	**宜**祭祀、上册受封、上表章、袭爵受封、会亲友、出行、上官赴任、临政亲民、结婚姻、纳采问名、嫁娶、进人口、移徙、沐浴、剃头、整手足甲、裁衣、修造动土、竖柱上梁、修仓库、经络、酝酿、开市、立券、交易、纳财、开仓库、出货财、扫舍宇、修饰垣墙、平治道涂、栽种、牧养、纳畜。

丁酉山下火制定日

吉神：民日、三合、时阴、不将、要安、除神、鸣吠。

凶神：死气、五离、朱雀。

忌袭爵受封、冠带、出行、上官赴任、临政亲民、结婚姻、纳采问名、嫁娶、进人口、移徙、沐浴、整手足甲、裁衣、修造动土、竖柱上梁、修仓库、经络、酝酿、开市、立券、交易、纳财、安碓硙、扫舍宇、牧养、纳畜、破土、安葬。

忌会亲友、解除、剃头、求医疗病、修置产室、栽种。

戊戌平地木专执日

吉神：四相、不将、玉宇、解神、金匮。

凶神：小耗、天贼。

宜祭祀、祈福、求嗣、上表章、袭爵受封、会亲友、上官赴任、临政亲民、结婚姻、纳采问名、嫁娶、移徙、解除、沐浴、剃头、整手足甲、求医疗病、裁衣、修造动土、竖柱上梁、捕捉、栽种、牧养。

忌出行、修仓库、开市、立券、交易、纳财、开仓库、出货财。

己亥平地木制破日

吉神：月恩、四相、驿马、天后、天仓、金堂、宝光。

凶神：月破、大耗、往亡、重日。

宜祭祀、解除、沐浴、破屋坏垣。

忌祈福、求嗣、上册受封、上表章、袭爵受封、会亲友、冠带、出行、上官赴任、临政亲民、结婚姻、纳采问名、嫁娶、进人口、移徙、安床、剃头、整手足甲、求医疗病、裁衣、筑堤防、修造动土、竖柱上梁、修仓库、鼓铸、经络、酝酿、开市、立券、交易、纳财、开仓库、出货财、修置产室、开渠穿井、安碓硙、补垣塞穴、修饰垣墙、伐木、捕捉、畋猎、取鱼、栽种、牧养、纳畜、破土、安葬、启攒。

庚子壁上土宝危日

吉神：月德、天马、鸣吠对。

凶神：天吏、致死、五虚、白虎。

　　宜祭祀、祈福、求嗣、上册受封、上表章、袭爵受封、会亲友、出行、上官赴任、临政亲民、结婚姻、纳采问名、嫁娶、移徙、安床、解除、沐浴、裁衣、修造动土、竖柱上梁、修仓库、裁种、牧养、纳畜、破土、安葬、启攒。

　　忌求医疗病、经络、畋猎、取鱼。

辛丑壁上土义成日

吉神：天德、三合、临日、天喜、天医、六仪、玉堂。

凶神：厌对、招摇、四击、归忌。

　　宜祭祀、祈福、求嗣、上册受封、上表章、袭爵受封、会亲友、入学、出行、上官赴任、临政亲民、结婚姻、纳采问名、嫁娶、进人口、解除、求医疗病、裁衣、筑堤防、修造动土、竖柱上梁、修仓库、经络、开市、立券、交易、纳财、安碓硙、裁种、牧养、纳畜、安葬。

　　忌冠带、移徙、远回、酝酿、畋猎、取鱼。

壬寅金箔金宝收日

吉神：母仓、敬安、五合、鸣吠对。

凶神：天罡、劫煞、月害、土符、天牢。

　　宜捕捉。

　　忌祭祀、祈福、求嗣、上册受封、上表章、袭爵受封、会亲友、冠带、出行、上官赴任、临政亲民、结婚姻、纳采问名、嫁娶、进人口、移徙、安床、解除、剃头、整手足甲、求医疗病、裁衣、筑堤防、修造动土、竖柱上梁、修仓库、鼓铸、经络、酝酿、开市、立券、交易、纳财、开仓库、出货财、修置产室、开渠穿井、安碓硙、补垣塞穴、修饰垣墙、平治道涂、破屋坏垣、裁种、牧养、纳畜、破土、安葬、启攒。

癸卯金箔金宝开日

吉神：母仓、阴德、时阳、生气、普护、五合、鸣吠对。

凶神：灾煞、天火、元武。

宜祭祀、入学。
忌求医疗病、经络、酝酿、穿井、伐木、畋猎、取鱼。

甲辰覆灯火制闭日

吉神：月空、时德、阳德、福生、司命。

凶神：月煞、月虚、血支、五虚、八风。

诸事不宜。

乙巳覆灯火宝建日

吉神：月德合、王日。

凶神：月建、小时、土府、重日、勾陈。

宜祭祀、祈福、求嗣、上册受封、上表章、袭爵受封、会亲友、上官赴任、临政亲民、结婚姻、纳采问名、嫁娶、移徙、解除、求医疗病、裁衣、竖柱上梁、栽种、牧养、纳畜。
忌出行、筑堤防、修造动土、修仓库、修置产室、开渠穿井、安碓硙、补垣、修饰垣墙、平治道涂、破屋坏垣、伐木、畋猎、取鱼、栽种、破土。

丙午天河水专除日

吉神：天德合、官日、吉期、圣心、青龙、鸣吠。

凶神：大时、大败、咸池、复日、岁薄。

宜祭祀、沐浴、扫舍宇。

忌祈福、求嗣、上册受封、上表章、袭爵受封、会亲友、冠带、出行、上官赴任、临政亲民、结婚姻、纳采问名、嫁娶、进人口、移徙、安床、解除、求医疗病、筑堤防、修造动土、竖柱上梁、修仓库、苫盖、开市、立券、交易、纳财、开仓库、出货财、修置产室、畋猎、取鱼、乘船渡水、栽种、牧养、纳畜、破土、安葬、启攒。

丁未天河水宝满日

吉神：守日、天巫、福德、益后、明堂。

凶神：月厌、地火、九空、九坎、九焦、大煞、八专、了戾、阴错。

宜祭祀。

忌祈福、求嗣、上册受封、上表章、袭爵受封、会亲友、冠带、出行、上官赴任、临政亲民、结婚姻、纳采问名、嫁娶、进人口、移徙、远回、安床、解除、剃头、整手足甲、求医疗病、裁衣、筑堤防、修造动土、竖柱上梁、修仓库、鼓铸、经络、酝酿、开市、立券、交易、纳财、开仓库、出货财、修置产室、开渠穿井、安碓硙、补垣塞穴、修饰垣墙、平治道涂、破屋坏垣、栽种、牧养、纳畜、破土、安葬、启攒。

戊申大驿土宝平日

吉神：四相、相日、六合、五富、不将、续世、除神。

凶神：河魁、死神、月刑、游祸、五虚、血忌、五离、天刑。

宜祭祀、沐浴、扫舍宇、平治道涂。

忌祈福、求嗣、上册受封、上表章、安床、求医疗病、针刺。

己酉大驿土宝定日

吉神：天恩、月恩、四相、民日、三合、时阴、要安、除神、鸣吠。

凶神：死气、地囊、五离、朱雀。

宜祭祀、祈福、求嗣、袭爵受封、冠带、出行、上官赴任、临政亲民、结婚姻、纳采问名、嫁娶、进人口、移徙、沐浴、剃头、整手足甲、裁衣、竖柱上梁、经络、酝酿、开市、立券、交易、纳财、开仓库、出货财、扫舍宇、牧养、纳畜、破土、安葬。

忌会亲友、解除、求医疗病、筑堤防、修造动土、修仓库、修置产室、开渠穿井、安碓硙、补垣、修饰垣墙、平治道涂、破屋坏垣、栽种、破土。

庚戌钗钏金义执日

吉神：月德、天恩、玉宇、解神、金匮。

凶神：小耗、天贼。

宜祭祀、祈福、求嗣、上册受封、上表章、袭爵受封、会亲友、上官赴任、临政亲民、结婚姻、纳采问名、嫁娶、移徙、解除、沐浴、剃头、整手足甲、求医疗病、裁衣、修造动土、竖柱上梁、捕捉、栽种、牧养、纳畜、安葬。

忌出行、修仓库、经络、开仓库、出货财、畋猎、取鱼。

辛亥钗钏金宝破日

吉神：天德、天恩、驿马、天后、天仓、金堂、宝光。

凶神：月破、大耗、往亡、重日。

宜祭祀、解除、沐浴、破屋坏垣。

忌祈福、求嗣、上册受封、上表章、袭爵受封、会亲友、冠带、出行、上官赴任、临政亲民、结婚姻、纳采问名、嫁娶、进人口、移徙、安床、剃头、整手足甲、求医疗病、裁衣、筑堤防、修造动土、竖柱上梁、修仓库、鼓铸、经络、酝酿、开市、立券、交易、纳财、开仓库、出货财、修置产室、开渠穿井、安碓硙、补垣塞穴、修饰垣墙、伐木、捕捉、畋猎、取鱼、栽种、牧养、纳畜、破土、安葬、启攒。

壬子桑柘木专危日

吉神：天恩、天马、鸣吠对。

凶神：天吏、致死、四废、五虚、白虎。

宜沐浴。

忌祭祀、祈福、求嗣、上册受封、上表章、袭爵受封、会亲友、冠带、出行、上官赴任、临政亲民、结婚姻、纳采问名、嫁娶、进人口、移徙、安床、解除、求医疗病、裁衣、筑堤防、修造动土、竖柱上梁、修仓库、鼓铸、经络、酝酿、开市、立券、交易、纳财、开仓库、出货财、修置产室、开渠穿井、安碓硙、补垣塞穴、修饰垣墙、栽种、牧养、纳畜、破土、安葬、启攒。

癸丑桑柘木伐成日

吉神：天恩、天合、临日、天喜、天医、六仪、玉堂。

凶神：厌对、招摇、四击、归忌、八专、触水龙。

宜上册受封、上表章、袭爵受封、会亲友、入学、出行、上官赴任、临政亲民、进人口、求医疗病、裁衣、筑堤防、修造动土、竖柱上梁、修仓库、经络、酝酿、开市、立券、交易、纳财、安碓硙、纳畜。

忌冠带、结婚姻、纳采问名、嫁娶、移徙、远回、取鱼、乘船渡水。

甲寅大溪水专收日

吉神：月空、母仓、敬安、五合、鸣吠对。

凶神：天罡、劫煞、月害、土符、八专、天牢。

宜捕捉。

忌祭祀、祈福、求嗣、上册受封、上表章、袭爵受封、会亲友、冠带、出行、上官赴任、临政亲民、结婚姻、纳采问名、嫁娶、进人口、移徙、安床、解除、剃头、整手足甲、求医疗病、裁衣、筑堤防、修造动土、竖柱上梁、修仓库、鼓铸、经络、酝酿、开市、立券、交易、纳财、开仓库、出货财、修置产室、开渠穿井、安碓硙、补垣塞穴、修饰垣墙、平治道涂、破屋坏垣、栽种、牧养、纳畜、破土、安葬、启攒。

乙卯大溪水专开日

吉神：月德合、母仓、阴德、时阳、生气、普护、五合、鸣吠对。

凶神：灾煞、天火、四耗、元武。

宜祭祀、祈福、求嗣、上册受封、上表章、袭爵受封、会亲友、入学、出行、上官赴任、临政亲民、结婚姻、纳采问名、嫁娶、移徙、解除、裁衣、修造动土、竖柱上梁、修仓库、开市、立券、交易、纳财、修置产室、安碓硙、牧养、纳畜。

忌求医疗病、穿井、伐木、畋猎、取鱼、栽种。

丙辰沙中土宝闭日

吉神：天德合、时德、阳德、福生、司命。

凶神：月煞、月虚、血支、五虚、复日。

宜祭祀。

忌祈福、求嗣、上册受封、上表章、袭爵受封、会亲友、冠带、出行、上官赴任、临政亲民、结婚姻、纳采问名、嫁娶、进人口、移徙、安床、解除、剃头、整手足甲、求医疗病、疗目、针刺、裁衣、筑堤防、修造动土、竖柱上梁、修仓库、鼓铸、经络、酝酿、开市、立券、交易、纳财、开仓库、出货财、修置产室、开渠穿井、安碓硙、补垣塞穴、修饰垣墙、破屋坏垣、畋猎、取鱼、栽种、牧养、纳畜、破土、安葬、启攒。

丁巳沙中土专建日

吉神：王日。

凶神：月建、小时、土府、重日、勾陈、阳错。

宜袭爵受封、会亲友、上官赴任、临政亲民、裁衣。

忌祈福、求嗣、上册受封、上表章、出行、结婚姻、纳采问名、解除、剃头、整手足甲、求医疗病、筑堤防、修造动土、竖柱上梁、修仓库、出货财、修置产室、开渠穿井、安碓硙、补垣、修饰垣墙、平治道涂、破屋坏垣、伐木、栽种、破土、安葬、启攒。

戊午天上火义除日

吉神：四相、官日、吉期、圣心、青龙。 **凶神**：大时、大败、咸池、岁薄。	宜祭祀、沐浴、扫舍宇。 忌祈福、求嗣、上册受封、上表章、袭爵受封、出行、上官赴任、临政亲民、结婚姻、纳采问名、嫁娶、进人口、移徙、安床、解除、求医疗病、筑堤防、修造动土、竖柱上梁、修仓库、苫盖、开市、立券、交易、纳财、开仓库、出货财、修置产室、取鱼、乘船渡水、栽种、牧养、纳畜。

己未天上火专满日

吉神：月恩、四相、守日、天巫、福德、益后、明堂。 **凶神**：月厌、地火、九空、九坎、九焦、大煞、八专、孤辰、阴错。	宜祭祀。 忌祈福、求嗣、上册受封、上表章、袭爵受封、会亲友、冠带、出行、上官赴任、临政亲民、结婚姻、纳采问名、嫁娶、进人口、移徙、远回、安床、解除、剃头、整手足甲、求医疗病、裁衣、筑堤防、修造动土、竖柱上梁、修仓库、鼓铸、经络、酝酿、开市、立券、交易、纳财、开仓库、出货财、修置产室、开渠穿井、安碓硙、补垣塞穴、修饰垣墙、平治道涂、破屋坏垣、伐木、取鱼、乘船渡水、栽种、牧养、纳畜、破土、安葬、启攒。

庚申石榴木专平日

吉神：月德、相日、六合、五富、续世、除神、鸣吠。 **凶神**：河魁、死神、月刑、游祸、五虚、血忌、五离、八专、天刑。	宜祭祀、上册受封、上表章、袭爵受封、会亲友、冠带、出行、上官赴任、临政亲民、进人口、移徙、沐浴、剃头、整手足甲、裁衣、修造动土、竖柱上梁、修仓库、酝酿、开市、立券、交易、纳财、开仓库、出货财、扫舍宇、修饰垣墙、平治道涂、栽种、牧养、纳畜、破土、安葬。 忌祈福、求嗣、结婚姻、纳采问名、嫁娶、安床、解除、求医疗病、针刺、经络、畋猎、取鱼。

辛酉石榴木专定日

吉神：天德、民日、三合、时阴、要安、除神、鸣吠。	宜祭祀、祈福、求嗣、上册受封、上表章、袭爵受封、冠带、出行、上官赴任、临政亲民、结婚姻、纳采问名、嫁娶、进人口、移徙、解除、沐浴、剃头、整手足甲、裁衣、修造动土、竖柱上梁、修仓库、鼓铸、经络、开市、立券、交易、纳财、安碓硙、扫舍宇、栽种、牧养、纳畜、破土、安葬。
凶神：死气、五离、朱雀。	忌会亲友、求医疗病、酝酿、畋猎、取鱼。

壬戌大海水伐执日

吉神：玉宇、解神、金匮。	宜上表章、解除、沐浴、剃头、整手足甲、求医疗病、捕捉。
凶神：小耗、天贼。	忌出行、修仓库、开市、立券、交易、纳财、开仓库、出货财、开渠。

癸亥大海水专破日

吉神：驿马、天后、天仓、金堂、宝光。	诸事不宜。
凶神：月破、大耗、四废、往亡、重日、阴阳交破。	

　　右六十干支,从建巳者,始立夏,终小满,其神煞吉凶,用事宜忌,具于表。

（钦定协纪辨方书卷二十三）